Hochschultext

Klaus-Dieter Becker

Ausbreitung elektromagnetischer Wellen

Eine Einführung in die Theorie

Springer-Verlag
Berlin Heidelberg New York 1974

Klaus-Dieter Becker

Professor an der Universität des Saarlandes
Fachbereich Angewandte Physik, Fachrichtung Elektrotechnik

Herausgeber:

Werner Rupprecht

Professor an der Universität Trier-Kaiserslautern
Naturwissenschaftlich-Technische Fakultät, Kaiserslautern

Mit 71 Abbildungen

ISBN-13: 978-3-540-06808-2   e-ISBN-13: 978-3-642-65893-8
DOI: 10.1007/978-3-642-65893-8

Library of Congress Cataloging in Publication Data. Becker, Klaus-Dieter. Ausbreitung elektromagnetischer Wellen. (Hochschultext) Includes bibliographies. 1. Electromagnetic waves. 2. Radio wave
propagation. I. Title. QC661.B38. 537. 74-11086.

Meinem verehrten Lehrer,

Herrn Prof. Dr.-Ing. Gottfried Eckart

gewidmet

Vorwort

Die vorliegende Vorlesung, deren Anregung auf meinen verehrten Lehrer, Herrn Prof.
Dr.-Ing. habil G. Eckart zurückgeht, wendet sich an Studenten der Fachrichtung Elektrotechnik ab dem 5. Semester. In ihr wird versucht, eine Auswahl aus der umfang-
reichen Maxwellschen Theorie so zu treffen, daß der Leser in der Lage ist, Probleme
der Ausbreitung elektromagnetischer Wellen und der Antennen mathematisch zu formulieren und Ansätze zu ihrer Behandlung zu finden. Es wird dabei erwartet, daß der
Leser neben den üblichen mathematischen Grundkenntnissen, zu denen die Funktionentheorie zu zählen ist, auch mit der Vektoranalysis vertraut ist.

In das Literaturverzeichnis der einzelnen Kapitel wurden hauptsächlich die Quellen
aufgenommen, die bei der Zusammenstellung der Kapitel wesentlich benutzt wurden.
Dabei habe ich versucht, bei guten Darstellungen mit möglichst wenig Änderungen
auszukommen, um dem Studenten ein Zurechtfinden zu erleichtern. Zusätzlich wurden Literaturstellen aufgenommen, die zum Weiterstudium empfohlen werden können
oder bei der Lösung der am Ende jedes Kapitels zu findenden Übungsaufgaben nütz-
lich sind. Vollständigkeit kann dabei nicht erreicht werden und ist auch nicht beab-
sichtigt.

Herr Prof. Dr. G. Eckart und Herr Assistenzprofessor Dr. K.-J. Langenberg waren
so freundlich, das ganze Manuskript zu lesen. Ich verdanke ihnen und Herrn Prof.
Dr. J. Meixner, sowie Herrn Prof. Dr. W. Rupprecht wertvolle Hinweise und Ver-
besserungsvorschläge. Weiter danke ich Herrn Dr. II.K. Lotsch vom Springer-Verlag in Heidelberg, der mir bei der Abfassung des Manuskripts mit seinem Rat zur
Verfügung gestanden hat und durch den die Zusammenarbeit mit dem Springer-Verlag sich so angenehm gestaltet hat. Herr Dipl.-Phys. H. Zimmer hat mir beim Einsetzen der Formeln in den Text und Herr Dipl.-Phys. G. Dobmann beim Lesen der
Korrekturen geholfen; auch ihnen meinen herzlichen Dank.

Saarbrücken, im September 1974

K.-D. Becker

Inhaltsverzeichnis

1. Einleitung

Der Auffassung von Sommerfeld [1.1] entsprechend stellen wir die Maxwellschen
Gleichungen axiomatisch an den Anfang unserer Betrachtungen. Sie sind Ausgangs-
punkt aller folgenden Überlegungen. Angesichts der Zunahme des Interesses an
Wellenausbreitungsvorgängen mit immer höheren Frequenzen und im Hinblick auf
die Nachrichtentechnik [1.2-4] gehen wir ausführlich auf die Materialbeziehungen
und die Kramers-Kronig-Relationen ein. Nach dem für die Antennentheorie wichti-
gen Reziprozitätstheorem wenden wir uns dem Poyntingvektor zu, zumal Betrachtungen des Energieflusses in der Umgebung der Speisestellen von Antennen in neu-
erer Zeit größerer Beachtung finden [1.5,6].

Die Beschreibung der Wege zur Lösung der Maxwellschen Gleichungen beginnt
mit der Methode der direkten Entkopplung, bei der entweder die elektrische Feldstärke $\vec{E}$ oder die magnetische Feldstärke $\vec{H}$ als Potential auftreten. Dann wenden
wir uns dem klassischen Weg der Entkopplung der Maxwellschen Gleichungen über
das skalare und vektorielle Potential zu. Sowohl seine Kenntnis als auch die des
Hertzschen und Fitzgeraldschen Vektors sind für das Verständnis der Ansätze der
Antennentheorie notwendig. Die Separationsmethode von Bromwich für speziell inhomogene und anisotrope Medien bildet die Grundlage für die Behandlung von Ausbreitungsvorgängen in der Atmosphäre.

Spezielle Lösungen der Maxwellschen Gleichungen illustrieren charakteristische
Eigenschaften allgemeiner Ausbreitungsvorgänge. Der Einfachheit halber räumen
wir der ebenen Welle einen breiten Raum ein. Auch erscheint uns in diesem Zusammenhang eine Diskussion der Begriffe Phasen- Gruppen- und Signalgeschwindigkeit angebracht.

Will man vom Standpunkt der mathematischen Physik her Ausbreitungsprobleme
betrachten, so ist eine Beschäftigung mit Eindeutigkeitsfragen notwendig. Dazu führen
wir - in Anlehnung an Kupradse [1.7] - die skalare Sommerfeldsche Ausstrahlungsbedingung anschaulich aus den Grundlösungen der Schwingungsgleichung ein. Für die
elektromagnetischen Felder ergänzen wir sie über das Huygenssche Prinzip in einer
Darstellung von Stratton und Chu [1.8] durch die vektoriellen Müllerschen Ausstrahlungsbedingungen [1.9].

Damit haben wir die Voraussetzungen geschaffen, eines der einfachsten und
wichtigsten Beispiele der Wellenausbreitung in materieerfüllten Raum, die Fresnelsche Reflexion, zu formulieren. Ihre Bedeutung liegt unter anderem darin, daß bei
Ausbreitungsvorgängen die Trennfläche verschiedener Medien oft stückweise - in
guter Näherung - als eben angesehen werden kann. Auch inhomogene Medien können
oftmals durch Treppenfunktionen angenähert werden.

Die Behandlung der elementaren Strahlungsquellen elektrischer und magnetischer Dipol führt direkt zu einfachen Antennen, wie z.B. dem Halbwellendipol,
und bietet die Möglichkeit, einige einfache und häufig gebrauchte Antennenbegriffe
kennen zu lernen.

Die bisherigen Grundlagen wurden recht ausführlich gebracht und erlauben es
nun, sowohl einen Überblick über die Ausbreitung ultrakurzer und längerer Wellen,
als auch einen kurzen Einblick in die Oberflächenwellen zu geben.

Wir betrachten das Verhalten der ultrakurzen Wellen über einer ebenen und einer
kugelförmig gekrümmten Erdoberfläche in homogener und inhomogener Atmosphäre.
Ausgehend von seiner allgemeinen Formulierung als Beugungsproblem, dessen allgemeine Lösung in geschlossener Form nicht möglich ist, untersuchen wir vereinfachte
Modelle wie z.B. die Ausbreitung im freien Raum und die Ausbreitung auf optische
Sicht. Zur Entscheidung darüber, ob eine Erdoberfläche bei solch idealisierten Mo-
dellen als rauh oder glatt anzusehen ist, leiten wir das Rayleigh-Kriterium her.

Die Wellenausbreitung in der Troposphäre, die strahlenoptisch behandelt wird,
erfordert das Eingehen auf deren Struktur. Wir finden als eine wesentliche Eigenschaft die Totalreflexion elektromagnetischer Wellen an der Troposphäre und damit
verbunden das Auftreten von Wellenleitung.

Im Zusammenhang mit der strahlenoptischen Behandlung, deren Grundlagen
hergeleitet werden, besprechen wir die verschiedenen Bezeichnungsweisen des Brechungsindex und führen auch den äquivalenten Erdradius ein. Ein kurzer Abschnitt
über Streuausbreitung ergänzt die Übersicht über die Ausbreitungsmechanismen.
Aus räumlichen Gründen besprechen wir die beugungstheoretische Behandlung der
troposphärischen Wellenausbreitung nur in ihrer mathematischen Struktur.

Bei der Ausbreitung längerer Wellen spielt die Ionosphäre die entscheidende
Rolle. Wir betrachten sie als neutrales Plasma und leiten ihre Materialeigenschaf-
ten aus der Bewegungsgleichung der Elektronen und den Maxwellschen Gleichungen
her. Weiter beschränken wir uns auf die Betrachtung ebener Wellen und erkennen,
daß - ähnlich wie beim Hohlleiter - eine Grenzfrequenz existiert, oberhalb derer
die Welle in die Ionosphäre eindringt.

Wir beschließen unsere Ausführungen, die notgedrungen nur sehr beschränkt sind, mit einer Betrachtung über geführte Wellen und zwar speziell über Oberflächenwellen und Leckwellen. Nach der von Barlow und Brown [1.10] gegebenen Definition verstehen wir unter Oberflächenwellen inhomogene Wellen, die sich längs der Trennfläche zweier Medien ohne Strahlung ausbreiten. Als einfachstes Beispiel für derartige Oberflächenwellen behandeln wir die Zenneck-Welle. Dabei ergibt sich eine Bedingung für das Auftreten von Oberflächenwellen, die wir eingehend diskutieren. Weiter gehen wir auf den Einfluß der Oberfläche auf die Existenzfähigkeit und Führung von Oberflächenwellen sowie Möglichkeiten ihrer Anregung ein. Die nachfolgend beschriebenen Leckwellen (leaky waves) sind nach Oliner [1.11] elektromagnetische Wellen, die sich längs der Grenzfläche eines verlustlosen Mediums mit einer komplexen Wellenzahl ausbreiten. Ihre Existenzfähigkeit wird an einem einfachen Beispiel demonstriert, wobei ihre Eigenschaften erläutert werden.

In einem Anhang findet der Leser die wichtigsten Definitionen und Formeln der Vektorrechnung und eine Zusammenstellung von Maxwellschen Gleichungen und Helmholtzscher Schwingungsgleichung in verschiedenen Koordinatensystemen. Auch die Landauschen Symbole o und O sind dort erklärt.

Literatur

1.1   A. Sommerfeld: Vorlesungen über Theoretische Physik, Bd. III, Elektrodynamik (Akademische Verlagsgesellschaft Geest u. Portig, Leipzig 1964)

1.2   F.A. Fischer: Einführung in die statistische Übertragungstheorie, Bd. 130/130a (B.I. Hochschultaschenbücher, Mannheim 1969)

1.3   A.W. Rihaczek: Prinziples of high-resolution radar (McGraw-Hill Book Company, New York 1969)

1.4   R. Unbehauen: Systemtheorie (Oldenburg Verlag, München-Wien 1969)

1.5   F. Landstorfer: A.E.Ü. 26 (1972) 189-196

1.6   F. Landstorfer, H. Liska, H. Meinke, B. Müller: NTZ 5 (1972) 225-231

1.7   W.D. Kupradse: Randwertaufgaben der Schwingungstheorie und Integralgleichungen (Deutscher Verlag der Wissenschaften Berlin 1956)

1.8   J.A. Stratton, L.J. Chu: Phys. Rev. 56 (1939) 99-107

1.9   C. Müller: Grundprobleme der mathematischen Theorie elektromagnetischer Schwingungen (Springer-Verlag, Berlin, Heidelberg, New York 1957)

1.10 H.M. Barlow, J. Brown: Radio surface waves (Oxford, At the Clarendon Press 1962)

1.11 A.A. Oliner: Leaky waves in electromagnetic phenomena. In: Electromagnetic Theory and Antennas, herausgegeben von E.C. Jordan (Pergamon Press Oxford, London, New York, Paris 1963).

2. Die Maxwellschen Gleichungen

Wir führen die Maxwellschen Gleichungen in ihrer Integralform, Differentialform
und symmetrischen Form axiomatisch ein. Die zu den Maxwellschen Gleichungen
gehörigen Materialbeziehungen werden dann eingehend besprochen. Diese Diskussion führt unter anderem zum Dispersionsgesetz und zu den Kramers-Kronig-Relationen. Als Folgerung aus den Maxwellschen Gleichungen ergibt sich die Kontinuitätsgleichung. Anschließend geben wir die Maxwellschen Gleichungen in harmonischer Schreibweise an und leiten aus ihnen das Reziprozitätsgesetz her. Durch
Variation der aus der Elektrostatik bekannten Ausdrücke für die elektrische und
magnetische Energie eines Volumens erhalten wir den Poyntingschen Satz und interpretieren ihn eingehend. Besondere Aufmerksamkeit wird dabei dem Fall harmonischer Zeitabhängigkeit der Feldgrößen gewidmet.

2.1 Axiomatische Einführung der Maxwellschen Gleichungen und Diskussion der Materialbeziehungen

Sommerfeld hat in seinen Vorlesungen über theoretische Physik [2.1] im Anschluß
an Hertz die Maxwellschen Gleichungen axiomatisch an die Spitze seiner Betrachtungen gesetzt. Wir wollen uns hier dieser Auffassung anschließen. (Eine andere
Möglichkeit wird von Bopp [2.2] aufgezeigt.)

Die Maxwellschen Gleichungen können in Integralform und in Differentialform angegeben werden. In der Integralform lauten sie

$$\frac{d}{dt} \iint \vec{B}(\vec{r},t) \cdot d\vec{A} = - \oint \vec{E}(\vec{r},t) \cdot d\vec{s}, \tag{2.1}$$

$$\oiint \vec{B}(\vec{r},t) \cdot d\vec{A} = 0, \tag{2.2}$$

$$\iint J_g(\vec{r},t) \cdot d\vec{A} = \oint \vec{H}(\vec{r},t) \cdot d\vec{s}, \tag{2.3}$$

$$\oiint \vec{D}(\vec{r},t) \cdot d\vec{A} = \sum_i Q_i = Q = \iiint \rho(\vec{r},t)dV \tag{2.4}$$

und in der Differentialform

$$\frac{\partial}{\partial t} \vec{B}(\vec{r},t) = - \operatorname{rot} \vec{E}(\vec{r},t), \tag{2.5}$$

$$\operatorname{div} \vec{B}(\vec{r},t) = 0, \tag{2.6}$$

$$\frac{\partial}{\partial t} \vec{D}(\vec{r},t) + \vec{J}(\vec{r},t) = \operatorname{rot} \vec{H}(\vec{r},t), \tag{2.7}$$

$$\operatorname{div} \vec{D}(\vec{r},t) = \rho(\vec{r},t). \tag{2.8}$$

Dabei ist $\vec{B}$ der vom Ortsvektor $\vec{r}$ und der Zeit t abhängige Vektor der magnetischen Induktion; $\vec{E}$ ist die elektrische Feldstärke, $\vec{D}$ die elektrische Verschiebungsdichte (elektrische Erregung), $\vec{H}$ die magnetische Feldstärke, Q die (elektrische) Ladung und ρ die Raumladungsdichte. Weiter stellt $d\vec{A}$ ein orientiertes Flächenelement dar und $d\vec{s}$ ein gerichtetes Linienelement.

$$\vec{J}_g(\vec{r},t) = \vec{J}(\vec{r},t) + \frac{\partial}{\partial t} \vec{D}(\vec{r},t) \tag{2.9}$$

ist die elektrische Gesamtstromdichte, die sich aus der elektrischen Stromdichte $\vec{J}(\vec{r},t)$ und der Verschiebungsstromdichte $\partial\vec{D}(\vec{r},t)/\partial t$ zusammensetzt. Der Übergang von der einen zur anderen Form der Maxwellschen Gleichungen geschieht über die Sätze von Gauß und Stokes. (Siehe Anhang 13.1.7,8) Unter $\sum_i Q_i$ verstehen wir die Summe aller in dem von der Integrationsfläche umschlossenen Volumen vorhandenen Ladungen. Da wir uns nur für Beziehungen zwischen dem zeitlich veränderlichen Magnetfeld und dem zeitlich veränderlichen elektrischen Feld interessieren, können wir den Integrationsweg in (2.1) als fest ansehen. Dann ist

$$\frac{d}{dt} \iint \vec{B}(\vec{r},t) \cdot d\vec{A} = \iint \frac{\partial}{\partial t} \vec{B}(\vec{r},t) \cdot d\vec{A} ,$$

was bei der Überführung von (2.1) in die differentielle Form (2.5) vorausgesetzt wurde.

Die Integralform der Maxwellschen Gleichungen wird meist dazu verwendet,
die Übergangsbedingungen für die elektromagnetischen Felder
an der Grenzfläche zweier Medien aufzustellen. Diese Bedingungen lauten

$$\vec{t} \cdot [\vec{E}_1(\vec{r},t) - \vec{E}_2(\vec{r},t)] = 0, \quad \vec{t} \cdot [\vec{H}_1(\vec{r},t) - \vec{H}_2(\vec{r},t)] = \vec{J}_A(\vec{r},t),$$
$$\vec{n} \cdot [\vec{D}_1(\vec{r},t) - \vec{D}_2(\vec{r},t)] = \eta(\vec{r},t), \quad \vec{n} \cdot [\vec{B}_1(\vec{r},t) - \vec{B}_2(\vec{r},t)] = 0, \qquad (2.10)$$

wobei $\vec{t}$ und $\vec{n}$ Tangential- bzw. Normaleinheitsvektoren der betrachteten Grenz-
fläche zwischen den Medien 1 und 2 mit den Feldern $\vec{E}_1, \vec{D}_1, \vec{H}_1, \vec{B}_1$ und $\vec{E}_2, \vec{D}_2,$
$\vec{H}_2, \vec{B}_2$ sind; $\vec{J}_A(\vec{r},t)$ ist ein in der Grenzfläche fließender Flächenstrom, $\eta(\vec{r},t)$
eine in der Grenzfläche befindliche Flächenladung. Längs der Oberfläche eines voll-
kommenen elektrischen Leiters besteht definitionsgemäß kein elektrisches Feld; die
tangentielle Komponente der elektrischen Feldstärke verschwindet längs des Leiters,
d.h. das elektrische Feld steht immer senkrecht zur Leiteroberfläche. Das Innere
des vollkommenen (idealen) Leiters ist feldfrei. Die Randbedingung am idealen elektrischen Leiter lautet somit [2.3]

$$\vec{n} \times \vec{E}(\vec{r},t) = \vec{0}. \qquad (2.11)$$

Die Übergangsbedingungen können auch mit Hilfe der Differentialform der Maxwellschen Gleichungen hergeletet werden, aber dann muß der Übergang von einem Medium
zum anderen als kontinuierlich vorausgesetzt werden (Grenzschicht statt Grenzfläche).

Überall dort, wo es darauf ankommt, die Dualität zwischen elektrischer Feldstärke $\vec{E}$ und magnetischer Feldstärke $\vec{H}$ herauszustellen, ist eine symmetrische
Schreibweise der Maxwellschen Gleichungen von Vorteil. Um diese
Symmetrie zu erreichen, führen wir eine fiktive magnetische Stromdichte
$\vec{J}_m(\vec{r},t)$ und eine fiktive magnetische Ladungsdichte $\rho_m(\vec{r},t)$ ein. Die
differentiellen Maxwellschen Gleichungen erhalten dann die Form

$$\mathrm{rot}\,\vec{H}(\vec{r},t) - \frac{\partial}{\partial t}\,\vec{D}(\vec{r},t) = \vec{J}(\vec{r},t), \qquad (2.12a)$$

$$\mathrm{rot}\,\vec{E}(\vec{r},t) + \frac{\partial}{\partial t}\,\vec{B}(\vec{r},t) = -\vec{J}_m(\vec{r},t), \qquad (2.12b)$$

$$\mathrm{div}\,\vec{B}(\vec{r},t) = \rho_m(\vec{r},t), \qquad (2.13a)$$

$$\mathrm{div}\,\vec{D}(\vec{r},t) = \rho(\vec{r},t). \qquad (2.13b)$$

Die elektrische Stromdichte $\vec{J}$ setzt sich aus drei Teilen zusammen: aus der Leitungsstromdichte $\vec{J}_L$, der Konvektionsstromdichte $\vec{J}_k$ und aus der eingeprägten Stromdichte $\vec{J}_e$:

$$\vec{J}(\vec{r},t) = \vec{J}_L(\vec{r},t) + \vec{J}_k(\vec{r},t) + \vec{J}_e(\vec{r},t). \tag{2.14}$$

Die Leitungsstromdichte ist nur eine Funktion der elektrischen Feldstärke $\vec{E}$. In isotropen und linearen Leitern mit der Leitfähigkeit σ ist sie durch das Ohmsche Gesetz

$$\vec{J}_L(\vec{r},t) = \sigma\vec{E}(\vec{r},t) \tag{2.15}$$

gegeben. Die Konvektionsstromdichte $\vec{J}_k$ berücksichtigt die Bewegung freier Ladungen Q, die durch die Kraft

$$\vec{F}(\vec{r},t) = Q\vec{E}(\vec{r},t) + Q\vec{v}(\vec{r},t) \times \vec{B}(\vec{r},t) \tag{2.16}$$

beschleunigt werden, wenn sie die Geschwindigkeit $\vec{v}$ haben. $\vec{J}_k$ hängt also, bedingt durch diese Beschleunigung, sowohl von $\vec{E}$ als auch von $\vec{B}$ ab. Bei Abwesenheit freier Ladungen ist $\vec{J}_k(\vec{r},t) = \vec{0}$.

Die eingeprägte elektrische Stromdichte $\vec{J}_e$ soll eine von allen Feldkräften unabhängige, äußerlich erzwungene Bewegung von Ladungen sein[*]. Sie ist also in den Maxwellschen Gleichungen ein inhomogenes Glied und bildet damit eine Ursache oder Quelle des elektromagnetischen Feldes. Analog zu ihr ist die eingeprägte magnetische Stromdichte $\vec{J}_{me}(\vec{r},t)$ zu sehen, aus der die in (2.12b) eingeführte magnetische Stromdichte $\vec{J}_m$ allein bestehen soll. Dabei können wir uns $\vec{J}_e$ noch physikalisch als elektrische Ladungen vorstellen, die unter dem Einfluß äußerer Kräfte bewegt werden. Bei $\vec{J}_{me}$ versagt diese Vorstellung, denn es gibt keine magnetischen Ladungen. Es bedarf aber, wie Unger [2.5] bemerkt, dieser physikalischen Vorstellungen auch gar nicht, denn sowohl $\vec{J}_e$ als auch $\vec{J}_{me}$ sind nur Ersatzgrößen. Die eigentlichen Quellen elektromagnetischer Hochfrequenzfelder befinden sich in den dichte- oder geschwindigkeitsmodulierten Elektronenströmen von Vakuumröhren oder in den injektionsmodulierten Minoritätsträgerströmen von Transistoren, die bei Rückkopplung Schwingungen anfachen. Diese eigentlichen Quellen werden unmittelbar nur bei der Lösung des internen Feldproblems solcher Energiewandler

---

[*] Siehe dazu auch Meixner [2.4].

berücksichtigt. Hier aber sollen nur Felder in passiven Medien untersucht werden.
Die eigentlichen Quellen sind viel zu kompliziert, um sie direkt zu berücksichtigen.
Statt dessen werden die Ersatzgrößen $\vec{J}_e$ und $\vec{J}_{me}$ eingeführt.

Die Maxwellschen Gleichungen sind durch M a t e r i a l g l e i c h u n g e n zu ergänzen, die Zusammenhänge zwischen dielektrischer Verschiebungsdichte $\vec{D}$, magnetischer Induktion $\vec{B}$ und den beiden Feldstärken $\vec{E}$ und $\vec{H}$ herstellen [2.6]. Die
Raumladungsdichten ρ und ρ_m bzw. die Ladung Q an den einzelnen Raumpunkten
sind zu einem festen Zeitpunkt als gegeben anzusehen (Ausgangssituation). Unter
den einfachsten Bedingungen, die keineswegs immer vorliegen, nehmen wir lineare
Zusammenhänge an:

$$\vec{D}(\vec{r},t) = \varepsilon\vec{E}(\vec{r},t) = \varepsilon_0\varepsilon_r\vec{E}(\vec{r},t), \tag{2.17}$$

$$\vec{B}(\vec{r},t) = \mu\vec{H}(\vec{r},t) = \mu_0\mu_r\vec{H}(\vec{r},t). \tag{2.18}$$

(Mit diesen beiden Gleichungen ist auch (2.15) zu sehen.) Die Leitfähigkeit σ, die
Dielektrizitätskonstante ε und die Permeabilität μ werden meist als skalare Größen
angesehen; in einigen Fällen lassen wir eine Ortsabhängigkeit zu. Für gyroelektrische
Stoffe wird ε ein Tensor während μ ein Skalar bleibt; für gyromagnetische Stoffe wird
hingegen μ ein Tensor, während ε ein Skalar bleibt. Auch σ kann Tensorcharakter
annehmen (Leitfähigkeitstensor). Wir sprechen dann von anisotropen Materialien.
Das Ohmsche Gesetz (2.15) gilt nur im Makrophysikalischen. Abweichungen von der
Linearität des Ohmschen Gesetzes haben wir auch bei sehr starken elektrischen Feldern zu erwarten. Bei ferroelektrischen Stoffen ist die dielektrische Verschiebungsdichte $\vec{D}$ keine eindeutige Funktion der elektrischen Feldstärke $\vec{E}$ mehr. Ihr Wert hängt
vielmehr von der Vorgeschichte ab. Das bedeutet, daß $\varepsilon(t)$ ein Funktional aller Werte
$\vec{E}(t-s)$ in $0 \leqslant s < \infty$ wird. Entsprechend tritt bei ferromagnetischen Stoffen an die
Stelle der linearen Beziehung (2.18) eine allgemeine funktionale Abhängigkeit $\vec{B}=\vec{B}(\vec{H},T)$
in die auch noch die magnetische Vorbehandlung des Materials und die absolute Temperatur T eingehen. Bei paramagnetischen Stoffen treten Abweichungen von der Linearität nur bei extrem hohen Feldern oder extrem tiefen Temperaturen auf.

An Stelle der multiplikativen Beziehungen (2.17) und (2.18) können wir die
Wechselwirkung zwischen Feld und Materie auch durch additive Beziehungen beschreiben:

$$\vec{D}(\vec{r},t) = \varepsilon_0\vec{E}(\vec{r},t) + \vec{P}_e(\vec{r},t), \tag{2.19}$$

$$\vec{B}(\vec{r},t) = \mu_0\vec{H}(\vec{r},t) + \vec{P}_m(\vec{r},t). \tag{2.20}$$

Man nennt $\vec{P}_e$ die elektrische und $\vec{P}_m$ die magnetische Polarisation.
Beide Größen verschwinden im Vakuum. Sie enthalten also den Einfluß der Materie
auf das Feld. $\vec{P}_e$ ist zugleich das elektrische Moment der Volumeneinheit des Dielektrikums, $\vec{P}_m$ das magnetische Moment der Volumeneinheit. Aus (2.17-20) folgt:

$$\vec{P}_e(\vec{r},t) = (\varepsilon - \varepsilon_0)\vec{E}(\vec{r},t) = \varepsilon_0(\varepsilon_r - 1)\vec{E}(\vec{r},t), \qquad (2.21)$$

$$\vec{P}_m(\vec{r},t) = (\mu - \mu_0)\vec{H}(\vec{r},t) = \mu_0(\mu_r - 1)\vec{H}(\vec{r},t), \qquad (2.22)$$

d.h. die elektrische bzw. magnetische Polarisation ist proportional der makrosko-
pischen elektrischen bzw. magnetischen Feldstärke. Der Faktor

$$\chi_e : = \varepsilon_r - 1 \qquad (2.23)$$

bzw.

$$\chi_m : = \mu_r - 1 \qquad (2.24)$$

wird als elektrische bzw. magnetische Suszeptibilität bezeichnet.

Setzen wir voraus, daß ε und μ nicht frequenzabhängig sind, wie das bei Ausbreitungsproblemen meist getan wird, so sind ε und μ die statischen Werte. Das
Medium zeigt keine Dispersion. Diese Annahme ist nicht mehr gültig für Frequenzen,
die mit den Eigenfrequenzen jener Molekül- und Elektronenschwingungen vergleichbar
sind, die zur elektrischen und magnetischen Polarisation des Stoffes führen. Die Größenordnung dieser Frequenzen hängt von der Art des Stoffes ab und kann Werte innerhalb eines sehr großen Bereiches annehmen. Sie kann für elektrische und magnetische
Erscheinungen völlig verschieden sein. Im Diamant ist die elektrische Polarisation
z.B. auf die Elektronen zurückzuführen und die Dispersion von ε beginnt erst im
ultravioletten Spektralgebiet ($\lambda \approx 0,2 \cdot 10^{-6}$ m). Dagegen ist in Wasser die Polarisation eine Folge der Moleküle mit permanentem Dipolmoment, und die Dispersion
von ε tritt für Frequenzen $\nu \approx 10^{11}$ Hz auf, d.h. im Zentimeterwellenbereich. Noch
früher kann die Dispersion von μ in Ferromagnetika beginnen.

Die Maxwellschen Gleichungen (mit $\sigma = 0$) bleiben in willkürlich veränderlichen
elektromagnetischen Feldern formal erhalten. Sie sind aber in einem gewissen Maß
so lange bedeutungslos, wie die Beziehungen zwischen $\vec{D},\vec{B}$ und $\vec{E},\vec{H}$, die in die Gleichungen eingehen, nicht aufgestellt sind. Diese Beziehungen haben bei den jetzt von
uns betrachteten hohen Frequenzen keine Ähnlichkeit mehr mit denen, die im sta-

tischen Fall gültig sind und auch mit denen (2.17,18), die für zeitlich veränderliche Felder bei fehlender Dispersion benutzt werden. Vor allem wird die grundle-
gende Eigenschaft dieser Beziehungen, wonach $\vec{D}$ und $\vec{B}$ von den Größen $\vec{E}$ und $\vec{H}$
im betrachteten Zeitpunkt eindeutig abhängen, verletzt. Im allgemeinen Fall
eines willkürlich veränderlichen Feldes werden $\vec{D}$ und $\vec{B}$ in
irgendeinem Zeitpunkt nicht nur durch $\vec{E}$ und $\vec{H}$ im selben Zeitpunkt bestimmt. Die Größen $\vec{D}$ und $\vec{B}$ hängen in einem gegebenen Zeitpunkt im allgemeinen von den Funktionswerten von $\vec{E}(\vec{r},t)$
und $\vec{H}(\vec{r},t)$ in jedem vorherigen Zeitpunkt ab. Das ist Ausdruck der
Tatsache, daß die Einstellung der elektrischen und magnetischen Polarisation des
Stoffes mit der Änderung des elektromagnetischen Feldes nicht Schritt hält. Der Vektor $\vec{P}_e$ behält in einem beliebig veränderlichen elektrischen Feld auch beim Vorhandensein von Dispersion die physikalische Bedeutung eines elektrischen Moments pro
Volumeneinheit.

In schnell veränderlichen Feldern haben wir es praktisch immer mit verhält-
nismäßig kleinen Feldstärken zu tun. Wir können daher immer annehmen, daß die
Beziehung zwischen $\vec{D}$ und $\vec{E}$ linear ist. Eine allgemeine lineare Beziehung zwischen $\vec{D}$ und den Werten von $\vec{E}$ zu allen vorhergehenden Zeitpunkten kann in folgender Integralform geschrieben werden:

$$\vec{D}(\vec{r},t) = \varepsilon_\infty \vec{E}(\vec{r},t) + \int_0^\infty f(\vec{r},\tau)\vec{E}(\vec{r},t-\tau)d\tau. \tag{2.25}$$

Dabei erfolgt die Abtrennung des Terms $\varepsilon_\infty \vec{E}(\vec{r},t)$ (siehe (2.34)) aus rechentech-
nichen Gründen; $f(\vec{r},t)$ ist eine reelle Funktion der Zeit und der Eigenschaften des
Mediums.

Wir betrachten nun zeitlich veränderliche Felder, die durch eine Fourier-Ent-
wicklung als Summe monochromatischer Komponenten dargestellt werden können
[2.7,8]:

$$\vec{E}(\vec{r},t) = \sum_{-\infty}^{\infty} \exp[-i\omega t]\vec{E}_\omega(\vec{r}), \tag{2.26}$$

$$\vec{D}(\vec{r},t) = \sum_{-\infty}^{\infty} \exp[-i\omega t]\vec{D}_\omega(\vec{r}). \tag{2.27}$$

(Die Summation erstreckt sich von $-\infty$ bis $+\infty$ über alle ganzzahligen ω). Setzen wir diese Beziehungen in (2.25) ein, so erhalten wir wegen der Linearität des Ansatzes (2.25) für jede einzelne Fourier-Komponente

$$\vec{D}_{\omega}(\vec{r}) = \varepsilon_{\infty}\vec{E}_{\omega}(\vec{r}) + \int_{0}^{\infty} f(\vec{r},\tau)\vec{E}_{\omega}(\vec{r})\exp[i\omega\tau]d\tau. \qquad (2.28)$$

Dafür können wir mit

$$\underline{\varepsilon}(\omega): = \varepsilon_{\infty} + \int_{0}^{\infty} f(r,\tau)\exp[i\omega\tau]d\tau \qquad (2.29)$$

auch

$$\vec{D}_{\omega}(\vec{r}) = \underline{\varepsilon}(\omega)\vec{E}_{\omega}(\vec{r}) \qquad (2.30)$$

schreiben. (Die Ortsabhängigkeit von $\underline{\varepsilon}(\omega)$ wurde unterdrückt, da wir hier nur das Frequenzverhalten betrachten wollen.)

Gl.(2.30) gibt im Spektralbereich der Fourier-Transformation den allgemeinen Zusammenhang zwischen den zeitlichen Fourier-Komponenten $\vec{D}_{\omega}$ und $\vec{E}_{\omega}$ von $\vec{D}(t)$ und $\vec{E}(t)$. Die Abhängigkeit $\underline{\varepsilon} = \underline{\varepsilon}(\omega)$ wird D i s p e r s i o n s g e s e t z genannt. Die Funktion $\underline{\varepsilon}(\omega)$ ist im allgemeinen komplex. Wir trennen sie nach Real- und Imaginärteil:

$$\underline{\varepsilon}(\omega): = \varepsilon'(\omega) + i\,\varepsilon''(\omega). \qquad (2.31)$$

Aus der Definition (2.29) ist zu sehen, daß

$$\underline{\varepsilon}(\omega) = \underline{\varepsilon}^{*}(-\omega) \qquad (2.32)$$

gilt. Für den Real- und Imaginärteil von $\underline{\varepsilon}(\omega)$ heißt das

$$\varepsilon'(\omega) = \varepsilon'(-\omega); \quad \varepsilon''(\omega) = -\varepsilon''(-\omega). \qquad (2.33)$$

Der Realteil von $\underline{\varepsilon}(\omega)$ ist also eine gerade, der Imaginärteil eine ungerade Funktion von ω.

Für Frequenzen, die klein sind im Vergleich zu denen, für die Dispersion auftritt, kann die Funktion $\underline{\varepsilon}(\omega)$ nach Potenzen von ω entwickelt werden. Die Entwicklung von $\varepsilon'(\omega)$ enthält nur gerade Potenzen, die von $\varepsilon''(\omega)$ nur ungerade Potenzen. Im Grenzfall $\omega \to 0$ strebt $\underline{\varepsilon}(\omega)$ in einem Dielektrikum natürlich gegen die statische Dielektrizitätskonstante ε_{stat}, die reell ist. In einem Dielektrikum beginnt die Entwicklung von $\varepsilon'(\omega)$ daher mit ε_{stat}; die Entwicklung von $\varepsilon''(\omega)$ beginnt im allgemeinen mit einem Term, der ω proportional ist. Im Grenzfall $\omega \to \infty$ strebt die Funktion $\underline{\varepsilon}(\omega)$ gegen ε_∞ . Das ist schon aus einfachen physikalischen Überlegungen ersichtlich: Bei genügend schneller Änderung des Feldes können Polarisationsprozesse, die für den Unterschied zwischen $\vec{E}$ und $\vec{D}$ verantwortlich sind, mit diesen Änderungen im allgemeinen nicht mitkommen.

Da die Stoffeigenschaften in (2.28) allein durch die Funktion $f(\vec{r},t)$ gegeben sind, ist im Vakuum $f(\vec{r},t) \equiv 0$ zu setzen. Damit wird

$$\varepsilon_\infty = \varepsilon_0 , \qquad\qquad (2.34)$$

d.h. gleich der Dielektrizitätskonstanten des Vakuums. Weiter ist die Funktion $f(\vec{r},t)$ für alle Werte $t \in [0,\infty]$ endlich, auch für $t = 0$. Damit die Funktion diese Eigenschaft hat, wurde der Term $\varepsilon_\infty \vec{E}(\vec{r},t)$ in der Integralbeziehung (2.25) separat aufgeführt. Wäre er nicht vorhanden, so hätte die Funktion $f(\vec{r},t)$ für $t = 0$ eine Singularität in Form einer δ-Funktion[*]. Bei Dielektra strebt $f(\vec{r},t)$ für $t \to \infty$ gegen Null. Physikalisch bedeutet das, daß Werte von $\vec{E}(\vec{r},t)$ von zu weit zurückliegenden Zeitpunkten auf $\vec{D}(\vec{r},t)$ keinen merklichen Einfluß mehr ausüben können.

Der Integralbeziehung (2.25) liegen Prozesse, d.h. physikalische Mechanismen zugrunde, die die elektrische Polarisation bewirken. Demnach ist das t-Intervall, in dem die Funktion $f(\vec{r},t)$ merklich von Null verschieden ist, in der Größenordnung der die Geschwindigkeit dieser Prozesse kennzeichnenden Relaxationszeit. Weitere Informationen zum Thema "Materialbeziehungen" sind z.B. bei Becker-Sauter [2.9], Landau-Lifschitz [2.6], Schultz [2.10] und Wijn-Dullenkopf [2.11] zu finden.

---

[*] Siehe Abschnitt 6.5.1

2.2 Die Kramers-Kronig-Relationen

Die Funktion $\underline{\varepsilon}(\omega)$ haben wir durch (2.29) definiert:

$$\underline{\varepsilon}(\omega) := \varepsilon_0 + \int_0^\infty \exp[i\omega\tau] f(\vec{r},\tau)\,d\tau. \qquad (2.35)$$

Diese Form der Darstellung von $\underline{\varepsilon}(\omega)$ erlaubt es, mit Hilfe der Funktionentheorie zu einigen allgemeinen Beziehungen zu kommen [2.6]. Dazu sehen wir ω als eine komplexe Variable an,

$$\underline{\omega} := \omega' + i\omega'', \qquad (2.36)$$

und betrachten $\underline{\varepsilon}(\underline{\omega})$ für $\mathrm{Im}\{\underline{\omega}\} \geqslant 0$.

Da $f(\vec{r},t)$ im ganzen Intervall $t \in [0,\infty)$ beschränkt ist und $f(\vec{r},t) \to 0$ für $t \to \infty$ gilt, hat auch $\underline{\varepsilon}(\underline{\omega})$ in $\mathrm{Im}\{\underline{\omega}\} \geqslant 0$ keine Singularitäten. Denn für $\omega'' > 0$ enthält der Integrand von (2.35) den exponentiell abnehmenden Faktor $\exp[-\omega''\tau]$ und da $f(\vec{r},t)$ in $t \in [0,\infty)$ beschränkt ist, konvergiert das Integral. Die Funktion $\underline{\varepsilon}(\underline{\omega})$ hat auch auf der reellen Achse $(\omega'' = 0)$ keine Singularität.

Die Regularität von $\underline{\varepsilon}(\underline{\omega})$ in der oberen $\underline{\omega}$-Halbebene ist physikalisch gesehen eine Folge des Kausalitätsprinzips. Dieses Prinzip besagt, daß sich die Integration in (2.35) bzw. (2.25) nur über das Zeitintervall erstreckt, das vor dem betrachteten Zeitpunkt liegt. Deswegen erstreckt sich auch das Integrationsintervall in (2.35) von 0 bis ∞ und nicht von $-\infty$ bis $+\infty$. Aus (2.35) folgt weiter

$$\underline{\varepsilon}(-\underline{\omega}^*) = \underline{\varepsilon}^*(\underline{\omega}). \qquad (2.37)$$

Das ist eine Verallgemeinerung der für reelle Werte von $\underline{\omega}$ geltenden Beziehung. Insbesondere gilt für rein imaginäre Werte von $\underline{\omega}$

$$\underline{\varepsilon}(i\omega'') = \underline{\varepsilon}^*(i\omega''), \qquad (2.38)$$

d.h. $\underline{\varepsilon}(\underline{\omega})$ ist auf der imaginären Achse reell, d.h.

$$\mathrm{Im}\{\underline{\varepsilon}(\underline{\omega})\} = 0 \quad \text{für} \quad \underline{\omega} = i\omega''. \qquad (2.39)$$

Aus energetischen Gründen ist der Imaginärteil von $\underline{\varepsilon}(\underline{\omega})$ für positive reelle Werte $\underline{\omega} = \omega'$ positiv. Nach (2.37) gilt weiter

$$\mathrm{Im}\{\underline{\varepsilon}(-\omega')\} = -\mathrm{Im}\{\underline{\varepsilon}(\omega')\}.$$

Demnach ist

$$\mathrm{Im}\{\underline{\varepsilon}(\underline{\omega})\} > 0 \quad \text{für} \quad \underline{\omega} = \omega' > 0,$$

$$\mathrm{Im}\{\underline{\varepsilon}(\underline{\omega})\} < 0 \quad \text{für} \quad \underline{\omega} = \omega' < 0.$$

$$(2.40)$$

Im Punkt $\underline{\omega} = 0$ ändert die Funktion $\mathrm{Im}\{\underline{\varepsilon}(\underline{\omega})\}$ das Vorzeichen, wobei sie für Dielektrika Null wird. Das ist der einzige Punkt auf der reellen Achse, in dem $\underline{\varepsilon}(\underline{\omega})$ verschwinden kann. Wenn $\underline{\omega}$ auf irgendeinem Weg in der oberen Halbebene gegen ∞ strebt, gilt $\underline{\varepsilon}(\underline{\omega}) \to \varepsilon_0$. Das ist für $\mathrm{Im}\{\underline{\omega}\} > 0$ sofort aus dem Integral (2.35) ersichtlich. Für $|\omega'| \to \infty$ verschwindet das Integral wegen das oszillierenden Faktors $\exp[i\omega'\tau]$.

Wir wählen nun irgendeinen Wert $\underline{\omega} = \omega_0$ und integrieren den Ausdruck

$$\frac{\underline{\varepsilon}(\underline{\omega}) - \varepsilon_0}{\underline{\omega} - \omega_0} \qquad (2.41)$$

längs der Kurve C (siehe Abb. 2.1). Da $\underline{\varepsilon}(\underline{\omega}) \to \varepsilon_0$ für $|\underline{\omega}| \to \infty$ gilt, strebt die Funktion (2.41) schneller als $1/\underline{\omega}$ gegen Null. Demnach konvergiert das Integral

$$\int_C \frac{\underline{\varepsilon}(\underline{\omega}) - \varepsilon_0}{\underline{\omega} - \omega_0}\, d\underline{\omega} \qquad (2.42)$$

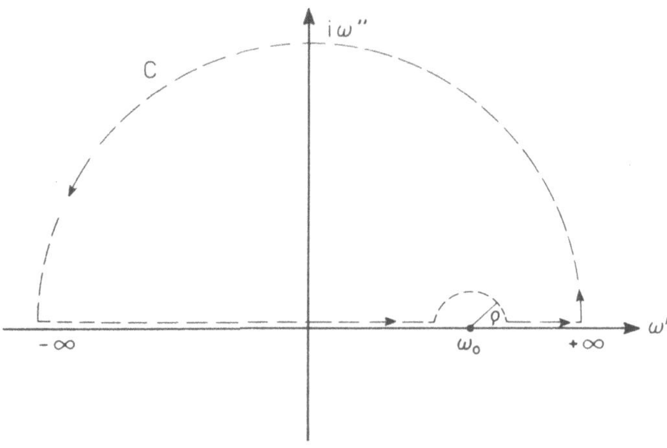

Abb. 2.1 Integrationsweg zur Herleitung der Kramers-Kronig-Relationen

Da ferner $\underline{\varepsilon}(\underline{\omega})$ in der ganzen oberen Halbebene keine Singularitäten hat und der Punkt $\underline{\omega} = \omega_0$ aus dem Integrationsgebiet durch einen kleinen Halbkreis vom Radius ρ ausgeschlossen wurde, ist die Funktion (2.41) analytisch und das zugehörige Integral gleich Null. Das Integral längs des im Unendlichen gelegenen Halbkreises verschwindet ebenfalls. Damit gilt

$$\lim_{\rho \to 0} \left\{ \int_{-\infty}^{-\rho+\omega_0} \frac{\underline{\varepsilon}(\underline{\omega}) - \varepsilon_0}{\underline{\omega} - \omega_0} \, d\underline{\omega} + \int_{\rho+\omega_0}^{+\infty} \frac{\underline{\varepsilon}(\underline{\omega}) - \varepsilon_0}{\underline{\omega} - \omega_0} \, d\underline{\omega} \right\} - i\pi[\underline{\varepsilon}(\omega_0) - \varepsilon_0] = 0. \qquad (2.43)$$

Der erste Term ist der Hauptwert des Integrals von $-\infty$ bis $+\infty$. Es gilt also

$$\oint_{-\infty}^{\infty} \frac{\underline{\varepsilon}(\underline{\omega}) - \varepsilon_0}{\underline{\omega} - \omega_0} \, d\underline{\omega} - i\pi[\underline{\varepsilon}(\omega_0) - \varepsilon_0] = 0 . \qquad (2.44)$$

Die Integrationsvariable $\underline{\omega}$, die nur reelle Werte annimmt, bezeichnen wir nun mit x. Weiter zerlegen wir den Ausdruck (2.44) in Real- und Imaginärteil. Dazu setzen wir wieder

$$\underline{\varepsilon}(\omega) := \varepsilon'(\omega) + i\varepsilon''(\omega). \qquad (2.45)$$

Außerdem bezeichnen wir den gerade betrachteten Wert ω_0 mit ω, das dann reell ist. Wir erhalten so die beiden Ausdrücke

$$\varepsilon'(\omega) = \varepsilon_0 + \frac{1}{\pi} \oint_{-\infty}^{+\infty} \frac{\varepsilon''(x)}{x - \omega} \, dx, \qquad (2.46)$$

$$\varepsilon''(\omega) = -\frac{1}{\pi} \oint_{-\infty}^{+\infty} \frac{\varepsilon'(x) - \varepsilon_0}{x - \omega} . \qquad (2.47)$$

Sie wurden im Jahre 1927 von H.A. Kramers und R.L. de Kronig abgeleitet (siehe auch Titchmarsh [2.12]) und besagen, daß $\mathrm{Re}\{\underline{\varepsilon}(\underline{\omega})\} - \varepsilon_0$ und $\mathrm{Im}\{\underline{\varepsilon}(\underline{\omega})\}$ gegenseitige Hilbert-Transformierte sind [2.13,14]. Weiter sehen wir aus (2.46,47), daß jedes verlustlose Medium $[\varepsilon''(\omega) = 0]$ notwendig das Vakuum sein muß. In der Nachrichtentechnik tauchen Beziehungen, die die Form der K r a m e r s - K r o n i g - R e l a t i o n e n haben u.a. im Zusammenhang mit dem Begriff des analytischen Signals auf [2.15,16]. (Siehe auch [2.14]). Ähnliche Überlegungen wie für die Dielektrizitätskonstante lassen sich auch für die Permeabilität $\mu(\omega)$ aufstellen [2.6].

2.3 Die Kontinuitätsgleichung

In leitenden Medien gilt (2.13) und auch (2.15). Setzen wir $\vec{J}_k(\vec{r},t) = \vec{0}$ und $\vec{J}_e(\vec{r},t) = \vec{0}$ voraus, so folgt aus der Maxwellschen Gleichung (2.12a) durch Divergenzbildung

$$\mathrm{div}\left[\frac{\partial}{\partial t}\vec{D}(\vec{r},t) + \vec{J}_L(\vec{r},t)\right] = \mathrm{div\ rot}\ \vec{H}(\vec{r},t) = 0.$$

Es gilt also die Kontinuitätsgleichung

$$\mathrm{div}\ \frac{\partial}{\partial t}\vec{D}(\vec{r},t) + \mathrm{div}\ \vec{J}_L(\vec{r},t) = 0,$$

die für ruhende Medien in

$$\frac{\partial}{\partial t}\rho(\vec{r},t) + \mathrm{div}\ \vec{J}_L(\vec{r},t) = 0 \tag{2.48}$$

übergeht. Diese Gleichung hat ihren Namen aus der Hydrodynamik.

Die Kontinuitätsgleichung (2.48) kann unter Verwendung des Ohmschen Gesetzes (2.15) auch in der Form

$$\frac{\partial}{\partial t}\rho(\vec{r},t) + \mathrm{div}[\sigma(\vec{r})\vec{E}(\vec{r},t)] = 0$$

geschrieben werden. Eliminieren wir aus

$$\rho(\vec{r},t) = \mathrm{div}[\varepsilon(\vec{r})\vec{E}(\vec{r},t)] = \varepsilon(\vec{r})\mathrm{div}\ \vec{E}(\vec{r},t) + \vec{E}(\vec{r},t) \cdot \mathrm{grad}\ \varepsilon(\vec{r})$$

und

$$\frac{\partial}{\partial t}\rho(\vec{r},t) + \sigma(\vec{r})\mathrm{div}\ \vec{E}(\vec{r},t) + \vec{E}(\vec{r},t) \cdot \mathrm{grad}\ \sigma(\vec{r}) = 0$$

bei ortsabhängig angenommener Leitfähigkeit und Dielektrizitäts-"Konstante" $\mathrm{div}\ \vec{E}(\vec{r},t)$, so erhalten wir

$$\frac{\partial}{\partial t}\rho(\vec{r},t) + \frac{\sigma(\vec{r})}{\varepsilon(\vec{r})}\left[\rho(\vec{r},t) - \vec{E}(\vec{r},t) \cdot \mathrm{grad}\ \varepsilon(\vec{r})\right] + \vec{E}(\vec{r},t) \cdot \mathrm{grad}\ \sigma(\vec{r}) = 0$$

oder

$$\varepsilon(\vec{r})\,\frac{\partial}{\partial t}\,\rho(\vec{r},t) + \sigma(\vec{r})\,\rho(\vec{r},t) =$$

$$\vec{E}(\vec{r},t)\cdot[\sigma(\vec{r})\,\mathrm{grad}\,\varepsilon(\vec{r}) - \varepsilon(\vec{r})\,\mathrm{grad}\,\sigma(\vec{r})].$$

In homogenen Medien, d.h. für ortsunabhängiges ε und σ, verschwindet die rechte Seite, und wir erhalten für den zeitlichen Verlauf der Raumladungsdichte $\rho(\vec{r},t)$ eine einfache Differentialgleichung, die sich sofort integrieren läßt. Es ergibt sich so

$$\rho(\vec{r},t) = \rho_0(\vec{r})\exp[-\frac{\sigma}{\varepsilon}\,t\,] = \rho_0(\vec{r})\exp[-\,t/\tau\,], \qquad (2.49)$$

d.h. unabhängig vom elektromagnetischen Feld verschwindet eine eingebrachte Raumladungsdichte $\rho_0(\vec{r})$ bei $\sigma \neq 0$ exponentiell mit der Zeit. Die Zeit $\tau = \varepsilon/\sigma$, in der die Raumladungsdichte auf e^{-1} des ursprünglichen Wertes abgesunken ist, wird R e l a x a t i o n s z e i t genannt. Mit Ausnahme von sehr schlechten Leitern ist diese Zeit sehr klein. Für Wasser beträgt sie z.B. $\approx 10^{-6}$ s, für Metalle $\approx 10^{-13}$ s. Für Isolatoren wie z.B. Öl kann die Relaxationszeit in der Größenordnung von Sekunden liegen und für Substanzen wie z.B. Schwefel in der Größenordnung von Tagen.

2.4. Die Maxwellschen Gleichungen bei harmonischer Zeitabhängigkeit

In sehr vielen Untersuchungen wird der zeitliche Verlauf der elektromagnetischen Größen als rein harmonisch angenommen, d.h. man setzt z.B.

$$\vec{E}(\vec{r},t) = \vec{E}_0(\vec{r})\cos(\omega t + \varphi) = \mathrm{Re}\{\vec{E}_\omega(\vec{r})\exp[-\,i\omega t]\}, \qquad (2.50)$$

wobei ω die Kreisfrequenz, φ ein Phasenwinkel und $\vec{E}_\omega(\vec{r})$ eine komplexe Amplitude ist. Aus solchen harmonischen Grundelementen lassen sich wegen der Linearität der Maxwellschen Gleichungen und bei Linearität der Materialbeziehungen allgemeinere Schwingungsformen durch S u p e r p o s i t i o n aufbauen. (Siehe (2.26,27).) Wir müssen uns aber bei allen Überlegungen stets in E rinnerung halten, daß $\vec{E}_\omega(\vec{r})$ eine komplexe Amplitude ist, aus der erst durch eine zusätzliche Vorschrift (Bildung des Realteils nach Multiplikation mit $\exp[-\,i\omega t]$) die reelle physikalische Größe gewonnen wird. (Die Verwendung von $\exp[-\,i\omega t]$ schließt sich an den bei Ausbreitungsproblemen üblichen Gebrauch an; in der Leitungstheorie wird meist $\exp[+\,i\omega t]$ verwendet. Der Übergang zwischen beiden Beschreibungen geschieht durch Ersetzen von $-\,i$ durch $+\,i$

in den auftretenden Formeln. Es sei bemerkt, daß in der elektrotechnischen Literatur j an Stelle von i geschrieben wird.) Der Index ω wird fast immer weggelassen, ebenso die Vorschrift Re$\{\ \}$. Wir wollen das auch tun.

Für diese komplexen Amplituden, die auch P h a s o r e n genannt werden, nehmen die Maxwellschen Gleichungen (2.12) die folgende Form an ($\vec{J}_k = \vec{0}$ vorausgesetzt):

$$\text{rot}\ \vec{H}(\vec{r}) - (\sigma - i\omega\varepsilon)\vec{E}(\vec{r}) = \vec{J}_e(\vec{r}),$$

$$\tag{2.51}$$

$$\text{rot}\ \vec{E}(\vec{r},) - i\omega\mu\vec{H}(\vec{r}) \qquad = -\vec{J}_{me}(\vec{r}).$$

Der Faktor $\exp[-i\omega t]$ bei allen Phasoren wurde und wird auch weiterhin weggelassen. Die beiden Divergenzbedingungen (2.13) entfallen bei einer harmonischen Zeitabhängigkeit. Weiter ist es sinnvoll, bei harmonischer Zeitabhängigkeit, die praktisch dem eingeschwungenen Zustand entspricht, keine freien Ladungen anzunehmen, da diese als abgeflossen betrachtet werden können. (Siehe (2.49)).

Die hier eingeführte k o m p l e x e S c h r e i b w e i s e führt leicht zu Fehlern, wenn man das Gebiet der linearen Operationen verläßt. Ein Beispiel für eine nichtlinear Operation werden wir beim Poyntingschen Satz kennenlernen.

Die Schreibweise von (2.51) legt es nahe, eine k o m p l e x e D i e l e k t r i z i t ä t s k o n s t a n t e

$$\underline{\varepsilon} : = \varepsilon + i\frac{\sigma}{\omega} \tag{2.52}$$

einzuführen, bei der die Leitungsstromdichte einfach als Beitrag zum Imaginärteil von $\underline{\varepsilon}$ berücksichtigt wird. Sie hat damit im elektrischen Feld qualitativ den gleichen Effekt wie Polarisationsverluste. Ersetzen wir bei harmonischer Zeitabhängigkeit also ε durch $\underline{\varepsilon}$, so haben wir sowohl die Verluste durch Umpolarisierung als auch durch Leitfähigkeit der Materie berücksichtigt. Die formale Einführung der komplexen Dielektrizitätskonstanten kann bei der Behandlung der metallischen Reflexion zu Schwierigkeiten führen. (Siehe die Bemerkungen und Literaturhinweise in Abschnitt 8.2).

2.5 Das Reziprozitätsgesetz

Reziprozität oder Umkehrbarkeit heißt ganz allgemein, daß in
einem System die Positionen von Ursache und Wirkung miteinander vertauscht werden können, ohne daß sich die Verknüpfung
zwischen Ursache und Wirkung ändert [2.5].

Um die Reziprozität in elektromagnetischen Feldern zu untersuchen, wollen wir
zwei voneinander verschiedene Quellverteilungen $\vec{J}_{e1}(\vec{r})$, $\vec{J}_{me1}(\vec{r})$ und $\vec{J}_{e2}(\vec{r})$, $\vec{J}_{me2}(\vec{r})$
annehmen, deren Zeitabhängigkeit harmonisch sei, und feststellen, welche Wirkung,
d.h. welches Feld die Quellverteilung 1 am Ort der Quellverteilung 2 verursacht,
bzw. welches Feld die Quellverteilung 2 am Ort der Quellverteilung 1 erzeugt. Die
zu den verschiedenen Quellen gehörigen Felder bezeichnen wir mit einem entsprechenden Index 1 bzw. 2. Für beide Felder gelten nach (2.51,52)

$$\operatorname{rot}\vec{H}_1(\vec{r}) + i\omega\underline{\varepsilon}(\vec{r})\vec{E}_1(\vec{r}) = \vec{J}_{e1}(\vec{r}), \tag{2.53}$$

$$\operatorname{rot}\vec{E}_1(\vec{r}) - i\omega\mu(\vec{r})\vec{H}_1(\vec{r}) = -\vec{J}_{me1}(\vec{r}), \tag{2.54}$$

$$\operatorname{rot}\vec{H}_2(\vec{r}) + i\omega\underline{\varepsilon}(\vec{r})\vec{E}_2(\vec{r}) = \vec{J}_{e2}(\vec{r}), \tag{2.55}$$

$$\operatorname{rot}\vec{E}_2(\vec{r}) - i\omega\mu(\vec{r})\vec{H}_2(\vec{r}) = -\vec{J}_{me2}(\vec{r}). \tag{2.56}$$

(Es sind also ortsabhängige Materialgrößen zugelassen.)

Wir gewinnen ein gewisses Maß für die Wirkung eines Feldes auf eine Quelle, wenn
wir das skalare Produkt des Feldvektors dieses Feldes mit dem Stromdichtevektor
der Quelle des anderen Feldes bilden. Insbesondere erhalten wir ein Maß mit der
Dimension Energiestromdichte, aber nicht der physikalischen Bedeutung der Energiestromdichte, aus dem Produkt des elektrischen Feldvektors mit der elektrischen
Stromdichte und dem magnetischen Feldvektor mit der magnetischen Stromdichte.
(Man beachte, daß Größen mit verschiedenen Indizes miteinander multipliziert werden.)

Wir multiplizieren zunächst (2.53) skalar mit $\vec{E}_2$ und (2.56) skalar mit $\vec{H}_1$
und addieren die beiden resultierenden Gleichungen:

$$\vec{E}_2(\vec{r})\cdot\operatorname{rot}\vec{H}_1(\vec{r}) - \vec{H}_1(\vec{r})\cdot\operatorname{rot}\vec{E}_2(\vec{r}) + i\omega[\underline{\varepsilon}(\vec{r})\vec{E}_2(\vec{r})\cdot\vec{E}_1(\vec{r}) +$$
$$\mu(\vec{r})\vec{H}_1(\vec{r})\cdot\vec{H}_2(\vec{r})] = \vec{E}_2(\vec{r})\cdot\vec{J}_{e1}(\vec{r}) + \vec{H}_1(\vec{r})\cdot\vec{J}_{me2}(\vec{r}).$$

Die beiden ersten Terme der linken Seite können wir mit der Produktregel für die Divergenz eines Vektorproduktes zusammenfassen: (Siehe Anhang 13.1.9).

$$- \operatorname{div}[\vec{E}_2(\vec{r}) \times \vec{H}_1(\vec{r})] = - i\omega[\underline{\varepsilon}(\vec{r})\vec{E}_2(\vec{r})\cdot\vec{E}_1(\vec{r}) + \mu(\vec{r})\vec{H}_1(\vec{r})\cdot\vec{H}_2(\vec{r})] +$$
$$\vec{E}_2(\vec{r})\cdot\vec{J}_{e1}(\vec{r}) + \vec{H}_1(\vec{r})\cdot\vec{J}_{me2}(\vec{r}).$$

Verfahren wir mit (2.54,55) in entsprechender Weise, so erhalten wir eine Beziehung, in der gegenüber der vorangehenden nur die Indizes 1 und 2 vertauscht sind:

$$- \operatorname{div}[\vec{E}_1(\vec{r}) \times \vec{H}_2(\vec{r})] = - i\omega[\underline{\varepsilon}(\vec{r})\vec{E}_1(\vec{r})\cdot\vec{E}_2(\vec{r}) + \mu(\vec{r})\vec{H}_2(\vec{r})\cdot\vec{H}_1(\vec{r})] +$$
$$\vec{E}_1(\vec{r})\cdot\vec{J}_{e2}(\vec{r}) + \vec{H}_2(\vec{r})\cdot\vec{J}_{me1}(\vec{r}).$$

Die Differenz dieser beiden Beziehungen ist

$$- \operatorname{div}[\vec{E}_1(\vec{r}) \times \vec{H}_2(\vec{r}) - \vec{E}_2(\vec{r}) \times \vec{H}_1(\vec{r})] =$$
$$\vec{E}_1(\vec{r})\cdot\vec{J}_{e2}(\vec{r}) + \vec{H}_2(\vec{r})\cdot\vec{J}_{me1}(\vec{r}) - \vec{E}_2(\vec{r})\cdot\vec{J}_{e1}(\vec{r}) - \vec{H}_1(\vec{r})\cdot\vec{J}_{me2}(\vec{r}). \tag{2.57}$$

Alle Produkte der rechten Seite haben Quellen als Faktoren. Für quellenfreie Punkte des Raumes gilt also

$$\operatorname{div}[\vec{E}_1(\vec{r}) \times \vec{H}_2(\vec{r}) - \vec{E}_2(\vec{r}) \times \vec{H}_1(\vec{r})] = 0 \tag{2.58}$$

oder, nach Anwendung des Satzes von Gauß, (siehe Anhang 13.1.7)

$$\oiint [\vec{E}_1(\vec{r}) \times \vec{H}_2(\vec{r}) - \vec{E}_2(\vec{r}) \times \vec{H}_1(\vec{r})]\cdot d\vec{A} = 0. \tag{2.59}$$

Gl.(2.58) ist die Differentialform und (2.59) die Integralform des Reziprozitätssatzes von Lorentz. Er gilt nur, wenn die Integrationshülle keine Quellen enthält [2.18].

Ein allgemeinerer Reziprozitätssatz ergibt sich, wenn (2.57) über Gebiete mit Quellen integriert wird [2.5]. Nach dem Gauß'schen Satz gilt dann

$$- \oiint [\vec{E}_1(\vec{r}) \times \vec{H}_2(\vec{r}) - \vec{E}_2(\vec{r}) \times \vec{H}_1(\vec{r})] \cdot d\vec{A} =$$

$$\iiint [\vec{E}_1(\vec{r}) \cdot \vec{J}_{e2}(\vec{r}) + \vec{H}_2(\vec{r}) \cdot \vec{J}_{me1}(\vec{r}) - \vec{E}_2(\vec{r}) \cdot \vec{J}_{e1}(\vec{r}) - \vec{H}_1(\vec{r}) \cdot \vec{J}_{me2}(\vec{r})] dV . \qquad (2.60)$$

Wir schließen in das Integrationsgebiet alle Quellen ein und lassen dieses Gebiet über alle Grenzen wachsen. Da infolge der angenommenen Dämpfung[*] die Feldstärken mit zunehmender Entfernung vom Quellgebiet exponentiell abnehmen, verschwindet das Oberflächenintegral in (2.60) über eine unendlich ferne Kugel[**]. Die Überlegungen sind auch noch gültig, wenn Unstetigkeitsstellen der Materialkonstanten vorhanden sind. Das betrachtete Flächenintegral liefert für die die Unstetigkeitsstellen der Materialgrößen eliminierenden Flächen den Wert Null, da die Normalkomponente von $\vec{E}_1(\vec{r}) \times \vec{H}_2(\vec{r})$ bzw. von $\vec{E}_2(\vec{r}) \times \vec{H}_1(\vec{r})$ stetig durch die Grenzfläche hindurchgeht, denn die Tangentialkomponenten von $\vec{E}_i(\vec{r})$ und $\vec{H}_i(\vec{r})$, i = 1,2, sind stetig durch die Trennflächen (siehe (2.10)).

Damit haben wir gezeigt, daß auch das Volumenintegral der rechten Seite von (2.60) verschwindet, wenn wir über den ganzen Raum integrieren. In Wirklichkeit bleibt aber nur der Teil des Volumenintegrals von Null verschieden, in dem die Quellen von Null verschieden sind (Quellgebiet). Es gilt also

$$\iiint\limits_{\text{Quellgebiet}} [\vec{E}_1(\vec{r}) \cdot \vec{J}_{e2}(\vec{r}) - \vec{H}_1(\vec{r}) \cdot \vec{J}_{me2}(\vec{r})] dV =$$

$$\iiint\limits_{\text{Quellgebiet}} [\vec{E}_2(\vec{r}) \cdot \vec{J}_{e1}(\vec{r}) - \vec{H}_2(\vec{r}) \cdot \vec{J}_{me1}(\vec{r})] dV . \qquad (2.61)$$

Gl.(2.61) sagt aus: D i e   W i r k u n g   d e s   F e l d e s   1   a u f   d i e   Q u e l l e n   2   i s t   g l e i c h   d e r   W i r k u n g   d e s   F e l d e s   2   a u f   d i e   Q u e l l e n   1. Gl.(2.61) ist e i n e   a l l g e m e i n e r e   F o r m   d e s   R e z i p r o z i t ä t s t h e o r e m s. Sie gilt nicht nur für den unendlich ausgedehnten Raum sondern immer, wenn das Oberflächenintegral in (2.60) verschwindet. Sie gilt z.B. auch für Gebiete, die durch vollkommene elektrische oder vollkommene magnetische Leiter begrenzt werden. Sonst wird für (2.61) nur vorausgesetzt, daß alle Stoffe linear und isotrop sind, sich also durch skalare Stoffkonstanten $\underline{\varepsilon}(\vec{r})$ und $\mu(\vec{r})$ beschreiben lassen.

---

[*] $\underline{\varepsilon}$ ist komplex, d.h. es treten Verluste durch Joulesche Wärme oder Polarisation auf.

[**] Das Oberflächenintegral über eine unendlich ferne Kugel verschwindet auch, wenn keine Verluste vorausgesetzt werden [2.5].

Eine wesentliche Verallgemeinerung des Reziprozitätstheorems hat Meixner [2.4]
als Folgerung einer Identität für elektromagnetische Felder angegeben. Seine Wurzeln
liegen jedoch nicht mehr in den Maxwellschen Gleichungen, sondern in den Onsager-
Casimirschen Reziprozitätsrelationen und damit in der Thermodynamik irreversibler
Prozesse.

2.6 Die Energie eines elektromagnetischen Feldes; der Poyntingsche Satz und der komplexe Poyntingsche Vektor

In der Elektrostatik sind die Schwankungen der elektrischen und magnetischen Energie,
die durch kleine Änderungen des Feldes bedingt sind, durch

$$\delta W_e = \iiint\limits_V \vec{E}(\vec{r}) \cdot \delta\vec{D}(\vec{r})\,dV$$

und

$$\delta W_m = \iiint\limits_V \vec{H}(\vec{r}) \cdot \delta\vec{B}(\vec{r})\,dV$$

$$(2.62)$$

gegeben. Dabei ist W_e die elektrische und W_m die magnetische Energie des statischen Feldes. Wir machen nun die sich im folgenden als sinnvoll erwiesende Annahme, daß die obigen Formeln auch für ein zeitabhängiges Feld gelten, in dem
elektrische und magnetische Energie gekoppelt sind [2.22]. Unser Ziel ist es, den
Energiefluß in ein Volumen V zu finden, der notwendig ist, um solche Schwankungen
in elektrischer und magnetischer Energie aufrecht zu erhalten. Nach unserer Annahme ist die Zunahme von elektrischer und magnetischer Energie im Volumen V
pro Zeiteinheit gegeben durch

$$\iiint\limits_V [\vec{E}(\vec{r},t) \cdot \frac{\partial}{\partial t}\vec{D}(\vec{r},t) + \vec{H}(\vec{r},t) \cdot \frac{\partial}{\partial t}\vec{B}(\vec{r},t)]\,dV .$$

Wir formen diesen Ausdruck nach den Maxwellschen Gleichungen (2.12) um und
erhalten für den von Quellen und wahren Ladungen freien Raum

$$\iiint\limits_V [\vec{E}(\vec{r},t) \cdot \frac{\partial}{\partial t}\vec{D}(\vec{r},t) + \vec{H}(\vec{r},t) \cdot \frac{\partial}{\partial t}\vec{B}(\vec{r},t)]\,dV =$$

$$\iiint\limits_V [\vec{E}(\vec{r},t) \cdot \mathrm{rot}\,\vec{H}(\vec{r},t) - \vec{H}(\vec{r},t) \cdot \mathrm{rot}\,\vec{E}(\vec{r},t)]\,dV - \iiint\limits_V \vec{E}(\vec{r},t) \cdot \vec{J}_L(\vec{r},t)\,dV =$$

$$-\iiint\limits_V \mathrm{div}[\vec{E}(\vec{r},t) \times \vec{H}(\vec{r},t)]\,dV - \iiint\limits_V \vec{E}(\vec{r},t) \cdot \vec{J}_L(\vec{r},t)\,dV.$$

Die Anwendung des Satzes von Gauß liefert dann

$$-\iiint\limits_V [\vec{E}(\vec{r},t) \cdot \frac{\partial}{\partial t}\vec{D}(\vec{r},t) + \vec{H}(\vec{r},t) \cdot \frac{\partial}{\partial t}\vec{B}(\vec{r},t)]\,dV =$$

$$\oiint\limits_A [\vec{E}(\vec{r},t) \times \vec{H}(\vec{r},t)] \cdot d\vec{A} + \iiint\limits_V \vec{E}(\vec{r},t) \cdot \vec{J}_L(\vec{r},t)\,dV. \qquad (2.63)$$

Dieses Ergebnis wurde erstmals von P o y n t i n g im Jahre 1884 hergeleitet. Wir können die linke Seite von (2.63), die die sekundliche Abnahme von elektromagnetischer Energie im Volumen V bedeutet, auch in der Form

$$-\iiint\limits_V \left\{ \frac{\partial}{\partial t}\left[\frac{\varepsilon}{2}\vec{E}^2(\vec{r},t) \right] + \frac{\partial}{\partial t}\left[\frac{\mu}{2}\vec{H}^2(\vec{r},t) \right] \right\}\,dV$$

schreiben, falls ε und μ frequenzunabhängig sind. Damit sind wir in der Lage, die einzelnen Anteile von (2.63) physikalisch zu interpretieren: $\frac{\partial}{\partial t}[\varepsilon/2\,\vec{E}^2(\vec{r},t)]$ ist die sekundliche Änderung der elektrischen Feldenergie pro Volumeneinheit, $\frac{\partial}{\partial t}[\mu/2\,\vec{H}^2(\vec{r},t)]$ ist die sekundliche Änderung der magnetischen Feldenergie pro Volumeneinheit, $\vec{E}(\vec{r},t) \cdot \vec{J}_L(\vec{r},t) = \sigma\vec{E}^2(\vec{r},t)$ ist der sekundliche elektrische Verlust (Joulesche Wärme) pro Volumeneinheit [2.17,23].

Da wir in unserem Ansatz (2.62) angenommen haben, daß das Medium, in dem sich das Feld befindet, starr ist, kann keine Energie in seiner elastischen Verformung verbraucht worden sein. Gl.(2.63) muß also die E n e r g i e b i l a n z d e s e l e k t r o m a g n e t i s c h e n F e l d e s darstellen. Damit können wir aber auch $\vec{E}(\vec{r},t) \times \vec{H}(\vec{r},t)$ interpretieren und zwar als die in der Zeiteinheit durch die Flächeneinheit fließende Energie. Gewöhnlich schreibt man abkürzend

$$\vec{S}(\vec{r},t) : = \vec{E}(\vec{r},t) \times \vec{H}(\vec{r},t) \tag{2.64}$$

und bezeichnet $\vec{S}(\vec{r},t)$ als den P o y n t i n g s c h e n   V e k t o r .

Wir nehmen nun an, daß das elektromagnetische Feld wie in (2.50) harmonisch von der Zeit abhängt. Dann ist der Poyntingsche Vektor physikalisch sinnvoll gegeben durch

$$\vec{S}(\vec{r},t) = \mathrm{Re}\{\vec{E}(\vec{r})\exp[-i\omega t]\} \times \mathrm{Re}\{\vec{H}(\vec{r})\exp[-i\omega t]\}. \tag{2.65}$$

In den meisten praktischen Fällen wird jedoch nicht der Energiefluß eines harmonischen Feldes zu einem bestimmten Zeitpunkt gesucht, sondern ein zeitlich gemittelter Fluß. Deswegen berechnen wir die Änderung des Energieflusses während einer zeitlichen Umlaufperiode $2\pi/\omega$ und dividieren sie durch diese Periode. Dazu benötigen wir den Wert eines Integrals der Form

$$\frac{\omega}{2\pi} \int_{0}^{\frac{2\pi}{\omega}} \mathrm{Re}\{f(\vec{r})\exp[-i\omega t]\}\mathrm{Re}\{g(\vec{r})\exp[-i\omega t]\}dt,$$

wobei $f(\vec{r})$ und $g(\vec{r})$ zeitunabhängige komplexe Ortsfunktionen sind. Er ist durch $\frac{1}{2}\mathrm{Re}\{f(\vec{r})\,g^*(\vec{r})\}$ gegeben. Wenden wir dieses Ergebnis auf den Poyntingschen Vektor (2.65) an, so erhalten wir für das zeitliche Mittel $\overline{\vec{S}}$ des Energieflusses:

$$\overline{\vec{S}} = \frac{1}{2}\mathrm{Re}\{\vec{E}(\vec{r}) \times \vec{H}(\vec{r})^*\}. \tag{2.66}$$

Der Vektor

$$\vec{S}_k(\vec{r}) : = \frac{1}{2}[\vec{E}(\vec{r}) \times \vec{H}^*(\vec{r})] \tag{2.67}$$

wir komplexer P o y n t i n g s c h e r   V e k t o r   genannt. S e i n   R e a l t e i l   i s t   g l e i c h   d e m   z e i t l i c h e n   M i t t e l   d e s   E n e r g i e f l u s s e s   [2.24].

Wir wollen nun das Integral des komplexen Poyntingschen Vektors $\vec{S}_k(\vec{r})$ über eine geschlossene Fläche untersuchen, um die Analogie zum Energiesatz (2.63) im Fall harmonischer Felder herzustellen.

Bei harmonischen Feldern gelten im quellenfreien Raum die Maxwellschen Gleichungen (2.51) mit $\vec{J}_e(\vec{r}) = \vec{0}$ und $\vec{J}_{me}(\vec{r}) = \vec{0}$. Mit ihnen erhalten wir unter Verwendung des Gauß'schen Satzes für das zu betrachtende Oberflächenintegral

$$\frac{1}{2} \oiint_A [\vec{E}(\vec{r}) \times \vec{H}^*(\vec{r})] \cdot d\vec{A} = \frac{1}{2} \iiint_V \operatorname{div}[\vec{E}(\vec{r}) \times \vec{H}^*(\vec{r})] dV =$$

$$= \frac{1}{2} \iiint_V \{\vec{H}^*(\vec{r}) \cdot i\omega\mu \vec{H}(\vec{r}) - \vec{E}(\vec{r}) \cdot i\omega\underline{\varepsilon}^*\vec{E}^*(\vec{r}) - \vec{E}(\vec{r}) \cdot \vec{J}_L^*(\vec{r})\} dV .$$

Es ist also

$$\oiint_A \vec{S}_k(\vec{r}) \cdot d\vec{A} =$$

$$- \frac{1}{2} \iiint_V \vec{E}(\vec{r}) \cdot \vec{J}_L^*(\vec{r}) dV + 2i\omega \iiint_V \left\{ \frac{\mu}{4} |\vec{H}(\vec{r})|^2 - \frac{\varepsilon^*}{4} |\vec{E}(\vec{r})|^2 \right\} dV . \qquad (2.68)$$

Die einzelnen Glieder in der rechten Seite dieses Ausdrucks haben folgende Bedeutung: Für frequenzunabhängiges $\underline{\varepsilon}$, d.h. bei Vernachlässigung dielektrischer Verluste, ist $\varepsilon/4|\vec{E}(\vec{r})|^2$ die mittlere elektrische Energie pro Volumeneinheit und $\mu/4|\vec{H}(\vec{r})|^2$ die mittlere magnetische Energie pro Volumeneinheit. Ist im elektrischen und magnetischen Feld im zeitlichen Mittel die gleiche Energie gespeichert, so verschwindet also das letzte Integral.

$$\frac{1}{2} \iiint_V \vec{E}(\vec{r}) \cdot \vec{J}_L^*(\vec{r}) dV = \frac{1}{2} \iiint_V \sigma |\vec{E}(\vec{r})|^2 dV$$

ist die mittlere erzeugte (Joulesche) Wärme im Volumen V.

<u>Aufgaben</u>

2.1 Man zeige mit Hilfe der Sätze von Gauß und Stokes (siehe Anhang 13.1.7,8) den Übergang von den Maxwellschen Gleichungen in Integralform zu denen in Differentialform [2.19,20].

<u>2.2</u> Will man die Änderung des von einem bewegten Drahtring umschlossenen Induktionsflusses berechnen, so tritt ein Ausdruck der Form

$$\frac{d}{dt} \iint_{A(t)} \vec{B}(\vec{r},t) \cdot d\vec{A}$$

auf. Wenn die Fläche A ruht, so gilt

$$\frac{d}{dt} \iint_{A} \vec{B}(\vec{r},t) \cdot d\vec{A} = \iint_{A} \frac{\partial \vec{B}(\vec{r},t)}{\partial t} \cdot d\vec{A} \,.$$

Im allgemeinen Fall wird die Bewegung der Fläche A durch einen Vektor $\vec{v}(\vec{r},t)$ beschrieben, der für jedes Flächenelement $d\vec{A}$ der Fläche A gegeben sei und dessen Geschwindigkeit darstellt. Man zeige, daß dann gilt

$$\frac{d}{dt} \iint_{A(t)} \vec{B}(\vec{r},t) \cdot d\vec{A} =$$

$$\iint_{A(t)} \left\{ \frac{\partial \vec{B}(\vec{r},t)}{\partial t} + \vec{v}(\vec{r},t) \operatorname{div} \vec{B}(\vec{r},t) + \operatorname{rot}[\vec{B}(\vec{r},t) \times \vec{v}(\vec{r},t)] \right\} \cdot d\vec{A} \,,$$

wobei nach (2.13) wegen $\rho_m(\vec{r},t) = 0$ auch $\operatorname{div} \vec{B}(\vec{r},t) = 0$ zu setzen ist [2.21].

<u>2.3</u> Man leite die Übergangsbedingungen (2.10) aus der Integralform der Maxwellschen Gleichungen her.

<u>2.4</u> Man leite die Übergangsbedingungen (2.10) aus der Differentialform der Maxwellschen Gleichungen her. Der Übergang vom Medium 1 zum Medium 2 muß dabei als kontinuierlich vorausgesetzt werden (Grenzschicht statt Grenzfläche). Man benutze ein kartesisches Koordinatensystem (x,y,z); z stehe senkrecht auf der Grenzfläche, die im Unendlichkleinen als eben angenommen werden kann. In der Grenzschicht (Dicke $d \to 0$) müssen die in den Differentialgleichungen (2.12,13) vorkommenden Ableitungen stetig verlaufen; $\rho_m(\vec{r},t)$ ist bei diesen Überlegungen gleich Null zu setzen [2.1].

$\underline{2.5}$ Man leite aus den Bedingungen (2.10) für das Verhalten der Felder an Grenzflächen das Brechungsgesetz der elektrischen Feldlinien ($\vec{E}$- oder $\vec{D}$-Linien) an der
Grenzfläche zweier verschiedener Dielektrika mit den Dielektrizitätskonstanten ε_1
und ε_2 her. Dieses Brechnungsgesetz liefert eine Beziehung zwischen dem Einfallswinkel und dem Ausfallswinkel der Feldlinien.

$\underline{2.6}$ Man zeige, daß die Kontinuitätsgleichung für den Fall, daß ε und σ skalare Ortsfunktionen sind, auch in der Form

$$\frac{\partial}{\partial t}\,\rho(\vec{r},t) + \frac{\sigma(\vec{r})}{\varepsilon(\vec{r})}\,\rho(\vec{r},t) = \frac{\sigma(\vec{r})}{\varepsilon(\vec{r})}\,\vec{J}_L(\vec{r},t)\cdot\operatorname{grad}\frac{\varepsilon(\vec{r})}{\sigma(\vec{r})}$$

geschrieben werden kann [2.20].

$\underline{2.7}$ Bei einem linearen isotropen Stoff sei $\vec{J}_L(\vec{r},t)$ unabhängig von der Zeit t. Man
zeige, daß dann

$$\rho(\vec{r}) = \vec{J}_L(\vec{r})\cdot\operatorname{grad}\frac{\varepsilon(\vec{r})}{\sigma(\vec{r})}$$

gilt. Das bedeutet, daß es auch schon bei stationärer Strömung in inhomogenen Stoffen zur Ausbreitung räumlich verteilter Ladungen kommen kann. Diese Erscheinung
nennt man d i e l e k t r i s c h e A b s o r p t i o n . Sie ist von Bedeutung z.B. bei der
Konstruktion von Hochspannungskondensatoren [2.20].

$\underline{2.8}$ Warum können die Divergenzbedingungen (2.13) bei den Maxwellschen Gleichungen im Fall harmonischer Zeitabhängigkeit entfallen?

$\underline{2.9}$ Man zeige, daß

$$\frac{\omega}{2\pi}\int\limits_{0}^{\frac{2\pi}{\omega}}\operatorname{Re}\{f(\vec{r})\exp[-\,j\omega t]\}\operatorname{Re}\{g(\vec{r})\exp[-\,j\omega t]\}\,dt = \frac{1}{2}\operatorname{Re}\{f(\vec{r})g^*(\vec{r})\}$$

gilt, wobei $f(\vec{r})$ und $g(\vec{r})$ zeitunabhängige komplexe Ortsfunktionen der Form

$$f(\vec{r}) = |f(\vec{r})|\exp[i\arg f(\vec{r})],\ g(\vec{r}) = |g(\vec{r})|\exp[i\arg g(\vec{r})]$$

sein sollen.

2.10 Man leite den Poyntingschen Satz im Fall nicht verschwindender Quellen her
und diskutiere das Ergebnis [2.5].

2.11 Man berechne den Poyntingschen Vektor gerade am Rand eines zylindrischen
Leiters vom Radius a und der Leitfähigkeit σ, der von einem Strom I durchflossen
wird. Welcher Wert ergibt sich für $1/\sigma = 0,017 \cdot 10^{-6}$ Ohm m (Kupfer), $a = 10^{-2}$ m,
I = 0,1 A?

Literatur

2.1   A. Sommerfeld: Vorlesungen über Theoretische Physik, Bd. III, Elektrodynamik
      (Akademische Verlagsgesellschaft Geest & Portig, Leipzig 1964)

2.2   F. Bopp: Z. Physik 169 (1962) 45-52

2.3   F.E. Borgnis, C.H. Papas: Randwertprobleme der Mikrowellenphysik (Sprin-
      ger-Verlag, Berlin, Heidelberg, New York, 1955)

2.4   J. Meixner: Acta Physica Polonica (1965) 113-121

2.5   H.-G. Unger: Elektromagnetische Wellen, Bd. I (Friedr. Vieweg u. Sohn,
      Braunschweig 1967)

2.6   L.D. Landau, E.M. Lifschitz: Lehrbuch der Theoretischen Physik, Bd. VIII,
      Elektrodynamik der Kontinua (Akademie Verlag Berlin, 2. ber. Auflage, 1971)

2.7   D.C. Champeney: Fourier-Transforms and their applications (Academic Press,
      London und New York 1973)

2.8   K. Knopp: Theorie und Anwendung der unendlichen Reihen (Springer-Verlag,
      Berlin, Heidelberg, New York 1947)

2.9   R. Becker: Theorie der Elektrizität, Bd. I, Einführung in die Maxwellsche
      Theorie, Elektronentheorie, Relativittätstheorie, herausgegeben und neubear-
      beitet von F. Sauter (B.G. Teubner, Stuttgart 1973, 21. Auflage)

2.10 W. Schultz: Dielektrische und magnetische Eigenschaften der Werkstoffe (Vie-
      weg, Braunschweig 1970)

2.11 H.P.J. Wijn, P. Dullenkopf: Werkstoffe der Elektrotechnik (Springer-Verlag,
      Berlin, Heidelberg, New York 1967)

2.12 E.C. Titchmarsh: Proc. of the London Math. Soc. 2nd series 24 (1926), 109-
      130

2.13 G. Doetsch, F.W. Schäfke, H. Tietz: Mathematische Hilfsmittel des Ingenieurs,
      Teil I, herausgegeben von R. Sauer und I. Szabo (Springer-Verlag, Berlin,
      Heidelberg, New York 1967)

2.14 R. Unbehauen: Systemtheorie (Oldenburg Verlag, München-Wien 1969)

2.15 F.A. Fischer: Einführung in die statistische Übertragungstheorie Bd. 130/130a (BI Hochschultaschenbücher, Mannheim 1969)

2.16 A.W. Rihaczek: Principles of high-resolution radar (McGraw-Hill Book Company, New York 1969)

2.17 G. Eder: Elektrodynamik Bd. 233/233a (BI Hochschultaschenbücher, Mannheim 1967)

2.18 K. Fränz, H. Lassen: Ausbreitung und Antennen (Springer-Verlag, Berlin, Heidelberg, New York 1956)

2.19 H. Teichmann: Physikalische Anwendungen der Vektor- und Tensorrechnung Bd. 39/39a (BI Hochschultaschenbücher, Mannheim 1963)

2.20 G. Wunsch: Feldtheorie, Bd. I, Mathematische Grundlagen (Dr. Alfred Hüthig Verlag, Heidelberg 1971)

2.21 R. Becker: Theorie der Elektrizität, Bd. I, Einführung in die Maxwellsche Theorie (Teubner Verlagsgesellschaft, Leipzig 1949)

2.22 D.S. Jones: The theory of electromagnetism (Pergamon Press, London 1964)

2.23 K. Simonyi: Theoretische Elektrotechnik (VEB Deutscher Verlag der Wissenschaften, Berlin 1971)

2.24 F. Bopp: Ann. Phys. $\underline{11}$ (1963) 35-51

3. Die Maxwellschen Gleichungen in homogenen Medien

Die Maxwellschen Gleichungen stellen ein System gekoppelter partieller Differentialgleichungen für die vektoriellen Feldgrößen dar. Für den Fall homogener und isotroper Medien geben wir eine direkte Entkopplung an. Ausgehend von der Zerlegung
in zwei zueinander duale Teilfelder wird dann der klassische Lösungsweg über die
Einführung eines skalaren Potentials und eines Vektorpotentials aufgezeigt. Der Zusammenhang, der zwischen diesen beiden Potentialen durch die Lorentzkonvention
gegeben ist, erlaubt die Reduzierung der benötigten Potentiale auf ein Vektorpotential für jeden der zueinander dualen Fälle (Hertzscher und Fitzgeraldscher Vektor).
Zum Schluß wird gezeigt, daß im Prinzip zwei skalare Funktionen als Potentiale
eines dualen Teilproblems ausreichend sind.

3.1 Direkte Entkopplung

Die Maxwellschen Gleichungen stellen ein System gekoppelter partieller Differentialgleichungen dar, dessen direkte Entkopplung nur in speziellen Fällen möglich ist.

Wir denken uns bestimmte Ladungsverteilungen $\rho(\vec{r},t)$, $\rho_m(\vec{r},t)$ und bestimmte
Stromverteilungen $\vec{J}_e(\vec{r},t)$ und $\vec{J}_{me}(\vec{r},t)$ gegeben. Ferner nehmen wir das betrachtete Medium als homogen und isotrop an. Unter diesen Voraussetzungen sollen die
Maxwellschen Gleichungen (2.12,13) bei Gültigkeit der linearen Beziehungen (2.15,
17,18) separiert werden.

Aus (2.12a) folgt durch Rotationsbildung zusammen mit (2.15,17)

$$\operatorname{rot} \operatorname{rot} \vec{H}(\vec{r},t) = \left[\varepsilon \frac{\partial}{\partial t} + \sigma\right] \operatorname{rot} \vec{E}(\vec{r},t) + \operatorname{rot} \vec{J}_e(\vec{r},t). \qquad (3.1)$$

Verwenden wir nun die Vektorbeziehung (siehe Anhang 13.1.9)

$$\text{rot rot } \vec{H}(\vec{r},t) = \text{grad div } \vec{H}(\vec{r},t) - \Delta\vec{H}(\vec{r},t),$$

so erhalten wir zusammen mit (2.12b,13a)

$$\left[\Delta - \varepsilon\mu\,\frac{\partial^2}{\partial t^2} - \sigma\mu\,\frac{\partial}{\partial t}\right]\vec{H}(\vec{r},t) =$$

$$\frac{1}{\mu}\,\text{grad }\rho_m(\vec{r},t) - \text{rot }\vec{J}_e(\vec{r},t) + \left[\varepsilon\frac{\partial}{\partial t} + \sigma\right]\vec{J}_{me}(\vec{r},t). \tag{3.2}$$

Diese W e l l e n g l e i c h u n g für $\vec{H}(\vec{r},t)$ enthält auf ihrer rechten Seite nur vorgegebene Größen.

In gleicher Weise gewinnen wir für $\vec{E}(\vec{r},t)$ die Wellengleichung

$$\left[\Delta - \varepsilon\mu\,\frac{\partial^2}{\partial t^2} - \sigma\mu\,\frac{\partial}{\partial t}\right]\vec{E}(\vec{r},t) =$$

$$\frac{1}{\varepsilon}\,\text{grad }\rho(\vec{r},t) + \text{rot }\vec{J}_m(\vec{r},t) + \mu\,\frac{\partial}{\partial t}\,\vec{J}_e(\vec{r},t). \tag{3.3}$$

Dabei ist zu beachten, daß der Δ-Operator auf einen Vektor angewandt wird.

Mit den Wellengleichungen (3.2,3) für $\vec{E}(\vec{r},t)$ bzw. $\vec{H}(\vec{r},t)$ sind die Maxwellschen Gleichungen entkoppelt. Genau wie bei den harmonischen Funktionen, die den Cauchy-Riemannschen Differentialgleichungen und der Potentialgleichung genügen, sind $\vec{E}(\vec{r},t)$ und $\vec{H}(\vec{r},t)$ nicht unabhängig voneinander aus den Wellengleichungen (3.2,3) zu bestimmen. Vielmehr ist immer so vorzugehen, daß entweder $\vec{E}(\vec{r},t)$ oder $\vec{H}(\vec{r},t)$ als vektorielles Potential aufzufassen ist, das durch die entsprechende Wellengleichung bestimmt wird, und daß dann das zugehörige duale Feld über die entsprechende Maxwellsche Gleichung als Differentiationsvorschrift gewonnen wird. Nur so kann die in den Maxwellschen Gleichungen enthaltene Kopplung zwischen $\vec{E}(\vec{r},t)$ und $\vec{H}(\vec{r},t)$ erreicht werden.

3.2 Die elektrodynamischen Potentiale

Die eingeprägte magnetische Stromdichte $\vec{J}_{me}(\vec{r},t)$ entspricht in ihrer Stellung in den Maxwellschen Gleichungen der eingeprägten elektrischen Stromdichte $\vec{J}_e(\vec{r},t)$. Die sich so ergebende Symmetrie der Maxwellschen Gleichungen wird als D u a l i t ä t bezeichnet.

Wir nennen hier zwei Gleichungen, die dieselbe mathematische Form haben,
zueinander dual. Duale Gleichungen beschreiben denselben mathematischen Zusammenhang für verschiedene Größen des elektromagnetischen Feldes. Die verschiedenen Größen, die in dualen Gleichungen
einander entsprechen, heißen duale Größen. So ist z.B. $-\vec{E}(\vec{r},t)$ zu $\vec{H}(\vec{r},t)$
dual. Oft ist es vorteilhaft, ein Problem in duale Teile aufzuspalten. Kommen z.B.
als Quellen des Feldes sowohl eingeprägte elektrische Stromdichten $\vec{J}_e(\vec{r},t)$ als
auch eingeprägte magnetische Stromdichten $\vec{J}_{me}(\vec{r},t)$ vor, so können wir das Gesamtfeld entsprechend

$$\vec{E}(\vec{r},t) = \vec{E}_m(\vec{r},t) + \vec{E}_e(\vec{r},t), \quad \vec{H}(\vec{r},t) = \vec{H}_m(\vec{r},t) + \vec{H}_e(\vec{r},t) \tag{3.4}$$

in zwei Teile zerlegen. Einer dieser Teile muß den Feldgleichungen

$$\text{rot}\,\vec{H}_e(\vec{r},t) - \frac{\partial}{\partial t}\vec{D}_e(\vec{r},t) = \vec{J}_e(\vec{r},t), \tag{3.5a}$$

$$\text{rot}\,\vec{E}_e(\vec{r},t) + \frac{\partial}{\partial t}\vec{B}_e(\vec{r},t) = \vec{0}, \tag{3.5b}$$

$$\text{div}\,\vec{D}_e(\vec{r},t) = \rho(\vec{r},t), \tag{3.5c}$$

$$\text{div}\,\vec{B}_e(\vec{r},t) = 0 \tag{3.5d}$$

genügen, in denen nur Quellen $\vec{J}_e(\vec{r},t)$ und $\rho(\vec{r},t)$ vorkommen. Der andere Teil
muß den Feldgleichungen

$$\text{rot}\,\vec{H}_m(\vec{r},t) - \frac{\partial}{\partial t}\vec{D}_m(\vec{r},t) = \vec{0}, \tag{3.6a}$$

$$\text{rot}\,\vec{E}_m(\vec{r},t) + \frac{\partial}{\partial t}\vec{B}_m(\vec{r},t) = -\vec{J}_{me}(\vec{r},t), \tag{3.6b}$$

$$\text{div}\,\vec{D}_m(\vec{r},t) = 0, \tag{3.6c}$$

$$\text{div}\,\vec{B}_m(\vec{r},t) = \rho_m(\vec{r},t) \tag{3.6d}$$

mit den Quellen $\vec{J}_{me}(\vec{r},t)$ und $\rho_m(\vec{r},t)$ genügen.

3.2.1 Vektorpotential und skalares Potential

Wir wollen nun den klassischen Weg der Entkopplung der Maxwellschen
Gleichungen beschreiben. Dazu setzen wir $\vec{J}_{me}(\vec{r},t) \equiv \vec{0}$ und $\rho_m(\vec{r},t) \equiv 0$ voraus,
d.h. wir behandeln das Teilproblem (3.5). Die Indizes e und m zur Unterscheidung
der beiden Teilfelder lassen wir nun wieder weg. Ferner seien ε und μ orts- und
frequenzunabhängig. Wegen (3.5d) können wir ein Vektorfeld $\vec{A}(\vec{r},t)$ finden, so daß

$$\vec{B}(\vec{r},t) = \operatorname{rot} \vec{A}(\vec{r},t) \tag{3.7}$$

ist, da dann immer

$$\operatorname{div} \vec{B}(\vec{r},t) = \operatorname{div} \operatorname{rot} \vec{A}(\vec{r},t) \equiv 0 \tag{3.8}$$

erfüllt ist [3.1]. Das Vektorfeld $\vec{A}(\vec{r},t)$ bezeichnet man als Vektorpotential.
Gehen wir mit (3.7) in (3.5b) ein, so erhalten wir

$$\operatorname{rot}\left[\vec{E}(\vec{r},t) + \frac{\partial}{\partial t}\vec{A}(\vec{r},t) \right] = \vec{0}.$$

Wenn die Rotation eines Vektorfeldes verschwindet, so läßt sie sich als Gradient einer
skalaren Funktion darstellen, die im einfach zusammenhängenden Bereich bis auf eine
additive Konstante eindeutig bestimmt ist. Deshalb können wir diese Differentialgleichung mit

$$\vec{E}(\vec{r},t) = - \operatorname{grad} V(\vec{r},t) - \frac{\partial}{\partial t} \vec{A}(\vec{r},t) \tag{3.9}$$

lösen. Das skalare Potential $V(\vec{r},t)$ ist zunächst eine willkürliche Funktion
des Ortes und der Zeit. Durch (3.7,9) sind also die beiden Feldgleichungen (3.5b,5d)
gelöst. Die vorläufig unbestimmten Potentiale $V(\vec{r},t)$ und $\vec{A}(\vec{r},t)$ werden durch die
restlichen Maxwellschen Gleichungen eingeschränkt. Aus (3.5a) folgt

$$\mu \vec{J}_e(\vec{r},t) = \operatorname{rot} \operatorname{rot} \vec{A}(\vec{r},t) + \varepsilon\mu \frac{\partial}{\partial t}\left[\operatorname{grad} V(\vec{r},t) + \frac{\partial}{\partial t} \vec{A}(\vec{r},t) \right]$$

$$= \operatorname{grad} \operatorname{div} \vec{A}(\vec{r},t) - \Delta \vec{A}(\vec{r},t) + \varepsilon\mu \frac{\partial}{\partial t}\left[\operatorname{grad} V(\vec{r},t) + \frac{\partial}{\partial t} \vec{A}(\vec{r},t) \right].$$

Führen wir den D'Alembertschen Operator

$$\Box := \Delta - \varepsilon\mu \frac{\partial^2}{\partial t^2}$$

ein, so lautet die letzte Gleichung

$$\Box \vec{A}(\vec{r},t) - \mathrm{grad}\left[\mathrm{div}\,\vec{A}(\vec{r},t) + \varepsilon\mu\,\frac{\partial}{\partial t}\,V(\vec{r},t)\right] = -\,\mu\vec{J}_e(\vec{r},t)\,. \qquad (3.11)$$

Die noch verbleibende Gleichung (3.5c) liefert zusammen mit (3.9)

$$\mathrm{div}\,\mathrm{grad}\,V(\vec{r},t) + \frac{\partial}{\partial t}\,\mathrm{div}\,\vec{A}(\vec{r},t) = -\,\frac{\rho(\vec{r},t)}{\varepsilon}\,,$$

oder, mit (3.10) und $\Delta := \mathrm{div}\,\mathrm{grad}$,

$$\Box\,V(\vec{r},t) + \frac{\partial}{\partial t}\left[\mathrm{div}\,\vec{A}(\vec{r},t) + \varepsilon\mu\,\frac{\partial}{\partial t}\,V(\vec{r},t)\right] = -\,\frac{\rho(\vec{r},t)}{\varepsilon}\,. \qquad (3.12)$$

Die Felder (3.7,9) sind also Lösungen des Systems (3.5), wenn
die Potentiale $\vec{A}(\vec{r},t)$ und $V(\vec{r},t)$ den Differentialgleichungen
(3.11,12) genügen.

Sind die Potentiale $\vec{A}(\vec{r},t)$ und $V(\vec{r},t)$ Lösungen von (3.11,12), so sind auch
die Potentiale

$$\tilde{\vec{A}}(\vec{r},t) := \vec{A}(\vec{r},t) + \mathrm{grad}\,\psi(\vec{r},t)$$

$$\tilde{V}(\vec{r},t) := V(\vec{r},t) - \frac{\partial}{\partial t}\,\psi(\vec{r},t) \qquad (3.13)$$

Lösungen dieser Gleichungen. Dabei ist $\psi(\vec{r},t)$ eine beliebige differenzierbare Funktion des Ortes und der Zeit. Die Felder $\vec{E}(\vec{r},t)$ und $\vec{B}(\vec{r},t)$ werden durch die sogenannte E i c h t r a n s f o r m a t i o n (3.13) nicht geändert. Sie sind also eichvariante Felder. Da in die Maxwellschen Gleichungen nur $\vec{E}(\vec{r},t)$ und $\vec{B}(\vec{r},t)$ eingehen, sind auch sie eichinvariante Gleichungen.

Die Differentialgleichungen (3.11,12) sind immer noch gekoppelt. Um sie zu entkoppeln fordern wir als Nebenbedingungen die sog. L o r e n t z b e d i n g u n g

$$\mathrm{div}\,\vec{A}(\vec{r},t) + \varepsilon\mu\,\frac{\partial}{\partial t}\,V(\vec{r},t) = 0\,. \qquad (3.14)$$

Sie kann durch eine spezielle Wahl der Eichfunktion $\psi(\vec{r},t)$ realisiert werden und ist demzufolge mit den Maxwellschen Gleichungen vereinbar. Die einschränkende Bedingung für die Eichfunktion $\psi(\vec{r},t)$ ergibt sich aus (3.13,14)

$$\operatorname{div} \vec{A}(\vec{r},t) + \operatorname{div} \operatorname{grad} \psi(\vec{r},t) + \varepsilon\mu \frac{\partial}{\partial t} V(\vec{r},t) - \varepsilon\mu \frac{\partial^2}{\partial t^2} V(\vec{r},t) = 0$$

oder

$$\left[\Delta - \varepsilon\mu \frac{\partial^2}{\partial t^2} \right] \psi(\vec{r},t) = 0, \quad \text{d.h.} \quad \Box\,\psi(\vec{r},t) = 0. \tag{3.15}$$

Für Potentiale, die der Lorentzbedingung (3.14) genügen, reduzieren sich (3.11,12) auf

$$\Box\,\vec{A}(\vec{r},t) = - \mu\,\vec{J}_e(\vec{r},t), \tag{3.16}$$

$$\Box\,V(\vec{r},t) = - \frac{1}{\varepsilon}\,\rho(\vec{r},t). \tag{3.17}$$

Die nach (3.15) zulässigen Eichfunktionen $\psi(\vec{r},t)$ entsprechen gerade der allgemeinen Lösung der homogenen Gleichung, welche den inhomogenen Gleichungen (3.16,17) zugeordnet ist. Was wir also durch die Integration (3.7,9) der Maxwellschen Gleichungen erreicht haben ist die Freiheit, zu jeder partikulären Lösung von (3.16,17) eine beliebige Lösung von (3.15) hinzuzufügen. Diese Freiheit ist notwendig, um die zeitlichen Anfangsbedingungen und die räumlichen Randbedingungen des jeweiligen physikalischen Problems vorgeben zu können.

Es ist klar, daß das duale Problem (3.6) in gleicher Weise behandelt werden kann.

3.2.2 Hertzscher Vektor

Wir haben in Abschnitt 3.2.1 gezeigt, daß das den Maxwellschen Gleichungen (3.5) genügende elektromagnetische Feld durch ein skalares Potential und ein Vektorpotential bestimmt ist. Da zwischen Vektorpotential (drei skalare Funktionen) und skalarem Potential (eine skalare Funktion) der Zusammenhang der Lorentzeichung (3.14) besteht, liegt es nahe, daß nur drei skalare Funktionen ausreichen, um das elektromagnetische Feld zu bestimmen. Dies wurde 1889 von H. Hertz gezeigt: Das elektromagnetische Feld kann durch Differentiation aus einer einzigen Vektorfunktion gewonnen werden.

Wir betrachten auch hier weiterhin den Fall eines homogenen und isotropen Mediums. Als erstes zeigen wir, daß ein Vektorfeld $\vec{P}_e(\vec{r},t)$ existiert mit den Eigenschaften

$$\frac{\partial}{\partial t}\vec{P}_e(\vec{r},t) = \vec{J}_e(\vec{r},t), \quad \operatorname{div}\vec{P}_e(\vec{r},t) = - \rho(\vec{r},t). \tag{3.18}$$

Dieser Vektor stellt also einen Zusammenhang zwischen der eingeprägten Strom-
dichte $\vec{J}_e(\vec{r},t)$ und der elektrischen Ladungsdichte $\rho(\vec{r},t)$ her. Einen solchen Zusammenhang liefert die (2.48) entsprechende Kontinuitätsgleichung

$$\operatorname{div}\vec{J}_e(\vec{r},t) + \frac{\partial}{\partial t}\rho(\vec{r},t) = 0, \tag{3.19}$$

bei der $\vec{J}_L(\vec{r},t) = \vec{0}$ und $\vec{J}_k(\vec{r},t) = \vec{0}$ vorausgesetzt wurde. Sei $\rho(\vec{r},0) := \rho_0(\vec{r})$ und
ferner $\vec{P}_{e0}(\vec{r})$ ein von t unabhängiger Vektor mit der Eigenschaft

$$\operatorname{div}\vec{P}_{e0}(\vec{r}) = -\rho_0(\vec{r}),$$

dann können wir $\vec{P}_e(\vec{r},t)$ wie folgt ausdrücken:

$$\vec{P}_e(\vec{r},t) = \vec{P}_{e0}(\vec{r}) + \int_0^t \vec{J}_e(\vec{r},t)dt.$$

Die Kontinuitätsgleichung (3.19) liefert

$$\operatorname{div}\vec{P}_e(\vec{r},t) = \operatorname{div}\vec{P}_{e0}(\vec{r}) + \int_0^t \operatorname{div}\vec{J}_e(\vec{r},t)dt$$

$$= -\rho_0(\vec{r}) - \int_0^t \frac{\partial}{\partial t}\rho(\vec{r},t)dt = -\rho(\vec{r},t).$$

Damit sind die Beziehungen (3.18) bewiesen. Mit ihnen können wir nun die rechten
Seiten der Differentialgleichungen (3.16,17) miteinander verknüpfen:

$$\Box\vec{A}(\vec{r},t) = \mu\frac{\partial}{\partial t}\vec{P}_e(\vec{r},t), \tag{3.20}$$

$$\Box V(\vec{r},t) = \frac{1}{\varepsilon}\operatorname{div}\vec{P}_e(\vec{r},t). \tag{3.21}$$

Wir machen nun die mit der Lorentzkonvention (3.14) verträgliche Annahme, daß

$$\vec{A}(\vec{r},t) = \varepsilon\mu\frac{\partial}{\partial t}\vec{\pi}(\vec{r},t), \quad V(\vec{r},t) = -\operatorname{div}\vec{\pi}(\vec{r},t) \tag{3.22}$$

gilt, wobei das neue Potential $\vec{\pi}(\vec{r},t)$ der Wellengleichung

$$\Box\,\vec{\pi}(\vec{r},t) = -\frac{1}{\varepsilon}\vec{P}_e(\vec{r},t) \tag{3.23}$$

genügen soll. Diese Annahme befriedigt die Lorentzkonvention (3.14) und die Differentialgleichungen (3.20,21). Damit kann das gesuchte elektromagnetische Feld aus dem sogenannten Hertzschen Vektor $\vec{\pi}(\vec{r},t)$ bestimmt werden, der mit dem in der Antennentheorie benutzten Vektorpotential $\vec{A}(\vec{r},t)$ über (3.22) verknüpft ist. Für die zugehörigen Differentiationsvorschriften erhalten wir nach [3.7,9,22]

$$\vec{E}(\vec{r},t) = \operatorname{grad}\operatorname{div}\vec{\pi}(\vec{r},t) - \varepsilon\mu\,\frac{\partial^2}{\partial t^2}\,\vec{\pi}(\vec{r},t) \tag{3.24a}$$

$$= \operatorname{rot}\operatorname{rot}\vec{\pi}(\vec{r},t) + \Delta\vec{\pi}(\vec{r},t) - \varepsilon\mu\,\frac{\partial^2}{\partial t^2}\,\vec{\pi}(\vec{r},t)$$

$$= \operatorname{rot}\operatorname{rot}\vec{\pi}(\vec{r},t) - \frac{1}{\varepsilon}\vec{P}_e(\vec{r},t), \tag{3.24b}$$

$$\vec{B}(\vec{r},t) = \varepsilon\mu\,\operatorname{rot}\frac{\partial}{\partial t}\vec{\pi}(\vec{r},t), \tag{3.25}$$

denn es muß ja auch (3.23) erfüllt sein. Außerhalb des Quellgebietes geht (3.24b) in

$$\vec{E}(\vec{r},t) = \operatorname{rot}\operatorname{rot}\vec{\pi}(\vec{r},t). \tag{3.24c}$$

über.

Die obigen Ergebnisse können auch auf einen homogenen Leiter ohne Strom- und Ladungsquellen übertragen werden.

3.2.3 Fitzgeraldscher Vektor

Der zum Hertzschen Vektor $\vec{\pi}(\vec{r},t)$ duale Vektor wird Fitzgeraldscher Vektor genannt. Wir bezeichnen ihn mit $\vec{M}(\vec{r},t)$. Er liefert die Lösung des Teilproblems (3.6).

Bilden wir die Divergenz von (3.6b), so sehen wir sofort, daß jetzt die Kontinuitätsgleichung

$$\operatorname{div}\vec{J}_{me}(\vec{r},t) + \frac{\partial}{\partial t}\rho_m(\vec{r},t) = 0 \tag{3.26}$$

gilt. Sie erlaubt, genau wie im dualen elektrischen Fall, die Einführung eines Vektors $\vec{P}_m(\vec{r},t)$ durch

$$\vec{J}_{me}(\vec{r},t) = \frac{\partial}{\partial t}\vec{P}_m(\vec{r},t), \qquad \operatorname{div}\vec{P}_m(\vec{r},t) = -\rho_m(\vec{r},t). \tag{3.27}$$

Dual zu den Differentiationsvorschriften (3.24,25) setzen wir nun an

$$\vec{D}(\vec{r},t) = -\varepsilon\mu \operatorname{rot}\frac{\partial}{\partial t}\vec{M}(\vec{r},t), \tag{3.28}$$

$$\vec{H}(\vec{r},t) = \operatorname{rot}\operatorname{rot}\vec{M}(\vec{r},t) - \frac{1}{\mu}\vec{P}_m(\vec{r},t). \tag{3.29}$$

Der erste Ansatz befriedigt (3.6c) sofort, der zweite erfüllt wegen (3.27) die Divergenzbedingung (3.6d). Auch (3.6b) ist erfüllt, wovon wir uns durch Einsetzen überzeugen können. Es bleibt also noch (3.6a), die eine Bedingung für den Vektor $\vec{M}(\vec{r},t)$ liefert:

$$\operatorname{rot}\operatorname{rot}\operatorname{rot}\vec{M}(\vec{r},t) - \frac{1}{\mu}\operatorname{rot}\vec{P}_m(\vec{r},t) + \varepsilon\mu\operatorname{rot}\frac{\partial^2}{\partial t^2}\vec{M}(\vec{r},t) = \vec{0}.$$

Sie ist erfüllt, wenn

$$\operatorname{rot}\operatorname{rot}\vec{M}(\vec{r},t) - \frac{1}{\mu}\vec{P}_m(\vec{r},t) + \varepsilon\mu\frac{\partial^2}{\partial t^2}\vec{M}(\vec{r},t) = \operatorname{grad}U(\vec{r},t) \tag{3.30}$$

gilt, wobei die differenzierbare Funktion $U(\vec{r},t)$ beliebig gewählt werden kann. Gl.(3.30) kann umgeschrieben werden in

$$\operatorname{grad}\operatorname{div}\vec{M}(\vec{r},t) - \frac{1}{\mu}\vec{P}_m(\vec{r},t) - \Delta\vec{M}(\vec{r},t) + \varepsilon\mu\frac{\partial^2}{\partial t^2}\vec{M}(\vec{r},t) = \operatorname{grad}U(\vec{r},t).$$

Wir setzen jetzt die frei wählbare Funktion $U(\vec{r},t)$ durch

$$\operatorname{grad}U(\vec{r},t) = \operatorname{grad}\operatorname{div}\vec{M}(\vec{r},t)$$

fest. Dann bleibt als Bedingung für $\vec{M}(\vec{r},t)$ die Wellengleichung

$$\Box\,\vec{M}(\vec{r},t) = -\frac{1}{\mu}\vec{P}_m(\vec{r},t). \tag{3.31}$$

Die später in Kapitel 9 durchgeführte Betrachtung von Dipollösungen von (3.23,31) zeigt, daß $\vec{P}_e(\vec{r},t)$ als elektrische und $\vec{P}_m(\vec{r},t)$ als magnetische Momentendichte interpretiert werden kann.

3.2.4 Zur Darstellung des elektromagnetischen Feldes durch zwei skalare Potentiale

Ohne Beweis (siehe z.B. [3.2,3]) sei erwähnt, daß außerhalb der ladungstragenden und stromführenden Bereiche das elektromagnetische Feld aus zwei skalaren Feldern hergeleitet werden kann:

Sei $\vec{e}$ ein fester Einheitsvektor. Dann gibt es zwei skalare Funktionen $M(\vec{r},t)$ und $\pi(\vec{r},t)$, so daß

$$\vec{A}(\vec{r},t) = \mathrm{rot}[\vec{e}\,M(\vec{r},t)] + \frac{\partial}{\partial t}[\vec{e}\,\pi(\vec{r},t)], \qquad (3.32)$$

$$V(\vec{r},t) = -\,\mathrm{div}[\vec{e}\,\pi(\vec{r},t)] \qquad (3.33)$$

ist. Die Richtung von $\vec{e}$ kann beliebig gewählt werden. Die Funktionen $M(\vec{r},t)$ und $\pi(r,t)$ müssen die Wellengleichungen

$$\Box\,M(\vec{r},t) = 0, \quad \Box\,\pi(\vec{r},t) = 0$$

erfüllen.

Aufgaben

3.1. Man leite die Beziehung (3.3) her.

3.2. Man zeige: Sind die Potentiale $\vec{A}(\vec{r},t)$ und $V(\vec{r},t)$ Lösungen der Differentialgleichungen (3.11,12), so sind auch die Potentiale

$$\tilde{\vec{A}}(\vec{r},t) := \vec{A}(\vec{r},t) + \mathrm{grad}\,\psi(\vec{r},t),$$

$$\tilde{V}(\vec{r},t) := V(\vec{r},t) - \frac{\partial}{\partial t}\,\psi(\vec{r},t)$$

Lösungen dieser Gleichungen. Dabei ist $\psi(\vec{r},t)$ eine beliebige, differenzierbare Funktion des Ortes und der Zeit.

__3.3.__ Man zeige, daß die Felder $\vec{E}(\vec{r},t)$, (3.9), und $\vec{B}(\vec{r},t)$, (3.7), durch die Eichtransformation (3.13) nicht geändert werden.

__3.4.__ Man führe die Entkopplung der Maxwellschen Gleichungen (3.6) analog zum dualen Problem (3.5) durch.

__3.5.__ Man leite die (2.48) entsprechende Kontinuitätsgleichung (3.19) unter den Voraussetzungen $\vec{J}_L(\vec{r},t) = \vec{0}$ und $\vec{J}_k(\vec{r},t) = \vec{0}$ her.

__3.6.__ Man zeige, daß der Ansatz (3.22) mit der Bedingung (3.23) der Lorenzkonvention (3.14) nicht widerspricht und die Differentialgleichungen (3.20,21) erfüllt.

__3.7.__ Welche Änderungen sind an (3.23-25) vorzunehmen, wenn das betrachtete Medium aus einem homogenen Leiter ohne Strom- und Ladungsquellen besteht?

__3.8.__ Man zeige, daß in einem linearen, homogenen und isotropen Medium die Maxwellschen Gleichungen (3.5) in der Form

$$\mathrm{rot}\,\vec{Q}(\vec{r},t) + i\sqrt{\varepsilon\mu}\,\frac{\partial}{\partial t}\,\vec{Q}(\vec{r},t) = \mu\vec{J}_e(\vec{r},t),$$

$$\mathrm{div}\,\vec{Q}(\vec{r},t) = i\sqrt{\frac{\varepsilon}{\mu}}\,\rho(\vec{r},t)$$

geschrieben werden können, wobei der komplexe Vektor $\vec{Q}(\vec{r},t)$ durch

$$\vec{Q}(\vec{r},t) := \vec{B}(\vec{r},t) + i(\varepsilon\mu)^{1/2}\vec{E}(\vec{r},t)$$

definiert ist.

__3.9.__ Man drücke die Komponenten von $\vec{E}(\vec{r},t)$ und $\vec{H}(\vec{r},t)$ durch die in (3.32,33) eingeführten Funktionen $M(\vec{r},t)$ und $\pi(\vec{r},t)$ aus.

Literatur

3.1 A. Sommerfeld: Vorlesungen über theoretische Physik, Bd. II, Mechanik der deformierbaren Medien (Akademische Verlagsgesellschaft Geest & Portig, Leipzig 1957)

3.2 D.S. Jones: The Theory of Electromagnetism (Pergamon Press, London 1964)

3.3 M. Born: Optik (Springer-Verlag Berlin, Heidelberg, New York 1972)

4. Die Maxwellschen Gleichungen in inhomogenen Medien

Nach allgemeinen Betrachtungen über die Möglichkeit der Aufstellung von Wellengleichungen zur Lösung der Maxwellschen Gleichungen im Fall eines inhomogenen
Mediums wird das nur für spezielle Koordinaten gültige Separationsverfahren von
Bromwich hergeleitet und kurz diskutiert. Dieses Verfahren kann als direkter Zugang
zu fast allen klassischen Ausbreitungsproblemen angesehen werden.

4.1 Allgemeine Betrachtungen

Sind die Eigenschaften des betrachteten Mediums von Punkt zu Punkt verschieden,
so ist auch dann, wenn keine Anisotropie vorliegt, wenig über das exakte Verhalten
des elektromagnetischen Feldes zu sagen.

Wir nehmen nun das Medium als verlustlos und frei von wahren Ladungen an.
Ferner betrachten wir nur Gebiete, in denen keine Quellen liegen. Bezüglich der
Material-"Konstanten" nehmen wir $\mu = \mu_0 = \text{const}$ und $\varepsilon = \varepsilon(\vec{r})$ im ganzen Raum an.
Dann haben die Maxwellschen Gleichungen die Form

$$\operatorname{rot} \vec{E}(\vec{r},t) = -\frac{\partial}{\partial t}\vec{B}(\vec{r},t),$$

$$\operatorname{rot} \vec{H}(\vec{r},t) = \frac{\partial}{\partial t}\vec{D}(\vec{r},t),$$

$$\operatorname{div} \vec{B}(\vec{r},t) = 0, \quad \operatorname{div} \vec{D}(\vec{r},t) = \operatorname{div}[\varepsilon(\vec{r})\vec{E}(\vec{r},t)] = 0,$$

und es gilt

$$\operatorname{rot}\operatorname{rot}\vec{E}(\vec{r},t) = \operatorname{grad}\operatorname{div}\vec{E}(\vec{r},t) - \Delta\vec{E}(\vec{r},t) =$$

$$- \mu \frac{\partial^2}{\partial t^2}\vec{D}(\vec{r},t) = - \mu\varepsilon(\vec{r})\frac{\partial^2}{\partial t^2}\vec{E}(\vec{r},t). \tag{4.1}$$

Weiter gilt

$$\operatorname{div}\vec{D}(\vec{r},t) = \operatorname{div}[\varepsilon(\vec{r})\vec{E}(\vec{r},t)] = \varepsilon(\vec{r})\operatorname{div}\vec{E}(\vec{r},t) + \vec{E}(\vec{r},t)\cdot\operatorname{grad}\varepsilon(\vec{r}) = 0,$$

d.h.

$$\operatorname{div}\vec{E}(\vec{r},t) = -\frac{1}{\varepsilon(\vec{r})}\vec{E}(\vec{r},t)\cdot\operatorname{grad}\varepsilon(\vec{r}),$$

und wir erhalten aus (4.1) die folgende modifizierte Schwingungsgleichung für $\vec{E}(\vec{r},t)$:

$$\Box\vec{E}(\vec{r},t) = -\operatorname{grad}\left[\frac{1}{\varepsilon(\vec{r})}\vec{E}(\vec{r},t)\cdot\operatorname{grad}\varepsilon(\vec{r})\right]. \qquad (4.2)$$

Eine allgemeine Lösung von (4.2) für beliebiges $\varepsilon = \varepsilon(\vec{r})$ ist nicht möglich. Nur für gewisse Sonderfälle sind Lösungen angebbar [2.22]. In allen anderen Fällen sind Lösungen nur über Näherungsmethoden zu erzielen. Gl.(4.2) ist auch Ausgangsgleichung für die Behandlung von Streuproblemen (scatter) bei der UKW-Ausbreitung. (Siehe Abschnitt 10.9).

Eine zu (4.2) duale Gleichung für $\vec{H}(\vec{r},t)$ läßt sich nicht aufstellen, da durch die unsymmetrischen Voraussetzungen $\mu = \text{const}$, $\varepsilon = \varepsilon(\vec{r})$ die Dualität zwischen $\vec{E}(\vec{r},t)$ und $\vec{H}(\vec{r},t)$ gestört ist.

4.2 Die Separation nach Bromwich

Wir haben gesehen, daß es bei homogenen Medien möglich ist, im ladungsfreien Raum die Maxwellschen Gleichungen außerhalb des Quellgebietes auf die Kenntnis zweier skalarer Potentiale zu reduzieren. Diese Möglichkeit ist auch noch in speziell inhomogenen und anisotropen Medien gegeben, falls wir harmonische Zeitabhängigkeit der Felder voraussetzen. Die zulässigen Koordinatensysteme sind dann allerdings eingeschränkt, was bisher nicht der Fall war.

Das hier angegebene Verfahren stammt von Bromwich [4.1], wurde von Müller [4.2] differentialgeometrisch untersucht und von Friedman [4.3] ohne den hier angegebenen Beweis [4.4] auf die Form folgende Form erweitert.

Seien (x_1,x_2,x_3) allgemeine krummlinige orthogonale Koordinaten, deren Linienelement ds durch

$$ds^2 = \sum_{i=1}^{3} g_i^2 \, dx_i^2$$

gegeben sei. Die Komponenten von $\vec{E}(\vec{r})$ und $\vec{H}(\vec{r})$ in Richtung der i-ten Koordinate bezeichnen wir mit $E_i(\vec{r})$ bzw. $H_i(\vec{r})$, $i = 1,2,3$. Ferner nennen wir ein elektromagnetisches Feld transversal magnetisch (bezüglich der Richtung x_1) (TM-Feld), wenn $H_1(\vec{r}) \equiv 0$ ist, und transversal elektrisch (TE-Feld), wenn $E_1(\vec{r}) \equiv 0$ ist. Die zu lösenden Maxwellschen Gleichungen lauten bei einer Zeitabhängigkeit $\exp[-i\omega t]$

$$\operatorname{rot} \vec{E}(\vec{r}) = i\omega\mu \, \vec{H}(\vec{r}), \qquad (4.3)$$

$$\operatorname{rot} \vec{H}(\vec{r}) = \vec{\vec{\alpha}}(\vec{r})\vec{E}(\vec{r}), \qquad (4.4)$$

$$\operatorname{div} \vec{B}(\vec{r}) = 0, \quad \operatorname{div} \vec{D}(\vec{r}) = 0 \qquad (4.5)$$

mit dem Tensor

$$\vec{\vec{\alpha}}(\vec{r}) := \begin{pmatrix} \alpha_1(\vec{r}) & 0 & 0 \\ 0 & \alpha_2(\vec{r}) & 0 \\ 0 & 0 & \alpha_3(\vec{r}) \end{pmatrix} \qquad (4.6)$$

und

$$\alpha_j(\vec{r}) := \sigma_j(\vec{r}) - i\omega\varepsilon_j(\vec{r}), \qquad j = 1,2,3; \qquad \mu = \text{const.} \qquad (4.7)$$

Wir haben also ein inhomogenes Medium angenommen, das auch noch zusätzlich anisotrop ist.

Die Bedingung $\operatorname{div} \vec{B}(\vec{r}) = 0$ folgt wegen (4.7) sofort aus (4.3). Sie braucht also im weiteren Verlauf der Rechnung nicht mehr beachtet zu werden; $\operatorname{div} \vec{D}(\vec{r}) = 0$ fordert Raumladungsfreiheit, wie das bei einem leitenden Medium und harmonischer Zeitabhängigkeit sinnvoll ist. (Siehe (2.49)).

Die Gleichungen (4.3,4) lauten in den allgemeinen Koordinaten (x_1, x_2, x_3)

$$\frac{1}{g_2 g_3} \left[\frac{\partial}{\partial x_2}(g_3 H_3) - \frac{\partial}{\partial x_3}(g_2 H_2) \right] = \alpha_1 E_1, \qquad (4.8)$$

$$\frac{1}{g_1 g_3}\left[\frac{\partial}{\partial x_3}(g_1 H_1) - \frac{\partial}{\partial x_1}(g_3 H_3)\right] = \alpha_2 E_2 , \qquad (4.9)$$

$$\frac{1}{g_2 g_1}\left[\frac{\partial}{\partial x_1}(g_2 H_2) - \frac{\partial}{\partial x_2}(g_1 H_1)\right] = \alpha_3 E_3 , \qquad (4.10)$$

$$\frac{1}{g_2 g_3}\left[\frac{\partial}{\partial x_2}(g_3 E_3) - \frac{\partial}{\partial x_3}(g_2 E_2)\right] = i\omega\mu\, H_1 , \qquad (4.11)$$

$$\frac{1}{g_3 g_1}\left[\frac{\partial}{\partial x_3}(g_1 E_1) - \frac{\partial}{\partial x_1}(g_3 E_3)\right] = i\omega\mu\, H_2 , \qquad (4.12)$$

$$\frac{1}{g_1 g_2}\left[\frac{\partial}{\partial x_1}(g_2 E_2) - \frac{\partial}{\partial x_2}(g_1 E_1)\right] = i\omega\mu\, H_3 , \qquad (4.13)$$

wobei wir der Einfachheit halber die Argumente weggelassen haben. (Die g_i, $i = 1,2,3$, sind ebenfalls Funktionen von x_1, x_2, x_3). Wie wir aus (4.8-13) erkennen, ist einerseits E_1 durch H_2 und H_3 eindeutig bestimmt und andererseits H_1 durch E_2 und E_3 vollkommen festgelegt. Wir können daher jedes Feld $\vec{E} = \{E_1, E_2, E_3\}$, $\vec{H} = \{H_1, H_2, H_3\}$, das den Maxwellschen Gleichungen genügt, durch Überlagerung zweier Felder entstanden denken, für die jeweils $E_1 \equiv 0$ bzw. $H_1 \equiv 0$ ist [4.2].

Für den Fall $E_1 \equiv 0$ haben wir ein bezüglich der x_1-Richtung transversal elektrisches Feld (TE-Feld) vor uns. Aus (4.8) folgt dann

$$\frac{\partial}{\partial x_2}(g_3 H_3) - \frac{\partial}{\partial x_3}(g_2 H_2) = 0 .$$

Lösung dieser Differentialgleichung ist

$$H_2 = \frac{1}{g_2}\,\frac{\partial}{\partial x_2}\,\Phi , \qquad (4.14)$$

$$H_3 = \frac{1}{g_3}\,\frac{\partial}{\partial x_3}\,\Phi , \qquad (4.15)$$

wobei $\Phi = \Phi(x_1, x_2, x_3)$ eine genügend oft stetig differenzierbare aber sonst beliebige Funktion sein soll. Aus (4.13) folgt mit (4.15)

$$\frac{1}{g_1 g_2}\,\frac{\partial}{\partial x_1}(g_2 E_2) = i\omega\mu\, H_3 = \frac{i\omega\mu}{g_3}\,\frac{\partial}{\partial x_3}\,\Phi . \qquad (4.16)$$

Setzen wir nun

$$\Phi = \frac{\partial}{\partial x_1} U \tag{4.17}$$

an, wobei das Potential $U = U(x_1, x_2, x_3)$ eine zweimal stetig differenzierbare Funktion sei, dann ergibt sich aus (4.16)

$$\frac{1}{g_1 g_2} \frac{\partial}{\partial x_1} (g_2 E_2) = \frac{i\omega\mu}{g_3} \frac{\partial^2}{\partial x_1 \partial x_3} U. \tag{4.18}$$

Beschränken wir uns auf Koordinaten, für die die B r o m w i c h - B e d i n g u n g e n

$$g_1 = 1, \quad \frac{\partial}{\partial x_1} \left(\frac{g_2}{g_3} \right) = 0 \tag{4.19}$$

gelten, so liefert (4.18)

$$E_2 = \frac{i\omega\mu}{g_3} \frac{\partial}{\partial x_3} U. \tag{4.20}$$

Aus (4.12) erhalten wir mit (4.14,17)

$$- \frac{1}{g_3} \frac{\partial}{\partial x_2} (g_3 E_3) = i\omega\mu H_2 = \frac{i\omega\mu}{g_2} \frac{\partial^2}{\partial x_1 \partial x_2} U$$

und daraus

$$E_3 = - \frac{i\omega\mu}{g_2} \frac{\partial}{\partial x_2} U. \tag{4.21}$$

Gl.(4.11) liefert schließlich unter Verwendung von (4.20,21) sofort

$$H_1 = - \frac{1}{g_2 g_3} \left[\frac{\partial}{\partial x_2} \left(\frac{g_3}{g_2} \frac{\partial}{\partial x_2} \right) + \frac{\partial}{\partial x_3} \left(\frac{g_2}{g_3} \frac{\partial}{\partial x_3} \right) \right] U. \tag{4.22}$$

Damit lassen sich alle Komponenten des TE-Feldes durch Differentiation aus dem Potential U gewinnen. Die verbleibenden Gleichungen (4.9,10) liefern einschränkende Bedingungen für die Wahl von U:

$$\frac{1}{g_3} \left[\frac{\partial}{\partial x_3} H_1 - \frac{\partial}{\partial x_1} \frac{\partial^2}{\partial x_1 \partial x_3} U \right] = - \frac{i\omega\mu\alpha_2}{g_3} \frac{\partial U}{\partial x_3},$$

$$\frac{1}{g_2} \left[\frac{\partial}{\partial x_1} \frac{\partial^2 U}{\partial x_1 \partial x_2} - \frac{\partial H_1}{\partial x_2} \right] = \frac{i\omega\mu\alpha_3}{g_2} \frac{\partial U}{\partial x_2}. \tag{4.23}$$

Fordern wir zu den Bromwich-Bedingungen (4.19)

$$\frac{\partial \alpha_2}{\partial x_3} = 0, \qquad \frac{\partial \alpha_3}{\partial x_2} = 0, \qquad\qquad (4.24)$$

dann können wir das Gleichungssystem (4.23) in der Form schreiben

$$\frac{\partial}{\partial x_3} \left\{ H_1 - \frac{\partial^2}{\partial x_1^2} U - i\omega\mu\alpha_2 U \right\} = 0,$$

$$\frac{\partial}{\partial x_2} \left\{ H_1 - \frac{\partial^2}{\partial x_1^2} U - i\omega\mu\alpha_3 U \right\} = 0.$$

Seine Lösung ist unter der weiteren einschränkenden Bedingung

$$\alpha_2 = \alpha_3 := \alpha_{2/3} \qquad\qquad (4.25)$$

mit Beachtung von (4.22) gegeben durch

$$\frac{1}{g_2 g_3} \left[\frac{\partial}{\partial x_2} \left(\frac{g_3}{g_2} \frac{\partial}{\partial x_2} \right) + \frac{\partial}{\partial x_3} \left(\frac{g_2}{g_3} \frac{\partial}{\partial x_3} \right) \right] U + \frac{\partial^2}{\partial x_1^2} U + i\omega\mu\alpha_{2/3} U = F(x_1). \qquad (4.26)$$

Die Funktion $F(x_1)$ setzen wir identisch Null. Damit kann das TE-Feld über die Differentiationsvorschriften

$$E_1 = 0 \qquad , \qquad H_1 = \left[\frac{\partial^2}{\partial x_1^2} + i\omega\mu\alpha_{2/3} \right] U ,$$

$$E_2 = \frac{i\omega\mu}{g_3} \frac{\partial U}{\partial x_3} \qquad , \qquad H_2 = \frac{1}{g_2} \frac{\partial^2}{\partial x_1 \partial x_2} U , \qquad\qquad (4.27)$$

$$E_3 = - \frac{i\omega\mu}{g_2} \frac{\partial U}{\partial x_2} \qquad , \qquad H_3 = \frac{1}{g_3} \frac{\partial^2}{\partial x_1 \partial x_3} U$$

aus einem Potential $U = U(x_1, x_2, x_3)$ gewonnen werden, das der Differentialgleichung

$$\left[\Delta - \frac{1}{g_2 g_3} \frac{\partial}{\partial x_1} \left(g_2 g_3 \frac{\partial}{\partial x_1} \right) + \frac{\partial^2}{\partial x_1^2} + i\omega\mu\alpha_{2/3} \right] U = 0 \qquad\qquad (4.28)$$

genügt. Dabei ist

$$\Delta := \frac{1}{g_1 g_2 g_3}\left[\frac{\partial}{\partial x_1}\left(\frac{g_2 g_3}{g_1}\right) + \frac{\partial}{\partial x_2}\left(\frac{g_3 g_1}{g_2}\frac{\partial}{\partial x_2}\right) + \frac{\partial}{\partial x_3}\left(\frac{g_1 g_2}{g_3}\frac{\partial}{\partial x_3}\right)\right] \qquad (4.29)$$

der Δ-Operator. Ferner sind nach $(4.19,24,25)$ die B r o m w i c h - B e d i n g u n g e n

$$g_1 = 1, \quad \frac{\partial}{\partial x_1}\left(\frac{g_2}{g_3}\right) = 0, \quad \alpha_2 = \alpha_3 = \alpha_{2/3}(x_1) \qquad (4.30)$$

einzuhalten. Bei Beachtung von (4.30) lassen sich die D i f f e r e n t i a t i o n s v o r -
s c h r i f t e n (4.27) in die übersichtliche Form

$$\vec{E}(x_1,x_2,x_3) = i\omega\mu\ \mathrm{rot}[\vec{e}_1 U(x_1,x_2,x_3)],$$
$$\vec{H}(x_1,x_2,x_3) = \mathrm{rot}\ \mathrm{rot}[\vec{e}_1 U(x_1,x_2,x_3)] \qquad (4.31)$$

bringen, wobei $\vec{e}_1$ ein Einheitsvektor in x_1-Richtung ist. Die Bedingung div $\vec{D}(\vec{r}) = 0$
ist durch (4.31) ebenfalls erfüllt. Wir bemerken, daß die Tensorkomponente α_1 kei-
nerlei Einschränkungen unterworfen wurde, daß also allgemein $\alpha_1 = \alpha_1(x_1,x_2,x_3)$
gelten darf.

Der F a l l $H_1 \equiv 0$ (T M - F a l l) kann prinzipiell analog zum TE-Fall behandelt werden. Da sich jedoch einige Unterschiede zeigen, wollen wir den Gang der
Rechnung kurz skizzieren. Wir setzen zur Abkürzung

$$\widetilde{E}_i := \alpha_i E_1, \quad i = 1,2,3. \qquad (4.32)$$

Dann folgt aus (4.11)

$$\widetilde{E}_2 = \frac{1}{g_2}\frac{\partial^2}{\partial x_1 \partial x_2} V, \qquad (4.33)$$

$$\widetilde{E}_3 = \frac{1}{g_3}\frac{\partial^2}{\partial x_1 \partial x_3} V, \qquad (4.34)$$

falls in Übereinstimmung mit (4.30) $\alpha_2 = \alpha_3 = \alpha_{2/3}(x_1)$ ist. Die Funktion $V = V(x_1,x_2$
ist ein zweimal stetig differenzierbares Potential. Aus (4.9) erhalten wir unter den Vor
aussetzungen (4.30)

$$H_3 = -\frac{1}{g_2}\frac{\partial}{\partial x_2} V \qquad (4.35)$$

und aus (4.10)

$$H_2 = \frac{1}{g_3} \frac{\partial}{\partial x_3} V . \tag{4.36}$$

Gl.(4.8) liefert schließlich

$$\widetilde{E}_1 = - \frac{1}{g_2 g_3} \left[\frac{\partial}{\partial x_2} \left(\frac{g_3}{g_2} \frac{\partial}{\partial x_2} \right) + \frac{\partial}{\partial x_3} \left(\frac{g_2}{g_3} \frac{\partial}{\partial x_3} \right) \right] V . \tag{4.37}$$

Damit sind alle Komponenten des TM-Feldes durch Differentiation aus dem Potential $V = V(x_1, x_2, x_3)$ zu gewinnen. Aus (4.12,13) folgt als einschränkende Bedingung für V

$$\left[\frac{1}{\alpha_1} \Delta - \frac{1}{\alpha_1 g_2 g_3} \frac{\partial}{\partial x_1} \left(g_2 g_3 \frac{\partial}{\partial x_1} \right) + \frac{\partial}{\partial x_1} \left(\frac{1}{\alpha_{2/3}} \frac{\partial}{\partial x_1} \right) + i \omega \mu \right] V = 0 . \tag{4.38}$$

Wir bemerken, daß durch das Auftreten des Terms $\frac{\partial}{\partial x_1} \left(\frac{1}{\alpha_{2/3}} \frac{\partial}{\partial x_1} \right) V$ der Ausdruck (4.38) wesentlich komplizierter ist, als die entsprechende Differentialgleichung (4.28) des TE-Falles. Weiter tritt bei (4.38) im Gegensatz zu (4.28) auch $\alpha_1 = \alpha_1(x_1, x_2, x_3)$ auf. Das ist der Grund, warum bei Ausbreitungsproblemen in inhomogenen Medien meist der TE-Fall behandelt wird.

Die Unsymmetrie zwischen TE- und TM-Fall resultiert aus der unsymmetrischen Annahme (4.7) über die Materialkonstanten. Auch im TM-Fall finden wir bezüglich der Tensorkomponente α_1 keine Einschränkung. Es darf also auch hier $\alpha_1 = \alpha_1(x_1, x_2, x_3)$ angenommen werden.

Die Differentiationsvorschriften (4.33-37) lassen sich ebenfalls vektoriell angeben:

$$\vec{\alpha}(x_2, x_2, x_3) \cdot \vec{E}(x_1, x_2, x_3) = \text{rot rot}[\vec{e}_1 V(x_1, x_2, x_3)] ,$$

$$\tag{4.39}$$

$$\vec{H}(x_1, x_2, x_3) = \text{rot}[\vec{e}_1 V(x_1, x_2, x_3)] .$$

Die Bromwichpotentiale U und V sind für Kugelkoordinaten (R, θ, φ) und homogenes Medium 1909 in der Form U/R bzw. V/R von Debye gefunden worden und heißen in diesem speziellen Fall Debye-Potentiale. (Der Unterschied liegt also nur in einer Multiplikation mit der Kugelkoordinate R und in einer verschiedenen Normierung, die für homogene Medien unerheblich ist) [4.5]. Die durch (4.30) geforderte

Einschränkung der Koordinatensysteme wurde von Müller [4.2] diskutiert. Danach sind diese Bedingungen nur von kartesischen Koordinaten, Zylinder- und Kugelkoordinaten erfüllt. Trotz dieser Einschränkungen ist die Separationsmethode von Bromwich ausreichend, alle klassischen Leitungs- und Ausbreitungsproblme zu behandeln. Bezüglich der Behandlung von in μ anisotropen und ortsabhängigen Medien sei z.B. auf Yeh und Liu [4.6] verwiesen. Eine Zusammenstellung von Lösungen der Differentialgleichungen (4.28,38) für spezielle Ortsabhängigkeit der Materialgrößen in kartesischen bzw. Zylinder-Koordinaten ist z.B. bei Becker [4.4] zu finden.

Aufgaben

__4.1.__ Man versuche, eine (4.2) entsprechende Gleichung für $\vec{H}(\vec{r},t)$ aufzustellen. (Diese Gleichung ist nicht zu (4.2) dual!) [4.7]

__4.2.__ Man zeige, daß unter Beachtung von (4.30) die Differentiationsvorschriften (4.31) aus (4.27) folgen.

__4.3.__ Man zeige, daß (4.27) bzw. (4.31) und auch (4.39) die Bedingung div $\vec{D}(\vec{r}) = 0$ erfüllen.

__4.4.__ Man gebe (4.28,38) im Fall homogener isotroper Medien in kartesisshen Koordinaten, Zylinder- und Kugelkoordinaten an. Welche Vereinfachungen sind gegenüber dem inhomogenen Fall festzustellen? Was ist über die Dualität von TE- und TM-Fall zu sagen?

Literatur

4.1 T.S. Bromwich: Phil. Mag. __38__ (1919) 143-164

4.2 C. Müller: Abh. math. Sem. Hamburg __16__ (1949) 95-103

4.3 B. Friedman: Propagation in a non-homogeneous medium. In: Elektromagnetic waves, herausgeg. von R.E. Langer. (The University of Wisconsin Press, Madison 1962, 301-309)

4.4 K.-D. Becker: Zur Reflexion und Brechung elektromagnetischer Dipolfelder an rauhen Oberflächen homogener und inhomogener Medien (Berichte des Instituts für Radiometeorologie und Maritime Meteorologie an der Universität Hamburg, Institut der Fraunhofer-Gesellschaft, Hamburg 1972)

4.5 H. Hönl, A.W. Maue, K. Westphal: Theorie der Beugung. In: Handbuch der Physik Bd. XXV, 1, herausgeg. von S. Flügge (Springer-Verlag Berlin, Heidelberg, New York 1961)

4.6 K.C. Yeh, C.H. Liu: Theory of ionospheric waves (Academic Press, New York 1972)

4.7 V.L. Ginzburg: The propagation of electromagnetic waves in plasmas (Pergamon Press, Oxford 1964)

5. Spezielle Lösungen der Maxwellschen Gleichungen

Im Anschluß an die Separation der Wellengleichung in kartesischen Koordinaten behandeln wir die ebene Welle als fundamentale Lösung der homogenen Maxwellschen Gleichungen. Nach Untersuchung der Eigenschaften einer ebenen Welle beliebiger Zeitabhängigkeit diskutieren wir die harmonische ebene Welle, wobei auch verlustbehaftete Medien zugelassen werden. Wir leiten dann das skalare Potential einer zeitlich veränderlichen Punktladung als spezielle Lösung der inhomogenen Wellengleichung her. Die folgende Behandlung von retardiertem und avanciertem Potential erfordert ein kurzes Eingehen auf die Dirac-Funktion.

5.1 Separation der Wellengleichung in kartesischen Koordinaten

In kartesischen Koordinaten (x,y,z) sind die Komponenten der Vektorfunktionen $\vec{E}(\vec{r},t)$, $\vec{H}(\vec{r},t)$ in den Wellengleichungen (3.2,3) nicht gekoppelt. Für jede einzelne Komponente ist also eine skalare Gleichung zu lösen. Das gibt uns Veranlassung, die Wellengleichung in kartesischen Koordinaten näher zu untersuchen. Dabei beschränken wir uns auf die homogene Gleichung und nehmen eine harmonische Zeitabhängigkeit $\exp[-i\omega t]$ an. Dann geht die Wellengleichung im verlustlosen Fall

$$\left[\Delta - \varepsilon\mu \frac{\partial^2}{\partial t^2} \right] U(x,y,z;t) = 0 \tag{5.1}$$

in die Helmholtzsche Schwingungsgleichung

$$[\Delta + k^2] U(x,y,z) = 0 \tag{5.2}$$

über. (Gl.(5.1) soll stellvertretend für alle Wellengleichungen behandelt werden.)

Die Größe

$$k^2 = \omega^2 \varepsilon \mu \qquad (5.3)$$

ist das Quadrat der W e l l e n z a h l k. Die Wellenzahl k wird bei uns überall dort
auftauchen, wo wir in der Optik und Meteorologie den Brechungsindex n verwenden.
Ihr Zusammenhang mit dem Brechungsindex n ist durch

$$k = n k_0 \qquad (5.4)$$

gegeben, wobei

$$k_0 = \omega (\varepsilon_0 \mu_0)^{1/2} \qquad (5.5)$$

die W e l l e n z a h l d e s V a k u u m s ist.

Für (5.2) finden wir über einen Produktansatz als Lösung

$$U(x,y,z) = \exp[\pm ik(\alpha x + \beta y + \gamma z)]. \qquad (5.6)$$

Sie ist bis auf eine multiplikative Konstante bestimmt. Dabei muß

$$1 = \alpha^2 + \beta^2 + \gamma^2 \qquad (5.7)$$

gelten. Sind α, β, γ reelle Größen, so erfüllen sie die Bedingung der Richtungskosinusse
einer Geraden im dreidimensionalen Raum. Sind die Größen α, β, γ nicht mehr reell,
wobei natürlich immer noch (5.7) gelten muß, so tritt auch bei reellem k eine exponentielle Anfachung oder Dämpfung in (5.6) auf. Wir werden auf diesen Sachverhalt
bei der Behandlung der F r e s n e l s c h e n Reflexion zurückkommen. E s sei bemerkt, daß
auch (4.28,38) im F a l l homogener, isotroper Medien und kartesischer Koordinaten
zu einer Schwingungsgleichung der Form (5.2) führen.

5.2 Die ebene Welle

Die ebene Welle als Lösung der homogenen Maxwellschen Gleichungen (2.5-8) spielt
in der Theorie der Wellenausbreitung eine fundamentale Rolle. Sie ist zwar praktisch
nur bis zu einem gewissen Grade realisierbar, ist aber in vielen Fällen eine sehr
brauchbare einfache Näherung. Ihre eigentliche Bedeutung liegt darin, daß kompli-
zierte Wellenfelder sich aus ebenen Wellen (eventuell mit "komplexem Einfalls-

winkel") zusammensetzen lassen [5.1]. Wir werden deswegen die Eigenschaften
der ebenen Welle eingehend untersuchen.

5.2.1 Die ebene Welle im Vakuum

Wir suchen nach partikulären Lösungen der Maxwellschen Gleichungen

$$\text{rot}\,\vec{E}(\vec{r},t) + \mu_0 \frac{\partial}{\partial t}\,\vec{H}(\vec{r},t) = \vec{0}, \tag{5.8}$$

$$\text{rot}\,\vec{H}(\vec{r},t) - \varepsilon_0 \frac{\partial}{\partial t}\,\vec{E}(\vec{r},t) = \vec{0}, \tag{5.9}$$

$$\text{div}\,\vec{E}(\vec{r},t) = 0, \quad \text{div}\,\vec{H}(\vec{r},t) = 0, \tag{5.10}$$

und fragen speziell nach Lösungen, die ebenen homogenen Wellenzügen entsprechen.
Dabei bezeichnen wir einen Wellenzug als eben, wenn wir eine Schar paralleler
Ebenen so legen können, daß die elektrische und die magnetische Feldstärke bei je-
dem festen t längs einer jeden dieser Ebenen sich nach Betrag und Richtung nicht
ändert. Man nennt diese Ebenen Wellenebenen und die Normale auf ihnen die
Wellennormale.

Wir legen nun die x-Achse eines kartesischen Koordinatensystems (x,y,z)
in die Richtung der Wellennormale (Abb.5.1).

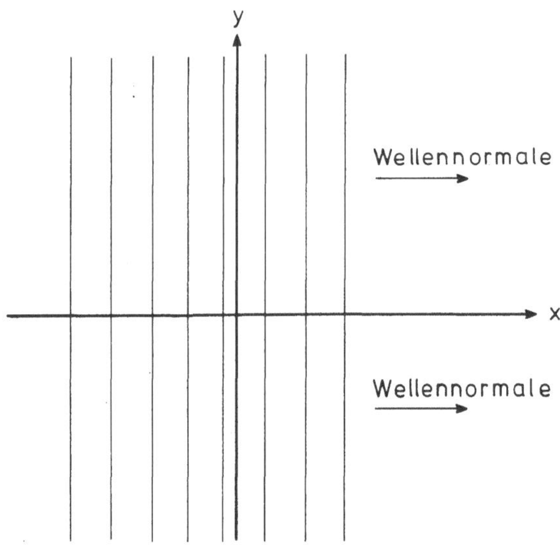

Abb.5.1 Lage von Wellenebenen und Wellennormale in einem kartesischen Koordinatensystem

Die (y,z)-Ebenen sind so den Wellenebenen parallel. Da längs der Wellenebene
$\vec{E}(\vec{r},t)$ und $\vec{H}(\vec{r},t)$ bei jedem festen t konstant sein sollen, verschwinden alle partiellen Ableitungen nach y und z. Dann lauten die x-Komponenten von (5.8) und
(5.9) sowie die beiden Divergenzbedingungen (5.10)

$$\frac{\partial}{\partial t}\, E_x(x,t) = 0, \qquad \frac{\partial}{\partial t}\, H_x(x,t) = 0,$$
$$\frac{\partial}{\partial x}\, E_x(x,t) = 0, \qquad \frac{\partial}{\partial x}\, H_x(x,t) = 0. \tag{5.11}$$

Demnach sind die longitudinalen Komponenten E_x und H_x sowohl örtlich als auch
zeitlich konstant. Wenn sie von Null verschieden wären, so könnte es sich nur um
ein statisches, dem Wellenvorgang überlagertes Feld handeln. Da ein derartiges
Feld hier nicht von Interesse ist, setzen wir

$$E_x = 0, \quad H_x = 0. \tag{5.12}$$

Dann lauten die restlichen Komponenten von (5.8) und (5.9)

$$\frac{\partial}{\partial x}\, H_z(x,t) + \varepsilon_0 \frac{\partial}{\partial t}\, E_y(x,t) = 0,$$
$$\frac{\partial}{\partial x}\, H_y(x,t) - \varepsilon_0 \frac{\partial}{\partial t}\, E_z(x,t) = 0,$$
$$-\frac{\partial}{\partial x}\, E_z(x,t) + \mu_0 \frac{\partial}{\partial t}\, H_y(x,t) = 0,$$
$$\frac{\partial}{\partial x}\, E_y(x,t) + \mu_0 \frac{\partial}{\partial t}\, H_z(x,t) = 0. \tag{5.13}$$

Durch diese vier Gleichungen werden einerseits die Komponenten E_y und H_z, andererseits die Komponenten E_z und H_y miteinander verknüpft. Das erste Paar führt
durch Elimination von H_z bzw. E_y auf die Beziehung

$$\left[\frac{\partial^2}{\partial x^2} - \mu_0 \varepsilon_0 \frac{\partial^2}{\partial t^2}\right]
\begin{Bmatrix} E_y(x,t) \\ H_z(x,t) \end{Bmatrix} = 0. \tag{5.14}$$

Gl.(5.14) stellt einen Spezialfall von (3.3) bzw. (5.1) dar. Ebenso ist zu sehen,
daß auch $E_z(x,t)$ und $H_y(x,t)$ einer Differentialgleichung der Form

$$\left[\frac{\partial^2}{\partial x^2} - \frac{1}{c^2} \frac{\partial^2}{\partial t^2} \right] f(x,t) = 0 \qquad (5.15)$$

genügen, wobei

$$c^{-2} = \varepsilon_0 \mu_0$$

gesetzt wurde. Um (5.15) zu lösen führen wir die Transformation

$$\xi = x - ct, \quad \eta = x + ct$$

durch. Dann gilt

$$\frac{\partial}{\partial x} f(x,t) = \frac{\partial}{\partial \xi} f(\xi,\eta) + \frac{\partial}{\partial \eta} f(\xi,\eta),$$

$$\frac{\partial^2}{\partial x^2} f(x,t) = \frac{\partial^2}{\partial \xi^2} f(\xi,\eta) + 2 \frac{\partial^2}{\partial \xi \partial \eta} f(\xi,\eta) + \frac{\partial^2}{\partial \eta^2} f(\xi,\eta),$$

$$\frac{\partial^2}{\partial t^2} f(x,t) = \left[\frac{\partial^2}{\partial \xi^2} f(\xi,\eta) - 2 \frac{\partial^2}{\partial \xi \partial \eta} f(\xi,\eta) + \frac{\partial^2}{\partial \eta^2} f(\xi,\eta) \right] c^2,$$

und wir erhalten aus (5.15)

$$\frac{\partial^2}{\partial \xi \partial \eta} f(\xi,\eta) = 0.$$

Die allgemeine Lösung dieser Differentialgleichung lautet

$$f(\xi,\eta) = F(\xi) + G(\eta), \qquad (5.16)$$

wobei F nur eine Funktion von ξ und G nur eine Funktion von η ist. Die Komponenten E_y, E_z, H_y, H_z haben also alle die Form

$$F(x - ct) + G(x + ct),$$

wobei natürlich F und G nicht bei allen Komponenten gleich sind. Wir setzen nun speziell

$$E_x = 0, \quad E_y(x,t) = F_1(x - ct), \quad E_z(x,t) = F_2(x - ct). \qquad (5.17)$$

Dann erhalten wir aus (5.13)

$$H_x = 0, \quad H_y(x,t) = -c\,\varepsilon_0 F_2(x - ct), \quad H_z(x,t) = c\,\varepsilon_0 F_1(x - ct). \qquad (5.18)$$

Wir sehen, daß ein Wert, den das Feld zur Zeit $t = 0$ in der Ebene $x = x_0$ hat, in der Ebene $x = x_c + ct$ zur Zeit t wieder angenommen wird. Mit wachsender Zeit t bewegt sich also die Feldverteilung mit der Geschwindigkeit c in Richtung der positiven x-Achse. Hätten wir an Stelle der Funktionen $F_i(x - ct)$ die Funktionen $G_i(x + ct)$, $i = 1,2$, gewählt, so würde sich die Welle in Richtung der negativen x-Achse ausbreiten. (Wir kommen auf den Begriff "Geschwindigkeit" im Zusammenhang mit Ausbreitungsvorgängen im nächsten Kapitel zurück.)

Wegen (5.12) stehen bei der ebenen Welle der elektrische und magnetische Feldvektor senkrecht zur Ausbreitungsrichtung. Ferner zeigt die Bildung des Skalarproduktes

$$\vec{E}(x,t) \cdot \vec{H}(x,t) = -c\,\varepsilon_0 F_1 F_2 + c\,\varepsilon_0 F_1 F_2 = 0,$$

daß der elektrische Feldvektor senkrecht auf dem magnetischen steht. Wir können also schreiben

$$\vec{H}(x,t) = \varepsilon_0 c[\vec{e}_x \times \vec{E}(x,t)] = Z_0^{-1}[\vec{e}_x \times \vec{E}(x,t)], \qquad (5.19)$$

wobei $\vec{e}_x$ ein Einheitsvektor in x-Richtung ist. Die Größe

$$Z_0 = \left(\frac{\mu_0}{\varepsilon_0}\right)^{1/2} \approx 120\,\pi\ \text{Ohm} \qquad (5.20)$$

wird als Wellenwiderstand des Vakuums bezeichnet. Er ist der Proportionalitätsfaktor zwischen $\vec{E}$ und $\vec{H}$ für eine in einer Richtung laufende Welle:

$$|\vec{E}| = Z_0 |\vec{H}|.$$

Bei Anwesenheit von Materie ist die Vakuumlichtgeschwindigkeit c durch

$$v = (\varepsilon_0 \varepsilon_r \mu_0 \mu_r)^{-1/2} \qquad (5.21)$$

zu ersetzen und (5.20) durch

$$Z = \left(\frac{\mu_0 \mu_r}{\varepsilon_0 \varepsilon_r}\right)^{1/2} . \qquad (5.22)$$

Z ist dann der Wellenwiderstand des betreffenden Mediums. Allgemein können wir für eine sich in Richtung des Einheitsvektors $\vec{e}$ ausbreitende ebene Welle

$$\vec{H} = \frac{\vec{e} \times \vec{E}}{Z} \qquad (5.23)$$

schreiben. $\vec{E}$ und $\vec{H}$ sind also bei einer ebenen Welle zueinander orthogonal.

Bei Anwesenheit von Materie ist es allerdings zweckmäßig, mit zeitlich rein harmonischen Wellenvorgängen zu arbeiten, da die linearen Zusammenhänge (2.17,18), wie wir am Beispiel von (2.30) gesehen haben, allgemein nur noch für die Fourier-Komponenten der Feldgrößen gelten.

5.2.2 Harmonische ebene Wellen

Eine harmonische, in positiver x-Richtung laufende ebene Welle können wir nach (5.17) in der Form

$$E_y(x,t) = a_1 \cos\left(\frac{\omega}{v} x - \omega t + \varphi_1\right) = a_1 \cos(kx - \omega t + \varphi_1),$$

$$E_z(x,t) = a_2 \cos\left(\frac{\omega}{v} x - \omega t + \varphi_2\right) = a_2 \cos(kx - \omega t + \varphi_2) \qquad (5.24)$$

angeben. Die Größe $\nu = \omega/(2\pi)$ wird F r e q u e n z genannt; v ist die sogen. P h a s e n g e s c h w i n d i g k e i t und $k = \omega/v$ die (reelle) Wellenzahl. Weiter sind a_1, a_2 Amplitudenfaktoren, φ_1, φ_2 Phasen der Welle. Der kürzeste Abstand zweier Punkte gleicher Phase heißt W e l l e n l ä n g e λ. (Siehe Abb.5.2). Es ist also $\lambda = (2\pi)/k$ oder $k = (2\pi)/\lambda$ Der Zusammenhang zwischen Phasengeschwindigkeit, Wellenlänge und F r e q u e n z e n ist durch

$$v = \nu \cdot \lambda$$

gegeben.

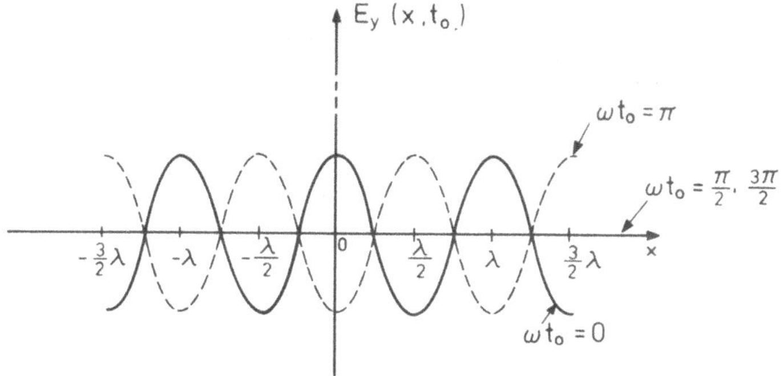

Abb.5.2 Darstellung von $E_y(x,t_0) = a\cos(\omega t_0) \cdot \cos(kx)$ für verschiedene Werte von ωt_0

Die (5.24) entsprechende komplexe Schreibweise lautet[*]

$$E_y(x,t) = A \exp[i(kx - \omega t)],$$

$$E_z(x,t) = B \exp[i(kx - \omega t)], \tag{5.25}$$

wobei A und B komplexe Konstanten (Phasoren) sind. Gl.(5.25) stellt eine in positiver x-Richtung laufende Welle dar. Für eine in Richtung des Einheitsvektors $\vec{e}$ sich ausbreitende ebene Welle gilt nach (5.23)

$$\vec{E}(\vec{r},t) = \vec{E}_0 \exp[i(k\vec{r}\cdot\vec{e} - \omega t)],$$

$$Z\vec{H}(\vec{r},t) = \vec{e} \times \vec{E}_0 \exp[i(k\vec{r}\cdot\vec{e} - \omega t)]. \tag{5.26}$$

Die Größe $\vec{E}_0$ ist ein komplexer Vektor, für den $\vec{e}\cdot\vec{E}_0 = 0$ gilt; $\vec{e}k = \vec{k}$ ist der Wellenzahlvektor, der also in Ausbreitungsrichtung weist und häufig zur Vereinfachung der Schreibweise verwendet wird.

---

[*] Es ist zu beachten, daß die Vorschrift "Man bilde den Realteil" weggelassen wurde.

5.3 Ebene harmonische Wellen in verlustbehafteten Medien

Die bisherigen Untersuchungen über die Ausbreitung ebener Wellen haben sich auf
verlustlose Medien bezogen. Wir wollen nun Medien betrachten, die durch $\varepsilon,\mu,\sigma \neq 0$
gekennzeichnet sind. Dann tritt an die Stelle von (5.14) die Wellengleichung

$$\left[\frac{\partial^2}{\partial x^2} - \varepsilon\mu\,\frac{\partial^2}{\partial t^2} - \sigma\mu\,\frac{\partial}{\partial t}\right] E_y(x,t) = 0. \tag{5.27}$$

Sie geht bei harmonischer Zeitabhängigkeit $\exp[-i\omega t]$ in die Schwingungsgleichung

$$\left[\frac{\partial^2}{\partial x^2} + k^2\right] E_y(x) = 0 \tag{5.28}$$

über, wobei

$$k := \left(\omega^2\varepsilon\mu + i\omega\sigma\mu\right)^{1/2} = k' + ik'' \tag{5.29}$$

komplexe Wellenzahl genannt wird; k' ist ihr Real-, k'' ihr Imaginärteil.
Die allgemeine Lösung von (5.28) ist entsprechend (5.16) als Summe zweier gegen-
einander laufender Wellen verschiedener Amplituden A und B gegeben:

$$E_y(x) = A\,\exp[ikx] + B\,\exp[-ikx]. \tag{5.30}$$

Das zugehörige $H_z(x)$ ergibt sich aus (5.13) mit der Zuordnung $\frac{\partial}{\partial t} \Leftrightarrow -i\omega$ zu

$$H_z(x) = \frac{k}{\omega\mu}\left\{A\,\exp[ikx] - B\,\exp[-ikx]\right\}$$

$$= \frac{1}{Z}\left\{A\,\exp[ikx] - B\,\exp[-ikx]\right\}. \tag{5.31}$$

Entsprechend (5.22) ist

$$\frac{\omega\mu}{k} := Z = Z' + iZ'' \tag{5.32}$$

der komplexe Wellenwiderstand des Mediums. Das Verhalten der Lösungen (5.30,31) wollen wir nun für zwei spezielle Fälle näher untersuchen: Einmal

für ein Medium mit geringen Verlusten, d.h. für $|\sigma| \ll |i\omega\varepsilon|$ für alle zu betrachtenden Frequenzen ist nach (5.29)

$$k = \omega(\mu\varepsilon)^{1/2}\left(1 + i\,\frac{\sigma}{\omega\varepsilon}\right)^{1/2} \approx \omega(\varepsilon\mu)^{1/2}\left(1 + \frac{i\sigma}{2\omega\varepsilon}\right)$$

und damit

$$k' \approx \omega(\mu\varepsilon)^{1/2}, \qquad k'' \approx \frac{\sigma}{2}\left(\frac{\mu}{\varepsilon}\right)^{1/2}. \tag{5.33}$$

Für den komplexen Wellenwiderstand ergibt sich nach (5.32)

$$Z = \frac{\omega\mu}{\omega(\mu\varepsilon)^{1/2}\left(1 + i\,\frac{\sigma}{\omega\varepsilon}\right)^{1/2}} \approx \left(\frac{\mu}{\varepsilon}\right)^{1/2}. \tag{5.34}$$

Die Größen k' und Z haben also näherungsweise die gleichen Werte wie im vorher betrachteten Medium ohne Verluste. Gl.(5.30) zeigt weiter, daß die Verluste eine exponentielle Dämpfung der in positiver x-Richtung laufenden Welle hervorrufen, die im betrachteten Fall jedoch klein ist.

Im Fall $|\sigma| \ll |i\omega\varepsilon|$ betrachten wir die A u s b r e i t u n g i n e i n e m g u t e n Leiter. Die Ungleichung gilt noch bis hin zu optischen Frequenzen ($\nu \approx 5\cdot 10^{14}$ Hz). Nach (5.29) gilt

$$k \approx (i\omega\mu\sigma)^{1/2} = \left(\frac{\omega\mu\sigma}{2}\right)^{1/2}(1 + i),$$

d.h. es ist

$$k' \approx k'' \approx \left(\frac{\omega\mu\sigma}{2}\right)^{1/2} \tag{5.35}$$

und

$$Z \approx \frac{\omega\mu}{(i\omega\mu\sigma)^{1/2}} = \left(\frac{\omega\mu}{2\sigma}\right)^{1/2}(1 - i). \tag{5.35a}$$

Wir haben es also mit einer starken Dämpfung für eine in positiver x-Richtung laufende Welle zu tun. Einer der wichtigsten praktischen Aspekte dieser in guten Leitern auftretenden Dämpfung für Wellen ist, daß dieser Effekt in den meisten Metallen schon

bei sehr niedrigen Frequenzen beobachtet wird. Nehmen wir an, daß eine ins Metall
laufende Welle gerade an dessen Oberfläche $(x = 0)$ erregt werde (siehe Abb.5.3).

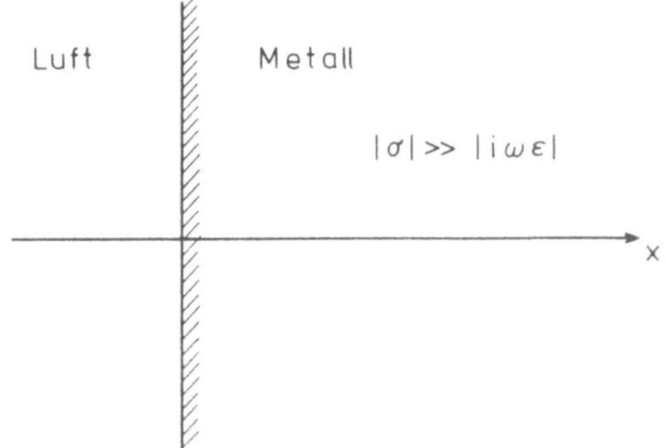

Abb.5.3 Zur Berechnung der Skin-Tiefe

Dann gilt nach (5.30,35)

$$E(x) = A \exp[ikx] = A \exp\left[i\left(\frac{\omega\mu\sigma}{2}\right)^{1/2} x - \left(\frac{\omega\mu\sigma}{2}\right)^{1/2} x \right] \quad \text{mit} \quad A = E(0).$$

Die Entfernung $x = \delta$, bei der $E(x)$ auf e^{-1} des Randwertes abgefallen ist, wird
S k i n - T i e f e genannt. Sie ergibt sich zu

$$\delta = \left(\frac{2}{\omega\mu\sigma}\right)^{1/2}. \tag{5.36}$$

Bis zu dieser Entfernung von der Leiteroberfläche wird man den wesentlichen Teil des
eingedrungenen Feldes finden.

5.4 Das skalare Potential einer raumfesten, zeitlich veränderlichen Punktladung

Wir haben gesehen, daß das elektromagnetische Feld bestimmt werden kann, wenn
gewisse skalare und vektorielle Potentiale bekannt sind. Die Potentiale genüger einer
Wellengleichung der Form

$$\left[\Delta - v^{-2} \frac{\partial^2}{\partial t^2} \right] V(\vec{r},t) = - \frac{1}{\varepsilon} \rho(\vec{r},t). \tag{5.37}$$

(Auch die vektoriellen Potentiale erfüllen komponentenweise eine derartige Differentialgleichung, wenn wir sie uns in kartesischen Koordinaten denken.) In (5.37) ist, abweichend vom schon angesprochenen homogenen Fall, die rechte Seite $\rho(\vec{r},t)$ als orts- und zeitabhängige Raumladungsdichte vorgegeben (inhomogene Differentialgleichung). Die einfachste Raumladungsdichte $\rho(\vec{r},t)$, die wir uns gegeben denken können, ist überall Null mit Ausnahme einer kleinen Umgebung des Koordinatenursprungs. Diese Vorstellung führt unmittelbar zum M o d e l l   e i n e r   P u n k t l a d u n g , das ist eine Ladung, die in einem Punkt konzentriert ist und sonst überall verschwindet. Demnach ist die R a u m l a d u n g s d i c h t e   e i n e r   P u n k t l a d u n g überall Null mit Ausnahme des Punktes, an dem sie sich befindet. Dort ist dann die Raumladungsdichte unendlich groß (singulär). (Man muß sich darüber klar sein, daß diese Vorstelllung ein mathematisches Modell ist!).

Für das Potential $V(\vec{r},t)$ einer Punktladung im Ursprung eines Koordinatensystems muß also für alle Punkte des Raumes mit Ausnahme des Ursprungs die Differentialgleichung

$$\left[\Delta - v^{-2} \frac{\partial^2}{\partial t^2} \right] V(\vec{r},t) = 0, \quad \vec{r} \neq \vec{0}, \tag{5.38}$$

gelten. Aus Symmetriegründen kann V nur von der Entfernung vom Ursprung abhängen. Führen wir Kugelkoordinaten (R,θ,φ) ein, deren Ursprung mit dem Ort der Punktladung zusammenfällt, so lautet (5.38) bei den vorausgesetzten Symmetrieverhältnissen (siehe Anhang 13.3)

$$\frac{1}{R^2} \frac{\partial}{\partial R} \left[R^2 \frac{\partial}{\partial R} V(R,t) \right] - \frac{1}{v^2} \frac{\partial^2}{\partial t^2} V(R,t) = 0. \tag{5.39}$$

Substituieren wir

$$V(R,t) = R^{-1} U(R,t),$$

so erhalten wir

$$\left[\frac{\partial^2}{\partial R^2} - \frac{1}{v^2} \frac{\partial^2}{\partial t^2} \right] U(R,t) = 0.$$

Das ist aber genau die Form von (5.15). Die Lösung von (5.39) ist also gegeben durch

$$V(R,t) = R^{-1} F(t - R/v) + R^{-1} G(t + R/v). \tag{5.40}$$

Der erste Term dieses Ausdrucks stellt eine auslaufende Welle dar, deren Amplitude mit R^{-1} abfällt. Der zweite Term von (5.40) ist eine einlaufende Welle, d.h. eine auf den Ursprung zulaufende Welle, deren Amplitude mit R^{-1} wächst.

Die weitere Festlegung der Funktionen F und G hängt von zusätzlich zu stellenden Bedingungen ab. Stellen wir uns z.B. vor, daß das plötzliche Anbringen einer Punktladung im Ursprung eine nach außen laufende Welle verursacht, so etwa, wie das beim Werfen eines Steines in Wasser geschieht. Dann muß $G \equiv 0$ gesetzt werden, da dieser Teil von (5.40) ja eine einlaufende Welle repräsentiert. Allgemein können wir sagen, daß G eine Störung darstellt, die beobachtbar ist, bevor sie von einer Quelle erzeugt wird. Dieses Verhalten steht im Gegensatz zu jeder physikalischen Beobachtung; es ist also $G \equiv 0$ zu setzen. (Wir müssen dabei allerdings beachten, daß wir hier Verhältnisse im freien Raum diskutiert haben. Bei Anwesenheit von Hindernissen, d.h. z.B. Bei Beugungsproblemen, können durchaus in gewissen Teilbereichen des Raumes einlaufende Wellen auftreten.)

Nun ist die Funktion F noch so zu bestimmen, daß sie die richtige Lösung im Ursprung liefert. Wir wissen, daß, wenn die Ladung zu allen Zeiten einen konstanten Wert Q hat, das elektrostatische Potential

$$V_{el.stat.} = V_{es}(R) = \frac{Q}{4\pi\varepsilon R}$$

ist [5.2]. Demnach ist das skalare Potential einer zeitlich veränderlichen Punktladung $F(t)$ im Ursprung

$$V(R,t) = \frac{F(t - R/v)}{4\pi\varepsilon R} \; .$$
(5.41)

Gl.(5.41) ist auch für eine nicht im Ursprung gelegene Punktladung gültig, wenn R als Entfernung zwischen Ladung und Aufpunkt angesehen wird.

5.5 Die retardierten Potentiale

5.5.1 Die Dirac- oder Delta-Funktion

Mit der Raumladungsdichte einer Punktladung haben wir in Abschnitt 5.4 eine Funktion kennengelernt, die im gesamten Raum mit Ausnahme eines einzigen Punktes verschwindet. In diesem Punkt wird sie singulär. Um eine analytische Beschreibungsmöglichkeit eines solchen Verhaltens zu bekommen, führen wir das Symbol $\delta(x - x')$ ein, wenn wir ausdrücken wollen, daß eine Größe überall verschwindet mit Ausnahme eines Punktes $x = x'$, wo sie unendlich wird. Dieses Symbol ist nur im Zusammenhang mit einer Integration definiert und zwar gilt

$$\int_B f(x')\delta(x - x')dx' = \begin{cases} f(x) & \text{falls } x \in B \\ \\ 0 & \text{falls } x \notin B; \end{cases} \tag{5.42}$$

B ist das Integrationsintervall. Die Funktion ist unter dem Namen δ-Funktion oder Dirac-Funktion bekannt[*]. Es handelt sich dabei aber nicht um eine Funktion im gewöhnlichen Sinn, sondern um eine sogen. verallgemeinerte Funktion oder auch Distribution [5.3,4].

Die Definition (5.42) kann sofort auf mehrere Dimensionen verallgemeinert werden:

$$\iiint_{V'} f(\vec{r}')\delta(\vec{r} - \vec{r}')dV' = \begin{cases} f(\vec{r}) & \text{falls } \vec{r} \in V' \\ \\ 0 & \text{falls } \vec{r} \notin V'. \end{cases} \tag{5.43}$$

Wir wollen hierzu einige Beispiele angeben, die gleichzeitig den Aufbau der mehrdimensionalen Dirac-Funktionen zeigen [6.5,8].

a) Kartesische Koordinaten (x,y,z)

$$dV' = dx'\,dy'\,dz'; \quad \delta(r - r') = \delta(x - x')\,\delta(y - y')\,\delta(z - z').$$

b) Zylinderkoordinaten (ρ,φ,z)

$$dV' = \rho'd\rho'd\varphi'dz'; \quad \delta(\vec{r} - \vec{r}') = \frac{1}{\rho'}\delta(\rho - \rho')\delta(\varphi - \varphi')\delta(z - z').$$

c) Kugelkoordinaten (R,θ,φ)

$$dV' = R'^2\sin\theta'dR'd\theta'd\varphi'; \quad \delta(\vec{r} - \vec{r}') = \frac{\delta(R - R')\delta(\theta - \theta')\delta(\varphi - \varphi')}{R'^2\sin\theta'}.$$

---

[*] Die δ-Funktion wurde bereits 1912 von Sommerfeld [5.6] eingeführt und als Zackenfunktion bezeichnet.

Nun zeigen wir, daß mit Hilfe der Dirac-Funktion die Lösung einer inhomogenen Differentialgleichung einfach gewonnen werden kann, wenn nur die Lösung der inhomogenen Differentialgleichung mit spezieller Inhomogenität bekannt ist. Dazu betrachten wir die inhomogene Differentialgleichung

$$\mathbb{D}\, g(\vec{r},\vec{r}') = \delta(\vec{r} - \vec{r}'), \qquad (5.44)$$

deren rechte Seite als spezielle Inhomogenität die δ-Funktion hat. $\mathbb{D}$ ist ein Differentialoperator wie z.B. Δ. Die Differentialgleichung (5.44) definiert eine Funktion $g(\vec{r},\vec{r}')$, die als Greensche Funktion (des freien Raumes) bekannt ist. Ferner betrachten wir die Differentialgleichung

$$\mathbf{D}\, f(\vec{r}) = h(\vec{r}) \qquad (5.45)$$

mit beliebiger Inhomogenität $h(\vec{r})$. Unsere Behauptung lautet nun:

$$f(\vec{r}) = \iiint\limits_{V'} h(\vec{r}')g(\vec{r},\vec{r}')dV' \qquad (5.46)$$

ist Lösung von (5.45) falls $g(\vec{r},\vec{r}')$ Lösung von (5.44) ist. Ist diese Behauptung richtig, so muß $f(\vec{r})$ (5.45) erfüllen, also

$$\mathbf{D}\, f(\vec{r}) = \mathbf{D} \iiint\limits_{V'} h(\vec{r}')g(\vec{r},\vec{r}')dV'$$

$$= \iiint\limits_{V'} h(\vec{r}')\mathbf{D}\, g(\vec{r},\vec{r}')dV'$$

$$= \iiint\limits_{V'} h(\vec{r}')\delta(\vec{r} - \vec{r}')dV' = h(\vec{r}).$$

Es ist wichtig zu bemerken, daß diese Methode der Konstruktion einer Lösung der inhomogenen Differentialgleichung (5.45) unabhängig von der Anzahl der Variablen ist, wenn nur die rechte Seite von (5.44) entsprechend abgeändert wird. Nehmen wir z.B. noch die Zeit t zu den Ortskoordinaten hinzu, und bezieht sich $\mathbb{D}$ wie z.B. $\Box$ auch auf die Zeitvariable, so ist die rechte Seite von (5.44) gleich $\delta(x - x')\delta(y - y')$ $\delta(z - z')\delta(t - t')$ zu setzen und mit $dV' = dx'dy'dz'dt'$ erstreckt sich die Integration über Raum und Zeit [5.8].

Die δ-Funktion kann z.B. nach Lighthill [5.3] auch durch den Grenzwert von Funktionenfolgen $\{g_n(x)\}$ in der Form

$$\lim_{n \to \infty} \int_{-\infty}^{\infty} g_n(x)f(x)dx = \int_{-\infty}^{\infty} \delta(x)f(x)dx = f(0) .$$

definiert werden. Ein Beispiel für eine derartige Funktionenfolge ist

$$\{g_n(x)\} = \{\exp[-nx^2](n/\pi)^{1/2}\} .$$

5.5.2 Retardiertes und avanciertes Potential

Mit Hilfe der Dirac-Funktion können wir nun sehr einfach die Raumladungsdichte einer zeitlich veränderlichen Punktladung in $\vec{r} = \vec{r}\,'$ darstellen, nämlich durch

$$\rho(\vec{r},t) = f(t)\,\delta(\vec{r} - \vec{r}\,') ,$$

denn es gilt

$$\iiint_{V'} \rho(\vec{r}\,',t)dV' = f(t) \iiint_{V'} \delta(\vec{r} - \vec{r}\,')dV' = \begin{cases} f(t) & \text{falls } \vec{r} \in V' \\[2mm] 0 & \text{falls } \vec{r} \notin V' . \end{cases}$$

Die Differentialgleichung für das Potential V einer solchen Punktladung hat also nach (3.17) die Form

$$\Box V(\vec{r},t) = -\frac{1}{\varepsilon} f(t)\,\delta(\vec{r} - \vec{r}\,') . \tag{5.47}$$

Sie entspricht der inhomogenen Differentialgleichung (5.44) mit spezieller rechter Seite. Ihre Lösung, die G r e e n s c h e F u n k t i o n ,

$$V(\vec{r},t) = \frac{f\left(t - \dfrac{|\vec{r} - \vec{r}\,'|}{v}\right)}{4\pi\varepsilon|\vec{r} - \vec{r}\,'|} \tag{5.48}$$

ist nach (5.41) bekannt und stellt eine auslaufende Welle dar. Setzen wir speziell

$$f(t) = \varepsilon \delta(t - t'), \tag{5.49}$$

so sehen wir, daß

$$V_1(\vec{r},t) = \frac{\delta\left(t - t' - \frac{1}{v}|\vec{r} - \vec{r}'|\right)}{4\pi |\vec{r} - \vec{r}'|} \tag{5.50}$$

eine Lösung von

$$\square\, V_1(\vec{r},t) = -\,\delta(\vec{r} - \vec{r}')\delta(t - t') \tag{5.51}$$

ist und somit die Greensche Funktion von (5.51) darstellt. Nach (5.46) können wir jetzt sofort die Lösung von

$$\square\, V(\vec{r},t) = -\frac{1}{\varepsilon}\,\rho(\vec{r},t) \tag{5.52}$$

mit beliebiger rechter Seite angeben:

$$V(\vec{r},t) = \frac{1}{4\pi\varepsilon} \iiint\limits_{V'} \int\limits_{-\infty}^{\infty} \rho(\vec{r}',t') \frac{\delta\left(t - t' - \frac{1}{v}|\vec{r} - \vec{r}'|\right)}{|\vec{r} - \vec{r}'|}\, dt'\, dV' \tag{5.53}$$

$$= \frac{1}{4\pi\varepsilon} \iiint\limits_{V'} \frac{\rho\left(r',t - \frac{1}{v}|\vec{r} - \vec{r}'|\right)}{|\vec{r} - \vec{r}'|}\, dV'$$

oder

$$V(\vec{r},t) = \frac{1}{4\pi\varepsilon} \iiint\limits_{V'} \frac{[\rho(\vec{r}',t)]}{|\vec{r} - \vec{r}'|}\, dV'. \tag{5.53a}$$

Gl.(5.53a) stellt eine übliche abgekürzte Schreibweise dar. Die eckige Klammer in ihr zeigt an, daß, wenn wir das Potential in einem Punkt $\vec{r}$ zur Zeit t berechnen wollen, das von einer Ladung in $\vec{r}'$ herrührt, wir den Zustand der Ladung zum Zeitpunkt $t - \frac{1}{v}|\vec{r} - \vec{r}'|$ nehmen müssen. Dies zeigt, daß die von einer Ladung ausgehende Wirkung eine endliche Zeit zur Erreichung des Aufpunktes $\vec{r}$ benötigt. Man nennt (5.53) deswegen retardiertes Potential.

Gl.(5.53) stellt natürlich nicht die vollständige Lösung von (5.52) dar. Es
existiert vielmehr analog zur einlaufenden Welle ein sogen. a v a n c i e r t e s P o t e n -
t i a l , das jedoch aus physikalischen Gründen ausgeschlossen wird. Ferner können
wir zur Lösung (5.53) der inhomogenen Differentialgleichung (5.52) beliebige Linearkombinationen von Lösungen der homogenen Wellengleichung $\Box V(\vec{r},t) = 0$ hinzuaddieren. Zur Bestimmung einer eindeutigen Lösung sind also noch weitere Bedingungen
erforderlich. Diese Forderung nach E indeutigkeit der Lösung sowohl der skalaren
als auch vektoriellen Wellengleichung bzw. Maxwellschen Gleichungen führt uns zu
den von Sommerfeld [5.6] 1912 eingeführten A u s s t r a h l u n g s b e d i n g u n g e n ,
die von C. Müller [5.7] 1945/46 auch für das elektromagnetische Feld selbst for-
muliert wurden. Wir kommen darauf in den folgenden Kapiteln noch eingehend zurück.

Die Lösung der Wellengleichung (3.16) für das Vektorpotential kann nach diesen Vorbereitungen ebenfalls sofort angegeben werden. Spalten wir sie in ihre kartesischen Komponenten auf, so erhalten wir für jede Komponente eine Lösung der Form (5.53).
Die Lösung von (3.16) ist also durch

$$\vec{A}(\vec{r},t) = \frac{\mu}{4\pi} \iiint\limits_{V'} \frac{[J_e(\vec{r}',t)]}{|\vec{r} - \vec{r}'|} \, dV' \tag{5.54}$$

gegeben. Dabei ist anzunehmen, daß $\vec{J}_e(\vec{r}',t)$ außerhalb V' verschwindet. Die Konstruktion der Lösung hat durch den Umweg über die kartesischen Koordinaten nicht
an Allgemeinheit verloren, da im unbeschränkten Raum kein Koordinatensystem aus-
gezeichnet ist.

<u>Aufgaben</u>

<u>5.1.</u> Man bestimme die Lösung von (5.2) in kartesischen Koordinaten über einen
Produktansatz $U(x,y,z) = X(x)\,Y(y)\,Z(z)$. Welche physikalische Bedeutung kommt
dabei den Separationsparametern zu?

<u>5.2.</u> Man berechne den zeitlich gemittelten Energiefluß, der von einer ebenen Welle
der Form (5.25) transportiert wird.

<u>5.3.</u> Wie ist der reelle Wellenwiderstand Z im Fall verlustbehafteter Medien abzu-
ändern?

5.4. Bei einer Zeitabhängigkeit $\exp[-i\omega t]$ ist aus energetischen Gründen $k = k_1 + ik_2$ mit $k_1 > 0$, $k_2 \geqslant 0$ festgelegt. Man berechne aus (5.29) Real- und Imaginärteil der komplexen Wellenzahl.

5.5. Man setze in (5.25) $A = a \exp[-i\theta]$, $B = b \exp[-i\varphi]$, wobei a, b, θ, φ reelle Konstanten sind. Welche Kurve beschreibt in Abhängigkeit von der Zeit die Spitze des elektrischen Feldvektors? Man diskutiere diese Kurve.

5.6. Es ist zu zeigen, daß sich die wesentliche Komponente E einer in x-Richtung in einem verlustbehafteten Medium sich ausbreitenden ebenen Welle in der Form schreiben läßt

$$E = A \exp[-\alpha x + i(\omega t - \beta x)]$$

mit

$$\alpha = \left\{ \frac{\omega^2 \mu \varepsilon}{2} \left[-1 + \left(1 + \left(\frac{\sigma}{\omega \varepsilon} \right)^2 \right)^{1/2} \right] \right\}^{1/2},$$

$$\beta = \left\{ \frac{\omega^2 \mu \varepsilon}{2} \left[1 + \left(1 + \left(\frac{\sigma}{\omega \varepsilon} \right)^2 \right)^{1/2} \right] \right\}^{1/2}.$$

5.7. Die in Aufgabe 5.6 angegebene ebene Welle falle senkrecht auf eine Aluminiumwand. Wie groß ist die Eindringtiefe, bis zu der die Oberflächenfeldstärke um den Faktor e^{-1} kleiner geworden ist? Um wieviel ist E kleiner geworden nach Durchlaufen einer Strecke $d = \lambda$ (λ = Wellenlänge im Leiter)?

5.8. Für stationäre eingeprägte Ströme ist $\vec{J}_e = \vec{J}_e(\vec{r}\,')$ und aus (5.54) ergibt sich

$$\vec{A}(\vec{r}) = \frac{\mu}{4\pi} \iiint\limits_{V'} \frac{\vec{J}_e(\vec{r}\,')}{|\vec{r} - \vec{r}\,'|} \, dV'.$$

Man berechne über $\vec{B}(\vec{r}) = \operatorname{rot} \vec{A}(\vec{r})$ die magnetische Induktion

$$\vec{B}(\vec{r}) = \frac{\mu}{4\pi} \iiint\limits_{V'} \frac{\vec{J}_e(\vec{r}\,') \times (\vec{r} - \vec{r}\,')}{|\vec{r} - \vec{r}\,'|^3} \, dV'$$

(Gesetz von Biot und Savart). Die Integration im letzten Integral ist über alle geschlossenen Stromlinien der Stromdichte vorzunehmen [5.9].

5.9. Man zeichne die Funktionenfolge

$$\{g_n(x)\} = \{\exp[-nx^2](n/\pi)^{1/2}\}$$

für n = 4, 20, 100 und gewinne so einen Eindruck vom Aussehen der Dirac-Funktion
[5.3].

Literatur

5.1 P.C. Clemmow: The plane wave spectrum representation of electromagnetic
fields (Pergamon Press, Oxford 1966)

5.2 L.M. Magid: Electromagnetic fields, energy and waves (John Wiley and Sons,
New York 1972)

5.3. M.J. Lighthill: Einführung in die Theorie der Fourieranalysis und der verallgemeinerten Funktionen Bd. 139 (B.I. Hochschultaschenbücher, Mannheim 1966)

5.4 L. Schwartz: Théorie des distributions (Hermann, Paris 1966)

5.5 F.E. Borgnis, C.H. Papas: Randwertprobleme der Mikrowellenphysik (Springer-
Verlag Berlin, Heidelberg, New York 1955)

5.6 A. Sommerfeld: Jahresber. der deutschen Mathematiker-Vereinigung $\underline{21}$ (1912)
309-353

5.7 C. Müller: Abh. der Deutschen Akademie Berlin Nr. 3 1945/46

5.8 B. Friedman: Principles and techniques of applied mathematics (John Wiley,
New York 1956)

5.9 J. Wolf: Grundlagen und Anwendungen der Maxwellschen Theorie Bd. 731/731a
(B.I. Hochschulskripten, Mannheim 1970)

6. Phasen-, Gruppen- und Signalgeschwindigkeit

Wir erläutern die Phasengeschwindigkeit am Beispiel einer harmonischen ebenen Welle.
Dann untersuchen wir bei vorhandener Dispersion die Ausbreitung einer Wellengruppe
und gewinnen so die Gruppengeschwindigkeit. Der Begriff der Signalgeschwindigkeit
läßt sich nicht mehr so allgemein angeben. Wir untersuchen ihn deswegen am Beispiel einer harmonisch angeregten Übertragungsleitung. Dazu sind Kenntnisse in
der Methode der Laplace-Transformation und der stationären Phase notwendig. Die
Ergebnisse können auch zur Betrachtung der Ausbreitung eines Impulses herangezogen
werden.

6.1 Phasen- und Gruppengeschwindigkeit

Nach (5.25) kann eine einzelne, in Richtung wachsender x sich ausbreitende harmonische ebene Welle in der Form

$$E(x,t) = A \exp[i(kx - \omega t)] \tag{6.1}$$

dargestellt werden, wobei $E(x,t)$ eine Komponente der elektrischen Feldstärke sei.
Die Größe $(kx - \omega t)$ stellt die Wellenphase dar. Wir betrachten nun einen Punkt x,
in dem die Phase den bestimmten Wert α besitzt. Die Koordinate dieses Punktes
ermittelt sich aus der Gleichung

$$\alpha = kx - \omega t, \tag{6.2}$$

woraus ersichtlich wird, daß die Phase α sich im Laufe der Zeit mit der Geschwindigkeit v_p im Raum fortbewegen wird, die wir erhalten, indem wir (6.2) nach t differenzieren, d.h.

$$\frac{dx(t)}{dt} := v_p = \frac{\omega}{k} . \tag{6.3}$$

Diese Geschwindigkeit heißt P h a s e n g e s c h w i n d i g k e i t . Hängt diese Geschwindigkeit von der Wellenzahl k und folglich auch von der Wellenlänge λ ab (da $k = 2\pi/\lambda$ ist), so spricht man von D i s p e r s i o n . Für diesen Fall wollen wir eine nahezu monochromatische Welle untersuchen, die wir als Wellengruppe bezeichnen werden. Allgemeiner verstehen wir unter einer W e l l e n g r u p p e eine Überlagerung von Wellen, die sich hinsichtlich ihrer Wellenlänge und Fortpflanzungsrichtung nur wenig voneinander unterscheiden. Der Einfachheit halber untersuchen wir eine Gruppe von Wellen (6.1), die sich in x-Richtung fortpflanzen. Diese Wellengruppe kann entsprechend der eben gegebenen Definition durch folgenden Ausdruck dargestellt werden

$$\psi(x,t) = \int_{k_0-\Delta k}^{k_0+\Delta k} a(k)\exp[i(kx - \omega t)]dk, \tag{6.4}$$

worin $k_0 = 2\pi/\lambda_0$ die mittlere Wellenzahl ist, in deren Umgebung die Wellenzahlen liegen, die die Gruppe bilden. Da Δk als klein anzunehmen ist, können wir die Frequenz ω, die eine Funktion von k ist, nach Potenzen von $(k - k_0)$ entwickeln:

$$\omega = \omega_0 + \left(\frac{d\omega}{dk}\right)_{k=k_0} (k - k_0) + \ldots := \omega_0 + \left(\frac{d\omega}{dk}\right)_0 (k - k_0) + \ldots,$$

$$k = k_0 + (k - k_0).$$

Nehmen wir $(k - k_0)$ als neue Integrationsvariable ξ und setzen wir die Amplitude $a(k)$ als eine sich langsam verändernde Funktion von k voraus, so finden wir, daß $\psi(x,t)$ in folgender Form dargestellt werden kann

$$\psi(x,t) \sim a(k_0)\exp[i(k_0 x - \omega_0 t)] \int_{-\Delta k}^{\Delta k} \exp\left[i\left\{x - \left(\frac{d\omega}{dk}\right)_0 t\right\}\xi\right]d\xi$$

Die Integration nach ξ kann sofort ausgeführt werden. Es ergibt sich

$$\psi(x,t) \approx 2a(k_0)\exp[i(k_0 x - \omega t)] \frac{\sin\left\{\left[x - \left(\frac{d\omega}{dk}\right)_0 t\right]\Delta k\right\}}{\left[x - \left(\frac{d\omega}{dk}\right)_0 t\right]}$$

$$:= a(x,t)\exp[i(k_0 x - \omega t)].$$

Da sich im Argument des Sinus die kleine Größe Δk befindet, wird sich $a(x,t)$ als
Funktion der Zeit t und der Koordinate x nur langsam ändern. Daher können wir
$a(x,t)$ als die Amplitude einer nahezu monochromatischen Welle ansehen und $(k_0 x - \omega t)$
als ihre Phase. Nun ermitteln wir den Punkt x, an dem die Amplitude $a(x,t)$ ihr
Maximum hat. Diesen Punkt werden wir als Zentrum der Wellengruppe bezeichnen.
Offenbar wird das gesuchte Maximum sich im Punkt

$$x = \left(\frac{d\omega}{dk}\right)_0 t \tag{6.5}$$

befinden. Daraus folgt, daß das Gruppenzentrum sich mit einer Geschwindigkeit v_g
fortbewegen wird, die wir finden, indem wir (6.5) nach t differenzieren:

$$v_g = \left(\frac{d\omega}{dk}\right)_0 \tag{6.6}$$

Diese Geschwindigkeit wird als G r u p p e n g e s c h w i n d i g k e i t bezeichnet zum Unterschied von der Phasengeschwindigkeit, die gleich ω_0 / k_0 ist.

Für Leser, die mit der Methode der stationären Phase vertraut sind, lassen
sich diese Ergebnisse allgemeiner herleiten. Dazu betrachten wir an Stelle von (6.4)
eine allgemeine Überlagerung von harmonischen ebenen Wellen der Form

$$\psi(x,t) = \int_{-\infty}^{\infty} a(k)\exp[ik\{x - v_p(k)t\}]dk. \tag{6.7}$$

Die Methode der stationären Phase kann nun benutzt werden, um einen Näherungs-
wert für $\psi(x,t)$ auszurechnen für den Fall, daß x und t groß sind. (D.h. wir wollen untersuchen, wie sich die Wellengruppe (6.7) nach längerer Zeit und in größerer Entfernung verhält.) Dazu führen wir die neue Variable $\eta = x/t$ ein. Aus (6.7)
folgt damit

$$\psi(x,t) = \int_{-\infty}^{\infty} a(k)\exp[it\{k\eta - kv_p(k)\}]dk. \tag{6.8}$$

Für hinreichend große t kommt nun der dominierende Beitrag zum Integral (6.8)
aus der Umgebung der k-Werte, für die

$$\frac{d}{dk}[k\eta - kv_p(k)] = 0$$

oder

$$\eta - \frac{d}{dk}[kv_p(k)] = 0 \tag{6.9}$$

ist. Umgekehrt können wir sagen, daß der Beitrag zum Integral (6.8), der aus einem
vorgegebenen Intervall $(k, k + \Delta k)$ von k-Werten kommt, von ausschlaggebender Bedeutung für die großen x und t Werte sein wird, für die η die Bedingung (6.9) erfüllt. Wie aus (6.6) und $k = \omega/v_p$ folgt, stimmt η mit der Gruppengeschwindigkeit
v_g überein. Falls $v_p(k)$ = const. gilt, liefert (6.9) $\eta = v_g = v_p$, d.h. Phasen- und
Gruppengeschwindigkeit fallen zusammen.

Wir können also in einem gewissen Sinne sagen, daß eine Gruppe $(k, k + \Delta k)$
von Wellen sich mit der Gruppengeschwindigkeit $\eta = v_g$ auszubreiten sucht.

6.2 Signalgeschwindigkeit

Es ist nun vielleicht plausibel zu erwarten, daß die Gruppengeschwindigkeit in irgendeiner Weise der Geschwindigkeit der Ausbreitung eines Signals zuzuordnen wäre und
auch der Geschwindigkeit, mit der sich die in einer laufenden Gruppe von Wellen enthaltene Energie ausbreiten würde. In einigen Fällen sind derartige Interpretationen
durchaus möglich. Es gibt hingegen andere Fälle, besonders die, bei denen Absorption eine Rolle spielt, bei denen diese Interpretation überhaupt nicht richtig ist
([6.3-5]).

Ein klassisches Beispiel hierfür ist das der Gruppengeschwindigkeit in einem
optischen Medium in der Umgebung eines Gebietes anormaler Dispersion (v_p fällt
mit wachsendem λ). In diesem Fall kann die nach (6.9) berechnete Gruppengeschwindigkeit größer als die Lichtgeschwindigkeit im Vakuum werden. Das führte Brillouin
und Sommerfeld dazu, den Gedanken der Signalgeschwindigkeit elektromagnetischer Wellen genauer zu untersuchen. Wir wollen deswegen den Grundgedan-
ken ihrer Überlegungen an dem analytisch einfacheren Fall der Signalausbreitung
längs einer Übertragungsleitung diskutieren [6.6]. Er gibt daneben prinzipiell auch
Aufschluß über die Ausbreitung eines Impulses. Aber auch dazu ist wieder die
Methode der stationären Phase [6.12] und auch die Laplace-Transformation [6.7]
notwendig.

Wir betrachten also eine Übertragungsleitung mit dem Widerstand R, der Induktivität L und der Kapazität C (alles pro Längeneinheit). Dann genügt die Spannung U der Telegraphengleichung [6.8]

$$\left[\frac{\partial^2}{\partial x^2} - LC\,\frac{\partial^2}{\partial t^2} - RC\,\frac{\partial}{\partial t}\right] U(x,t) = 0, \tag{6.10}$$

wobei x die Entfernung auf der Leitung $(x \geqslant 0)$ ist. Eine Lösung von (6.10), die eine sinusförmige Welle der Kreisfrequenz ω darstellt, die sich längs der Leitung ausbreitet, ist durch

$$U(x,t) = A \exp[-\delta x]\sin\left[\omega\left(t - \frac{x}{v_p}\right)\right] \tag{6.11}$$

gegeben, wobei A eine beliebige Konstante ist und

$$\delta = RC\,\frac{v_p}{2}, \quad \omega^2\left[\frac{1}{v_p^2} - \frac{1}{c_0^2}\right] = \delta^2, \quad c_0^2 = \frac{1}{LC}. \tag{6.12}$$

Die Größe δ wird als Abklingkonstante bezeichnet. Gl.(6.12) zeigt, daß die Phasengeschwindigkeit v_p kleiner als die Geschwindigkeit c_0 ist, die sich später als die maximale Geschwindigkeit der Signalübertragung herausstellen wird. Weiter folgt aus (6.12) $v_p \to c_0$ für $\omega \to \infty$. Aus (6.9,12) können wir zeigen, daß für bestimmte Werte von R,C und ω die Gruppengeschwindigkeit $v_g > c_0$ wird. Da, wie schon erwähnt, kein Signal sich schneller als mit der Geschwindigkeit c_0 ausbreiten kann, ist die Interpretation der Gruppengeschwindigkeit als Signalgeschwindigkeit in diesem Bereich nicht mehr möglich.

Zur Klärung dieses Sachverhaltes betrachten wir die exakte Lösung von (6.10) für den Fall, daß bei x = 0 eine Spannung der Form

$$U(0,t) = \begin{cases} U_0 \sin\omega t & \text{für } t > 0 \\[2mm] 0 & \text{für } t < 0 \end{cases}, \quad U_0 = \text{const}$$

anliegt. Durch Anwendung der Laplace-Transformation bezüglich t auf (6.10) erhalten wir

$$U(x,t) = \frac{U_0\omega}{2\pi i}\int_{\gamma-i\infty}^{\gamma+i\infty} \frac{\exp\left[st - \frac{x}{c_0}\left(s^2 + \frac{R}{L}s\right)^{1/2}\right]}{s^2 + \omega^2}\,ds. \tag{6.13}$$

Der Integrationsweg von (6.13) ist eine Parallele zur imaginären Achse der komplexen s-Ebene, die rechts vom Ursprung gelegen ist, und auf der die Quadratwurzel in (6.13) ihren Hauptwert annehmen soll. Das Intervall $(-R/L,0)$ der reellen Achse sei der Verzweigungsschnitt.(Abb.6.1)

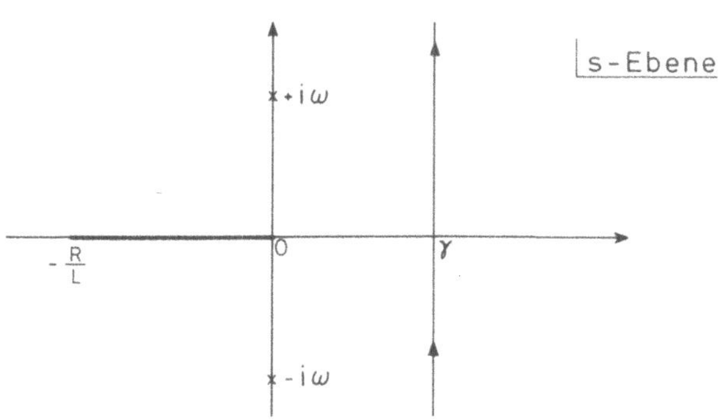

Abb.6.1 Integrationsweg und Verzeigungsschnitt
in der s-Ebene

Weiter gilt

$$\left[s^2 + \frac{R}{L} s \right]^{1/2} \to s \quad \text{für} \quad |s| \to \infty.$$

Für $t < \dfrac{x}{c_0}$ kann der Integrationsweg durch einen großen Halbkreis in der rechten s-Halbebene geschlossen werden. Nach dem Cauchyschen Satz folgt dann sofort, daß $U(x,t) = 0$ ist. Das bedeutet, daß kein Signal sich schneller als mit der Geschwindigkeit c_0 ausbreiten kann. Dieses Ergebnis ist unabhängig von dem bei $x = 0$ angelegten Signal, da das Argument der Exponentialfunktion im Integranden von (6.13) nur von den Größen der Übertragungsleitung abhängt.

Wir wollen nun zeigen, daß jeder Punkt x auf der Übertragungsleitung zum Zeitpunkt $t = x/c_0$ eine Störung erleidet. Damit ist dann gezeigt, daß c_0 in der Tat die Geschwindigkeit ist, mit der sich die Anfangsstörung ausbreitet. Dazu setzen wir

$$t = x/c_0 + \tau \quad \text{mit} \quad \tau \ll 1 \quad \text{und} \quad \tau > 0,$$

und schließen den Integrationsweg von (6.13) durch einen großen Halbkreis in der

linken Halbebene. Der ganze Integrationsweg kann jetzt in einen großen Kreis mit
dem Ursprung als Mittelpunkt deformiert werden. (Abb.6.2).

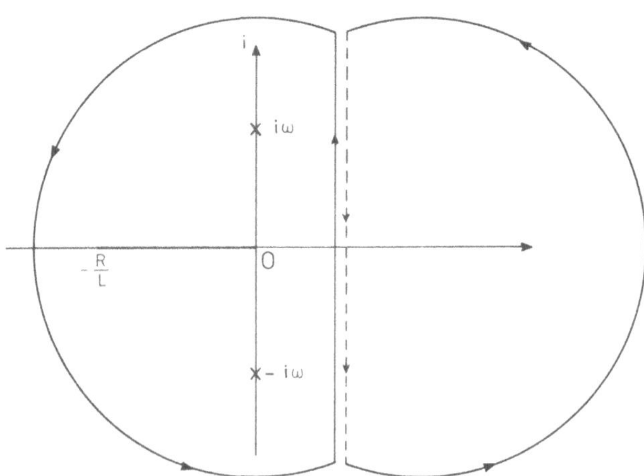

Abb.6.2 Zur Deformation des Integrationsweges in
einen Kreis im Fall $t = x/c_0 + \tau$

Wir führen nun die Substitution $s\tau = z$ durch. Damit folgt aus (6.13)

$$U\left(x, \frac{x}{c_0} + \tau\right) = \frac{U_0^{\omega\tau}}{2\pi i} \oint \frac{\exp\left[z + \frac{x}{c_0\tau}\left[z - z\left(1 + \frac{R\tau}{L}z\right)^{\frac{1}{2}}\right]\right]}{z^2 + \omega^2\tau^2} \, dz . \tag{6.14}$$

Nun nehmen wir in (6.14) den Einheitskreis um den Ursprung als Integrationsweg.
Das ist möglich, wenn wir $\omega\tau < 1$ und $(R\tau)/L < 1$ wählen. Dann ist $|z| = 1$ auf die-
sem Kreis, und der Integrand in (6.14) kann sowohl im Nenner als auch im Exponenten in eine Reihe entwickelt werden, in der wir dann wegen $\tau \ll 1$ die höheren
Glieder vernachlässigen:

$$U\left(x, \frac{x}{c_0} + \tau\right) \approx \frac{U_0^{\omega\tau}}{2\pi i} \oint \frac{1}{z^2}\left(1 + \frac{\omega^2\tau^2}{z^2}\right)\exp\left[z - \frac{xR}{2Lc_0}\right] dz$$

$$\approx U_0^{\omega\tau} \exp\left[-x\frac{R}{2Lc_0}\right] . \tag{6.15}$$

Dieser Ausdruck ist für $\tau > 0$ von Null verschieden, d.h. das Signal kommt in der
Tat mit der Geschwindigkeit c_0 an. Wir wollen nun mit Hilfe der Sattelpunktsmethode

den Charakter des Signals für große Entfernungen x untersuchen. Auf jeden Fall wird sich dieses Signal mit einer Geschwindigkeit ausbreiten, die kleiner als c_0 ist. Wir setzen

$$t = \frac{\xi x}{c_0} \quad \text{mit festem} \quad \xi > 1.$$

Dann hat der Exponent in (6.13) die Form

$$\frac{x}{c_0} \left[\xi s - \left(s^2 + \frac{R}{L} s \right)^{\frac{1}{2}} \right], \tag{6.16}$$

und er hat einen Sattelpunkt bei

$$s = \frac{R}{2L} \left[-1 \pm \frac{\xi}{(\xi^2 - 1)^{1/2}} \right]. \tag{6.17}$$

Wir bezeichnen die beiden reellen Sattelpunkte mit α und β. Der Sattelpunktsweg durch α erweist sich als eine Ellipse, die auch durch β geht (Abb.6.3). Sie hat ihre Brennpunkte in 0 und $-R/L$. Auf dieser Ellipse hat der Realteil des Exponenten (6.16) bei α ein Maximum und fällt monoton längs der beiden möglichen Wege auf der Ellipse nach β. Die Ellipse schneidet die imaginäre Achse bei

$$s = \pm \frac{iR}{2L\xi\sqrt{\xi^2 - 1}}. \tag{6.18}$$

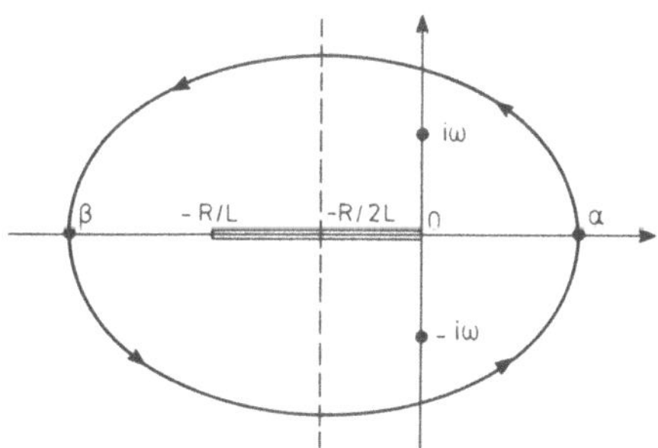

Abb.6.3 Sattelpunktsweg in der s-Ebene

Ist ξ nur wenig größer als 1, dann ist auch $t/(x/c_0)$ nur wenige größer als 1, und die Sattelpunkte α und β liegen nach (6.17) weit vom Ursprung weg. Dann liegen die Pole $s = \pm i\omega$ von (6.13) im Inneren der Ellipse. Der ursprüngliche Weg von (6.13) kann über den Kreis (Abb.6.2) in den Sattelpunktsweg durch α deformiert werden, ohne die Pole zu überschreiten. Der einzige Beitrag zum Integral (6.13) für große x rührt dann vom Sattelpunkt α her. Wächst ξ, so wandert der Sattelpunkt α längs der reellen Achse auf den Ursprung zu. Die beiden Pole werden dabei vom Integrationsweg überstrichen. Damit ist das Integral (6.13) gleich dem Beitrag der beiden Residuen in den Polen plus dem Integral längs der Ellipse, das wieder asymptotisch ausgewertet werden kann. Der Wert von ξ, für den die Ellipse gerade durch die Pole geht, ist nach (6.18) gegeben durch

$$\xi_1 = \left[\frac{1}{2} + \frac{1}{2} \left(1 + \frac{R}{\omega^2 L^2} \right)^{1/2} \right]^{1/2} \tag{6.19}$$

Für große x liefert der Sattelpunktsbeitrag des Integrals (6.13) [2.22] einen Anteil

$$U\left(x, \xi \frac{x}{c_0} \right) \simeq \exp\left\{ - \frac{Rx}{2Lc_0} \left(\xi - \sqrt{\xi^2 - 1} \right) \right\}.$$

Dies ist für $\xi < \xi_1$ auch der einzige Anteil. Für $\xi > \xi_1$ kommt der Beitrag der Residuen aus den Polen bei $s = \pm i\omega$ hinzu. Dieser Beitrag stellt eine gedämpfte Schwingung von der Frequenz ω der Erregung bei $x = 0$ dar. Nur wenn dieser Lösungsanteil in einem Punkt x der Leitung festgestellt werden kann, ist die angelegte Frequenz ω zu messen. Deswegen erscheint es wegen $t = (\xi x)/c_0$ sinnvoll, die Geschwindigkeit $c_0/\xi_1 < c_0$ als S i g n a l g e s c h w i n d i g k e i t anzusprechen.

Neben der Signalgeschwindigkeit, die jeweils sinnvoll zu definieren ist, existiert auch noch der Begriff der E n e r g i e g e s c h w i n d i g k e i t . Der interessierte Leser sei hierzu z.B. auf Borgnis [6.9] und Broer [6.10] verwiesen.

<u>Aufgaben</u>

<u>6.1.</u> Man leite die Telegraphengleichung (6.10) her.

<u>6.2.</u> Man zeige, daß (6.11) Lösung von (6.10) ist.

<u>6.3.</u> Man verifiziere die Lösung (6.13).

<u>6.4.</u> Man zeige, daß die Sattelpunkte von (6.16) durch (6.17) gegeben sind.

6.5. Man zeige, daß der Sattelpunktsweg von (6.13) eine Ellipse der Form

$$\frac{\beta^2}{\left(\dfrac{R}{4L}\right)^2} + \frac{\left(\alpha + \dfrac{R}{2L}\right)^2}{\left(\xi\,\dfrac{R}{2L}\right)^2} = 1$$

ist.

6.6. Man berechne den Sattelpunktsbeitrag des Integrals (6.13) in $s = \alpha$.

6.7. Man berechne den gesamten Residuenbeitrag von (6.13).

6.8. Zwei in gleicher Richtung linear polarisierte Wellen gleiche Amplitude unterscheiden sich um die kleine Frequenzdifferenz Δf. Sie bewegen sich in einem Medium, in dem die Ausbreitungsgeschwindigkeit mit der Frequenz abnimmt. Mit welcher Geschwindigkeit pflanzt sich die aus beiden Wellen entstehende Überlagerungsfigur fort?

6.9. Unter gewissen Bedingungen wird das Produkt aus Phasengeschwindigkeit v_p und Gruppengeschwindigkeit v_g gleich dem Quadrat der Lichtgeschwindigkeit. Wie muß für diesen Fall die Beziehung $v = v(\omega)$ lauten?

6.10. In einem Medium sei der Brechungsindex gegenüber Vakuum für eine Frequenz von 9,9 MHz gleich 0,87 und für 10,3 MHZ gleich 0,88. Wie groß ist v_g im Vergleich zu v_p, wenn man zwischen den angegebenen Werten linear interpoliert?

Literatur

6.1 A. Erdélyi: Asymptotic Expansions (Dover publications, New York 1956)

6.2 L. Sirovich: Techniques of asymptotic analysis (Springer-Verlag, Berlin, Heidelberg, New York 1971)

6.3 L. Brillouin: Ann. d. Physik <u>44</u> (1914) 203-240

6.4 L. Brillouin: Wave propagation and group velocity (New York Academic Press, 1960)

6.5   A. Sommerfeld: Ann. d. Physik 44 (1914) 177-202

6.6   G.F. Carrier, M. Krook, C.E. Pearson: Functions of a complex variable (McGraw-Hill Book Company, New York 1966)

6.7   G. Doetsch: Einführung in die Theorie und Anwendung der Lapalce-Transformation (Birkhäuser Verlag, Basel und Stuttgart 1958)

6.8   A. Sommerfeld: Vorlesungen über Theoretische Physik, Bd. III, Elektrodynamik (Akademische Verlagsgesellschaft Geest & Portig, Leipzig 1964)

6.9   F. Borgnis: Z. f. Physik 117 (1941) 642-650

6.10 L.J.F. Broer: Appl. sci. Res. A2 (1951) 329-344

6.11 G. Mierdel, S. Wagner: Aufgaben zur theoretischen Elektrotechnik (Dr. Alfred Hüthig Verlag, Heidelberg 1960)

6.12 T. Kahan, G. Eckart: Rev. Scient. 87 (1949) 3-24

7. Eindeutigkeitsfragen

Aus speziellen Lösungen der Schwingungsgleichung, den sogen. Grundlösungen, deren
asymptotisches Verhalten physikalisch interpretierbar ist, werden Forderungen an
die allgemeinen Lösungen der Schwingungsgleichung abgeleitet, die sogen. Einstrah-
lungs- und Ausstrahlungsbedingungen. Entsprechende Bedingungen für die elektromagnetischen Felder lassen sich mit Hilfe einer verallgemeinerten Greenschen Formel und des Huygensschen Prinzips angeben. Dabei erhalten wir gleichzeitig eine
Darstellung für die elektromagnetischen Felder im homogenen Raum bei vorgegebenen Quellen im Endlichen. Die gewonnenen Ausstrahlungsbedingungen werden dann
diskutiert und ihre gegenseitigen Beziehungen untersucht. Ihre eigentliche Bedeutung
zeigen die Ausstrahlungsbedingungen bei der anschließenden Untersuchung der Eindeutigkeit von Lösungen der Schwingungsgleichung bzw. der Maxwellschen Gleichungen.

7.1 Grundlösungen der Schwingungsgleichung

Nachdem wir die Lösung der Maxwellschen Gleichungen prinzipiell auf die Lösung
der Schwingungsgleichung

$$[\Delta + k^2]u(r) = 0 \tag{7.1}$$

zurückgeführt haben, wollen wir hier deren spezielle Lösungen untersuchen und aus
ihrem Verhalten Schlüsse auf das Verhalten allgemeinerer Lösungen ziehen. Gl.(7.1)
und speziell die mit ihr zusammenhängende Theorie der Randwertaufgaben für endliche Gebiete ist mit großer Vollständigkeit von Müller [7.1] und Kupradse [7.2] behandelt worden. Für weitergehende Informationen verweisen wir deswegen den Leser
auf diese ausgezeichneten Darstellungen.

Eine besondere Rolle spielen die speziellen Lösungen von (7.1), die in einem
Punkt $Q(\xi,\eta,\zeta)$, dem sogen. Quellpunkt, eine Singularität haben und nur von der
Entfernung zwischen Q und einem Aufpunkt $P(x,y,z)$ abhängen. Bezeichnen wir diesen
sen Abstand mit $r = r(P,Q)$, so genügt eine derartige Lösung $V(r)$ außerhalb des
Quellpunktes der Differentialgleichung (siehe Anhang 13.3)

$$\left[\frac{d^2}{dr^2} + \frac{n-1}{r}\,\frac{d}{dr} + k^2\right]V(r) = 0, \tag{7.2}$$

wobei in der Ebene $n = 2$ und im Raum $n = 3$ ist. (Wir werden in diesem Abschnitt
ebene und räumliche Probleme nebeneinander behandeln und halten uns dabei eng an
Kupradse [7.2].)

Das allgemeine Integral von (7.2) lautet [7.3]

$$V(r) = \frac{1}{r^m}\left[a\mathcal{H}_m^{(1)}(kr) + b\mathcal{H}_m^{(2)}(kr)\right], \quad m = \frac{n-2}{2}\;; \tag{7.3}$$

Dabei sind a und b Konstanten, $\mathcal{H}_m^{(1)}$ und $\mathcal{H}_m^{(2)}$ die Hankelschen Funktionen m-ter
Ordnung erster und zweiter Art. Für $n = 3$ $(m = 1/2)$ haben wir die Funktionen

$$\mathcal{H}_{1/2}^{(1)}(kr) = -i\left(\frac{2}{\pi}\right)^{1/2}\frac{\exp[ikr]}{(kr)^{1/2}}$$

und $\tag{7.4}$

$$\mathcal{H}_{1/2}^{(2)}(kr) = i\left(\frac{2}{\pi}\right)^{1/2}\frac{\exp[-ikr]}{(kr)^{1/2}}\;.$$

Für jeden Index m, insbesondere auch für $m = 0$ $(n = 2)$ lassen sich die Hankelschen Funktionen als Linearkombinationen von Besselfunktionen $\mathcal{J}_m$ und Neumann-
funktionen η_m darstellen:

$$\mathcal{H}_0^{(1)}(kr) = \mathcal{J}_0(kr) + i\eta_0(kr),$$

$$\tag{7.5}$$

$$\mathcal{H}_0^{(2)}(kr) = \mathcal{J}_0(kr) - i\eta_0(kr).$$

Hierbei ist

$$\mathcal{J}_0(x) = \sum_{\nu=0}^{\infty} (-1)^\nu\,\frac{\left(\frac{x}{2}\right)^\nu}{\nu!\,\Gamma(\nu+1)} \tag{7.6a}$$

und

$$\eta_0(x) = \frac{2}{\pi} \mathcal{I}_0(x)\ln\left(\frac{x}{2}\right) - \frac{2}{\pi} \sum_{\nu=0}^{\infty} (-1)^\nu \frac{\left(\frac{x}{2}\right)^{2\nu} \Gamma'(\nu+1)}{(\nu!)^2 \Gamma(\nu+1)} . \tag{7.6b}$$

Aus (7.4-6) folgt, daß für $a \neq b$ der Ausdruck (7.3) eine Lösung von (7.1) darstellt, die im Punkt $P = Q$ ($r = 0$) singulär wird und zwar für $n = 3$ wie r^{-1} und für $n = 2$ wie $\ln(r^{-1})$. Solche Lösungen werden wir mit Kupradse Grundlösungen nennen. Wir sehen, daß für $r \to 0$ die Grundlösungen von (7.1) die gleichen Singularitäten wie die entsprechenden Grundlösungen der Laplace-Gleichung $\Delta u(r) = 0$ für $n = 2$ und $n = 3$ haben.

Für $r \to \infty$ hingegen ist diese Analogie nicht vorhanden! Zunächst stellen wir fest, daß (7.1) Lösungen zuläßt, die im Unendlichen verschwinden, nirgends Singularitäten haben und nicht identisch Null sind. Solche Lösungen erhalten wir aus (7.3) für $a = b$, also z.B. für $n = 3$ die Funktion

$$V(r) = \text{const} \frac{\sin(kr)}{r} .$$

Dies ist ein bemerkendwertes Abweichen vom Verhalten von Lösungen der Laplace-Gleichung, den sogenannten harmonischen Funktionen, für die bekanntlich der Satz gilt (Spezialfall des Satzes von Liouville) [7.4]: Die einzige im ganzen Raum reguläre harmonische Funktion, die im Unendlichen verschwindet, ist identisch Null. Für physikalische Vorgänge, die durch die Schwingungsgleichung (7.1) in einem unbeschränkten Gebiet des Raumes beschrieben werden, beweist das Vorhandensein von regulären Lösungen, die nicht identisch Null sind und im Unendlichen verschwinden, die Existenz von Eigenschwingungen (freie, nicht erzwungene Schwingungen) des ins Unendliche erstreckten Gebietes. Ihnen entsprechen reguläre Lösungen von (7.1) in einem beschränkten Gebiet, die am Rand gleich Null werden. Jedoch gibt es, während für das unendliche Gebiet freie Schwingungen für jeden Wert von k auftreten, Eigenschwingungen für endliche Gebiete nur für eine Frequenzfolge, d.h. nur für spezielle k-Werte [7.5]. (Man denke an eine beidseitig eingespannte Saite.) Diese k-Werte heißen Eigenwerte; sie liefern die Eigenfrequenzen der Eigenschwingungen, und man spricht von einem kontinuierlichen bzw. diskreten Eigenwertspektrum.

Wir treffen bei der Untersuchung der Lösungen von (7.1) also auf physikalische Vorgänge, die durch Vorgabe der Ursache und der Bedingung, im Unendlichen zu verschwinden, nicht eindeutig bestimmt sind. Zu dem physikalischen Geschehen, das durch das Auftreten von Quellen entsteht, kommen bei unbeschränkten Gebieten die Eigenschwingungen mit beliebigen Frequenzen hinzu.

Wir untersuchen nun eine Lösung der Wellengleichung

$$\left[\Delta - \varepsilon\mu \frac{\partial^2}{\partial t^2} \right] v(r,t) = 0 \tag{7.7}$$

von der Form

$$v(r,t) = \text{Re}\{\exp[-i\omega t]u(r)\}. \tag{7.8}$$

Setzen wir $v(r,t)$ in (7.7) ein, so erhalten wir für $u(r)$ bekanntlich die Schwingungsgleichung (7.1). Jeder Lösung von (7.1) ist über (7.8) eine reelle Lösung von (7.7) zugeordnet, die dann eine Schwingung der Frequenz ω darstellt. Je nach Wahl von $u(r)$ in (7.8) erhalten wir eine stehende oder fortschreitende Welle. So ergeben sich für $n = 2$, wenn wir für u eine der Funktionen (in den Zylinderkoordinaten (ρ,φ,z))

$$u(x,y) = \mathscr{J}_p(k\rho) \begin{cases} \cos p\varphi \\ \\ \sin p\varphi \end{cases}$$

wählen, die Lösungen

$$v(x,y,t) = \cos \omega t\, \mathscr{J}_p(k\rho) \begin{cases} \cos p\varphi \\ \\ \sin p\varphi \end{cases} .$$

Sie stellen **stehende Wellen** dar, freie Schwingungen des Raumes mit konstanter Frequenz.

Betrachten wir jedoch

$$v(x,y,t) = \text{Re}\left\{ \exp[-i\omega t]\mathscr{H}_p^{(1)}(k\rho) \right\},$$

so erhalten wir unter Berücksichtigung der für die Hankel-Funktionen geltenden Asymptotiken [7.3]

$$\varkappa_p^{(1)(2)}(k\rho) = \left(\frac{2}{\pi k\rho}\right)^{1/2} \exp\left[\pm i\left(k\rho - \frac{2p+1}{4}\pi\right)\right][1 + O(\rho^{-1})] \qquad (7.9)$$

für große Werte des Arguments

$$v(x,y,t) = \left(\frac{2}{\pi k\rho}\right)^{1/2} \cos\left(k\rho - \frac{2p+1}{4}\pi - \omega t\right)[1 + O(\rho^{-1})].$$

(Die Symbole o und O sind im Anhang 13.2 erklärt.)

Diese Lösung stellt eine in Richtung wachsender ρ fortschreitende Welle dar (d i v e r g e n t e   W e l l e).

Bilden wir mit $\varkappa_p^{(2)}(k\rho)$ analog eine Lösung von (7.7), so erhalten wir die in Richtung abnehmender ρ fortschreitende Welle

$$v(x,y,t) = \left(\frac{2}{\pi k\rho}\right)^{1/2} \cos\left(k\rho - \frac{2p+1}{4}\pi + \omega t\right)[1 + O(\rho^{-1})],$$

d.h. eine Welle, die aus dem Unendlichen kommt (k o n v e r g e n t e   W e l l e).

Bei der dreidimensionalen Schwingungsgleichung entsprechen den vier oben betrachteten Lösungen die Ausdrücke

$$\frac{\sin(kr)}{r} \;,\quad \frac{\cos(kr)}{r} \;,\quad \frac{\exp[ikr]}{r} \;,\quad \frac{\exp[-ikr]}{r} \;,$$

die nach (7.8) zwei stehende und zwei fortschreitende Wellen ergeben. Dabei gehört zu der fortschreitenden divergenten Welle die Lösung

$$v(r,t) = \mathrm{Re}\left\{\exp[-i\omega t]\,\frac{\exp[ikr]}{r}\right\} = \frac{\cos(kr - \omega t)}{r}\;.$$

Die fortschreitende konvergente Welle hingegen ist

$$v(r,t) = \mathrm{Re}\left\{\exp[-i\omega t]\,\frac{\exp[-ikr]}{r}\right\} = \frac{\cos(kr + \omega t)}{r}\;.$$

Durch Überlagerung aus diesen theoretisch gleichberechtigten Lösungen können stehende Wellen von zweierlei Art entstehen: freie und erzwungene Wellen. Wir sehen nämlich, wenn wir die Summe

$$\frac{1}{2r}\left[\cos(kr - \omega t) + \cos(kr + \omega t)\right] = \frac{\cos \omega t \cos kr}{r}$$

bilden, daß wir es mit einer Lösung zu tun haben, die eine Singularität in $r = 0$ und eine feststehende Phase hat. Die Kugeln gleicher Phase um $r = 0$ sind fest. Physikalisch entsprechen diesen Lösungen stehende erzwungene Schwingungen mit dem Ursprung in $r = 0$. Bilden wir die Differenz

$$\frac{1}{2r}\left[\cos(kr - \omega t) - \cos(kr + \omega t)\right] = \frac{\sin \omega t \sin kr}{r} \, ,$$

so erhalten wir stehende freie (nicht erzwungene) Schwingungen. Bei den Problemen der Physik, bei denen wir solche freien Schwingungen nicht zulassen dürfen, insbesondere also bei Ausbreitungsvorgängen, müssen diese Integrale der Wellengleichung ausgeschlossen werden. Physikalisch ist dies gleichbedeutend mit der Voraussetzung der Ruhe im Unendlichen. Untersuchen wir Lösungen der Wellengleichung bzw. Schwingungsgleichung, die den obigen Ausführungen entsprechend einen physikalischen Sinn haben, so müssen wir an die Integrale dieser Gleichungen eine weitere wesentliche Forderung stellen, die nach Sommerfeld [7.6] A u s s t r a h l u n g s b e d i n g u n g heißt. Diese Bedingung bezieht sich auf das Verhalten der Lösungen im Unendlichen.

7.2 Die Sommerfeldschen Ausstrahlungsbedingungen für die skalare Schwingungsgleichung

Bei den folgenden Ausführungen werden wir für die Funktion $u(r)$, die der Schwingungsgleichung (7.1) genügt und für den Parameter k ausdrücklich komplexe Werte zulassen. Wir setzen

$$k = \beta + i\alpha. \qquad (7.10)$$

Alle Lösungen von (7.1), die nur vom Abstand r zwischen Quellpunkt und Aufpunkt abhängen, sind durch (7.3) gegeben. Wir bilden nun mit den den konvergenten bzw. divergenten Wellen zuzuordnenden Lösungen die Ausdrücke

$$r^{m+\frac{1}{2}}\left[\frac{\partial}{\partial r}\mathcal{H}_m^{(1)}(kr) - ik\,\mathcal{H}_m^{(1)}(kr)\right]$$

und

$$r^{m+\frac{1}{2}}\left[\frac{\partial}{\partial r}\mathscr{H}_m^{(2)}(kr) + ik\,\mathscr{H}_m^{(2)}(kr)\right],$$

benutzen die Formeln [7.3]

$$\frac{d}{dx}Z_m(x) = -\frac{m}{x}Z_m(x) - Z_{m-1}(x), \quad \frac{d}{dx}Z_0(x) = -Z_1(x)$$

für die Differentiation einer Zylinderfunktion $Z_m(x)$, und bilden mit den Asymptotiken (7.9) den Limes $r \to \infty$. Dann erhalten wir für $n = 2$ $(m = 0)$

$$\lim_{r \to \infty} r^{1/2}\left[\frac{\partial}{\partial r}\mathscr{H}_0^{(1)}(kr) - ik\,\mathscr{H}_0^{(1)}(kr)\right] =$$

$$\lim_{r \to \infty} r^{1/2}\left[-k\,\mathscr{H}_1^{(1)}(kr) - ik\,\mathscr{H}_0^{(1)}(kr)\right] =$$

$$\lim_{r \to \infty} r^{1/2}\left\{-k\left(\frac{2}{\pi kr}\right)^{1/2}\exp\{ikr\}[(i^{-3/2} + i^{1/2}) + O(r^{-1})]\right\} = 0 \quad \text{für} \quad \alpha \geqslant 0$$

und

$$\lim_{r \to \infty} r^{1/2}\left[\frac{\partial}{\partial r}\mathscr{H}_0^{(2)}(kr) + ik\,\mathscr{H}_0^{(2)}(kr)\right] =$$

$$\lim_{r \to \infty} r^{1/2}\left\{-k\left(\frac{2}{\pi kr}\right)^{1/2}\exp[-ikr][(i^{3/2} - i^{3/2}) + O(r^{-1})]\right\} = 0 \quad \text{für} \quad \alpha \leqslant 0.$$

Für $n = 3$ $(m = 1/2)$ ergibt sich

$$\lim_{r \to \infty} r\left[\frac{\partial}{\partial r}\frac{\exp[ikr]}{r} - ik\frac{\exp[ikr]}{r}\right] =$$

$$\lim_{r \to \infty} -\frac{\exp[ikr]}{r} = 0 \qquad \text{für} \qquad \alpha \geqslant 0$$

und

$$\lim_{r \to \infty} r\left[\frac{\partial}{\partial r}\frac{\exp[-ikr]}{r} + ik\frac{\exp[-ikr]}{r}\right] =$$

$$\lim_{r \to \infty} -\frac{\exp[-ikr]}{r} = 0 \qquad \text{für} \qquad \alpha \leqslant 0.$$

Mit Hilfe der Symbole O und o, die im Abschnitt 13.2 erklärt sind, können wir
diesen Sachverhalt folgendermaßen ausdrücken:

Für n = 2

$$\frac{\partial}{\partial r}\varkappa_0^{(1)}(kr) - ik\,\varkappa_0^{(1)}(kr) = \exp[ikr]O(r^{-3/2}) \qquad \text{für} \quad \alpha \geqslant 0,$$

$$\frac{\partial}{\partial r}\varkappa_0^{(2)}(kr) + jk\,\varkappa_0^{(2)}(kr) = \exp[-ikr]O(r^{-3/2}) \quad \text{für} \quad \alpha \leqslant 0.$$

Für n = 3

$$\frac{\partial}{\partial r}\frac{\exp[ikr]}{r} - ik\frac{\exp[ikr]}{r} = \exp[ikr]O(r^{-2}) \qquad \text{für} \quad \alpha \geqslant 0,$$

$$\frac{\partial}{\partial r}\frac{\exp[-ikr]}{r} + ik\frac{\exp[-ikr]}{r} = \exp[-ikr]O(r^{-2}) \quad \text{für} \quad \alpha \leqslant 0.$$

Diese Bedingungen geben Auskunft über das Verhalten der Grundlösungen und ihrer
Ableitungen in gewissen Linearkombinationen in der Umgebung des unendlich fernen
Punktes. Wir lassen nun im folgenden nur Lösungen von (7.1) zu, die dasselbe Verhalten wie die den konvergenten bzw. divergenten Wellen entsprechenden Grundlösungen im Unendlichen zeigen, d.h. wir fordern, daß Lösungen der Schwingungsgleichung (7.1) den folgenden Bedingungen zu genügen haben:

Für n = 2

$$\frac{\partial}{\partial r}u(r) - ik\,u(r) = \exp[ikr]O(r^{-3/2}) \qquad \text{für} \quad \alpha \geqslant 0,$$

$$\frac{\partial}{\partial r}u(r) + ik\,u(r) = \exp[-ikr]O(r^{-3/2}) \quad \text{für} \quad \alpha \leqslant 0. \tag{7.11}$$

Für n = 3

$$\frac{\partial}{\partial r}u(r) - ik\,u(r) = \exp[ikr]o(r^{-1}) \qquad \text{für} \quad \alpha \geqslant 0,$$

$$\frac{\partial}{\partial r}u(r) + ik\,u(r) = \exp[-ikr]o(r^{-1}) \quad \text{für} \quad \alpha \leqslant 0. \tag{7.12}$$

Eine besondere Bedeutung haben diese Bedingungen für reelles k $(\alpha = 0)$, was einer
Ausbreitung in einem verlustlosen Medium entspricht. Dann lauten sie für n = 3

90

$$\frac{\partial}{\partial r} u(r) - ik\, u(r) = o(r^{-1}),$$

$$\frac{\partial}{\partial r} u(r) + ik\, u(r) = o(r^{-1}), \tag{7.13}$$

und man nennt sie nach Sommerfeld A u s s t r a h l u n g s - bzw. E i n s t r a h l u n g s -
b e d i n g u n g .

Häufig finden wir für (7.13) auch die Schreibweise

$$\lim_{r \to \infty} r \left[\frac{\partial}{\partial r} u(r) \mp ik\, u(r) \right] = 0,$$

$$u(r) = o(1) \quad \text{für} \quad r \to \infty . \tag{7.14}$$

Dann ist zu beachten, daß der Grenzübergang für $r \to \infty$ in jeder Richtung bei beliebiger Wahl des Quellpunktes gleichmäßig ist. Man nennt die erste der Gleichungen
(7.14) kurz A u s s t r a h l u n g s b e d i n g u n g und bezeichnet die zweite als E n d -
l i c h k e i t s b e d i n g u n g . Wie Rellich [7.7] gezeigt hat, ist die Endlichkeitsbedin-
gung als zusätzliche Forderung allerdings überflüssig, denn sie ist automatisch erfüllt, wenn die Ausstrahlungsbedingung gilt. Die Bedeutung der Ausstrahlungsbedingung liegt darin, daß sie in der Schar der Lösungen der Schwingungsgleichung die
physikalisch sinnvollen Lösungen kennzeichnet, die Eigenschwingungen des unbeschränkten Raumes also ausschließt. Mathematisch gesehen sichert sie die E i n -
deutigkeit der Lösung, denn es gilt der Satz: E i n e   i m   g a n z e n   R a u m   r e g u -
l ä r e   L ö s u n g   d e r   S c h w i n g u n g s g l e i c h u n g ,   d i e   i m   U n e n d l i c h e n
e i n e r   A u s s t r a h l u n g s b e d i n g u n g   g e n ü g t ,   i s t   i d e n t i s c h   N u l l . Einen
Beweis dieses Satzes bringen wir am Ende dieses Kapitels.

Es fragt sich nun, ob es möglich ist, für die elektromagnetischen Felder direkt eine Ausstrahlungsbedingung anzugeben. Dies ist, wie Müller [7.8] ausgeführt
hat, in der Tat möglich. Es bedarf dazu allerdings noch einiger Vorbereitungen, die
wir in den nächsten Abschnitten treffen werden.

7.3 <u>Das Huygenssche Prinzip</u>

Zur Herleitung des Huygensschen Prinzips folgen wir Darstellungen von Stratton und Chu [7.9] und Müller [7.8].

Sind $\vec{M}(\vec{r})$ und $\vec{N}(\vec{r})$ zwei in einem Gebiet V zweimal stetig differenzierbare Vektorfelder, so gilt nach der Formel

$$\text{div}[\vec{N}(\vec{r}) \times \vec{M}(\vec{r})] = \vec{M}(\vec{r}) \cdot \text{rot } \vec{N}(\vec{r}) - \vec{N}(\vec{r}) \cdot \text{rot } \vec{M}(\vec{r})$$

und dem Satz von Gauß

$$\iiint\limits_{V} \text{div}[\vec{N}(\vec{r}) \times \text{rot } \vec{M}(\vec{r})] dV = \iiint\limits_{V} [\text{rot } \vec{M}(\vec{r}) \cdot \text{rot } \vec{N}(\vec{r}) - \vec{N}(\vec{r}) \cdot \text{rot rot } \vec{M}(\vec{r})] dV$$

$$= \oiint\limits_{A} [\vec{N}(\vec{r}) \times \text{rot } \vec{M}(\vec{r})] \cdot d\vec{A}, \tag{7.15}$$

wobei $d\vec{A} = \vec{n}\ dA$ das ins Äußere weisende Flächenelement der Randfläche A des Gebietes V ist; $\vec{n}$ ist die ins Äußere weisende Normale auf A.

Durch Vertauschung von $\vec{N}(\vec{r})$ und $\vec{M}(\vec{r})$ in (7.15) und nachfolgende Subtraktion der entsprechenden Gleichungen erhalten wir

$$\iiint\limits_{V} [\vec{N}(\vec{r}) \cdot \text{rot rot } \vec{M}(\vec{r}) - \vec{M}(\vec{r}) \cdot \text{rot rot } \vec{N}(\vec{r})] dV =$$

$$\oiint\limits_{A} [\vec{M}(\vec{r}) \times \text{rot } \vec{N}(\vec{r}) - \vec{N}(\vec{r}) \times \text{rot } \vec{M}(\vec{r})] \cdot d\vec{A}. \tag{7.16}$$

Dieser Ausdruck kann als V e r a l l g e m e i n e r u n g   d e r   G r e e n s c h e n   F o r m e l   a u f   V e k t o r f u n k t i o n e n aufgefaßt werden.

Es sollen im Inneren von V die Maxwellschen Gleichungen

$$\text{rot } \vec{H}(\vec{r}) + i\omega\varepsilon\, \vec{E}(\vec{r}) = \vec{J}_e(\vec{r}),$$

$$\text{rot } \vec{E}(\vec{r}) - i\omega\mu\, \vec{H}(\vec{r}) = -\vec{J}_{me}(\vec{r}) \tag{7.17}$$

mit ε = const und μ = const gelten, und weiter nach (3.19,26)

$$\operatorname{div} \vec{J}_e(\vec{r}) = i\omega\rho(\vec{r}) \quad , \quad \operatorname{div} \vec{J}_{me}(\vec{r}) = i\omega\rho_m(\vec{r}) . \tag{7.18}$$

Wir setzen nun in (7.16) $\vec{N}(\vec{r}) = \vec{E}(\vec{r})$ und $\vec{M}(\vec{r}) = \vec{a}\,\Phi(R)$, wobei

$$\Phi(R) = \frac{\exp[ikR]}{R} , \tag{7.19}$$

$$R^2 = \sum_{i=1}^{3} (x_i - y_i)^2 = |\vec{r} - \vec{y}|^2 , \tag{7.20}$$

$\vec{a}$ ein **beliebiger** konstanter Vektor, $\vec{r} = \{x_1, x_2, x_3\}$ der Aufpunkt und $\vec{y} = \{y_1, y_2, y_3\}$ der Quellpunkt ist.

Damit wir (7.16) anwenden können, müssen wir den Punkt $\vec{r} = \vec{y}$ durch eine kleine Kugel aus dem Integrationsgebiet aussparen. Es sei $V_k(d)$ die Menge aller Punkte $\vec{y}$, für die

$$|\vec{r} - \vec{y}| \leq d \tag{7.21}$$

gilt. Die Randfläche von $V_k(d)$ heiße $A_k(d)$. Dann gilt

$$\iiint\limits_{V-V_k(d)} [\vec{E}(\vec{y}) \cdot \operatorname{rot} \operatorname{rot}(\vec{a}\,\Phi(R)) - \vec{a}\,\Phi(R) \cdot \operatorname{rot} \operatorname{rot} \vec{E}(\vec{y})]dV =$$

$$\oiint\limits_{A+A_k(d)} [\vec{a}\,\Phi(R) \times \operatorname{rot} \vec{E}(\vec{y}) - \vec{E}(\vec{y}) \times \operatorname{rot}(\vec{a}\,\Phi(R))] \cdot d\vec{A} . \tag{7.22}$$

Die Vektoroperationen in den Integranden beziehen sich auf die Quellpunktskoordinaten, ebenso die Integration selbst.

Nach (7.17) gilt

$$\operatorname{rot} \operatorname{rot} \vec{E}(\vec{y}) = \operatorname{rot}[i\omega\mu \vec{H}(\vec{y}) - \vec{J}_{me}(\vec{y})] - i\omega\mu[\vec{J}_e(\vec{y}) - i\omega\varepsilon \vec{E}(\vec{y})] - \operatorname{rot} \vec{J}_{me}(\vec{y})$$

$$= k^2\vec{E}(\vec{y}) + i\omega\mu \vec{J}_e(\vec{y}) - \operatorname{rot} \vec{J}_{me}(\vec{y}) . \tag{7.23}$$

Ferner gilt

$$\mathrm{rot}[\vec{a}\,\Phi(R)] = \Phi(R)\,\mathrm{rot}\,\vec{a} - \vec{a}\times\mathrm{grad}\,\Phi(R) = \mathrm{grad}\,\Phi(R)\times\vec{a} \qquad (7.24)$$

und

$$\mathrm{rot}\,\mathrm{rot}[\vec{a}\,\Phi(R)] = \mathrm{grad}\,\mathrm{div}[\vec{a}\,\Phi(R)] - \Delta[\vec{a}\,\Phi(R)] = \mathrm{grad}\,\mathrm{div}[\vec{a}\,\Phi(R)] + k^2\vec{a}\,\Phi(R).$$

$$(7.25)$$

Dabei haben wir die Tatsache benutzt, daß $\Phi(R)$ außerhalb $V_k(d)$ der Schwingungs-gleichung (7.1) genügt. Setzen wir (7.23-25) in (7.22) ein, so erhalten wir

$$\oiint_{A+A_k(d)} [\vec{a}\,\Phi(R)\times\mathrm{rot}\,\vec{E}(\vec{y}) - \vec{E}(\vec{y})\times(\mathrm{grad}\,\Phi(R)\times\vec{a})]\cdot d\vec{A} =$$

$$\iiint_{V-V_k(d)} \{\vec{E}(\vec{y}) - [\mathrm{grad}\,\mathrm{div}(\vec{a}\,\Phi(R)) + k^2\Phi(R)\vec{a}] -$$

$$\vec{a}\,\Phi(R)[k^2\vec{E}(\vec{y}) + i\omega\mu\,\vec{J}_e(\vec{y}) - \mathrm{rot}\,\vec{J}_{me}(\vec{y})]\}dV =$$

$$\iiint_{V-V_k(d)} \{\vec{E}(\vec{y})\cdot\mathrm{grad}\,\mathrm{div}(\vec{a}\,\Phi(R)) - \vec{a}\cdot\Phi(R)i\omega\mu\,\vec{J}_e(\vec{y}) +$$

$$\vec{a}\,\Phi(R)\cdot\mathrm{rot}\,\vec{J}_{me}(\vec{y})\}dV =$$

$$\iiint_{V-V_k(d)} \{\vec{E}(\vec{y})\cdot\mathrm{grad}(\vec{a}\cdot\mathrm{grad}\,\Phi(R)) - i\omega\mu\,\Phi(R)\vec{a}\cdot\vec{J}_e(\vec{y}) +$$

$$\Phi(R)\vec{a}\cdot\mathrm{rot}\,\vec{J}_{me}(\vec{y})\}dV. \qquad (7.26)$$

Wir führen nun einige Umformungen durch. Aus

$$\iiint_{V-V_k(d)} \mathrm{div}[\vec{E}(\vec{y})(\vec{a}\cdot\mathrm{grad}\,\Phi(R)]dV = \iiint_{V-V_k(d)} \{\vec{E}(\vec{y})\cdot\mathrm{grad}[\vec{a}\cdot\mathrm{grad}\,\Phi(R)]$$

$$+ [\vec{a}\cdot\mathrm{grad}\,\Phi(R)]\mathrm{div}\,\vec{E}(\vec{y})\}dV$$

folgt

94

$$\iiint\limits_{V-V_k(d)} \vec{E}(\vec{y}) \cdot \text{grad}[\vec{a} \cdot \text{grad}\,\Phi(R)]dV = \iiint\limits_{V-V_k(d)} \{\text{div}[\vec{E}(\vec{y})(\vec{a} \cdot \text{grad}\,\Phi(R))] -$$

$$\text{div}\,\vec{E}(\vec{y})(\vec{a} \cdot \text{grad}\,\Phi(R))\}dV = \oiint\limits_{A+A_k(d)} [\vec{n} \cdot \vec{E}(\vec{y})][\vec{a} \cdot \text{grad}\,\Phi(R)]dA -$$

$$= \iiint\limits_{V-V_k(d)} \frac{1}{\varepsilon}\rho(\vec{r})[\vec{a} \cdot \text{grad}\,\Phi(R)]dV.$$

Wir erhalten so für (7.26)

$$\vec{a} \cdot \iiint\limits_{V-V_k(d)} \left\{\frac{\rho(\vec{y})}{\varepsilon}\,\text{grad}\,\Phi(R) + i\omega\mu\,\Phi(R)\vec{J}_e(\vec{y}) - \Phi(R)\text{rot}\,\vec{J}_{me}(\vec{y})\right\}dV =$$

$$\oiint\limits_{A+A_k(d)} \{[\vec{n} \cdot \vec{E}(\vec{y})][\vec{a} \cdot \text{grad}\,\Phi(R)] + \vec{n} \cdot [\vec{E}(\vec{y}) \times (\text{grad}\,\Phi(R) \times \vec{a})] -$$

$$- \vec{n}[\vec{a}\,\Phi(R) \times \text{rot}\,\vec{E}(\vec{y})]\}dA =$$

$$\vec{a} \cdot \oiint\limits_{A+A_k(d)} \{\text{grad}\,\Phi(R)[\vec{n} \cdot \vec{E}(\vec{y})] + [\vec{n} \times \vec{E}(\vec{y})] \times \text{grad}\,\Phi(R) + \Phi(R)[\vec{n} \times \text{rot}\,\vec{E}(\vec{y})]\}dA.$$

$$(7.27)$$

Gl.(7.27) muß für alle Vektoren $\vec{a}$ gültig sein. Daraus folgt

$$\oiint\limits_{A_k(d)} \{\text{grad}\,\Phi(R)[\vec{n} \cdot \vec{E}(\vec{y})] + [\vec{n} \times \vec{E}(\vec{y})] \times \text{grad}\,\Phi(R) + \Phi(R)[\vec{n} \times \text{rot}\,\vec{E}(\vec{y})]\}dA =$$

$$\iiint\limits_{V-V_k(d)} \left\{\frac{\rho(\vec{y})}{\varepsilon}\,\text{grad}\,\Phi(R) + i\omega\mu\,\Phi(R)\vec{J}_e(\vec{y}) - \Phi(R)\text{rot}\,\vec{J}_{mc}(\vec{y})\right\}dV +$$

$$- \oiint\limits_{A} \{\text{grad}\,\Phi(R)[\vec{n} \cdot \vec{E}(\vec{y})] + [\vec{n} \cdot \vec{E}(\vec{y})] \times \text{grad}\,\Phi(R) + \Phi(R)[\vec{n} \times \text{rot}\,\vec{E}(\vec{y})]\}dA.$$

$$(7.28)$$

Wir wollen nun das Flächenintegral über die Kugelfläche $A_k(d)$ berechnen. Auf $A_k(d)$ gilt

$$\text{grad}\,\Phi(R) = \left[ik - \frac{1}{d}\right]\frac{\exp[ikd]}{d}\vec{e} = \left[-ik + \frac{1}{d}\right]\frac{\exp[ikd]}{d}\vec{n}.$$

(Siehe Abb.7.1)

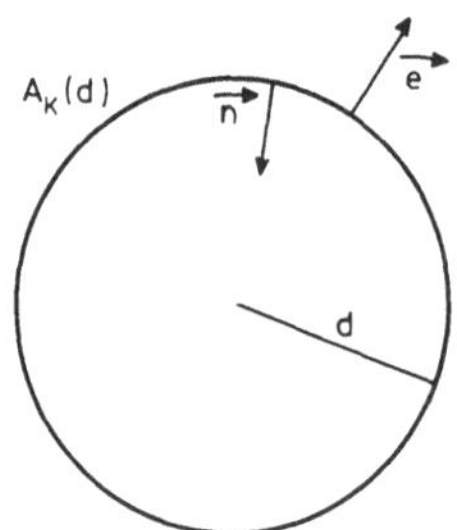

Abb.7.1 Lage der Einheitesvektoren $\vec{n}$ und $\vec{e}$ auf der Kugel $A_k(d)$

Damit können wir das Oberflächenintegral der linken Seite von (7.28) berechnen:

$$\lim_{d \to 0} \oiint_{A_k(d)} \{\operatorname{grad} \Phi(R)[\vec{n}\cdot\vec{E}(\vec{y})] + [\vec{n}\times\vec{E}(\vec{y})] \times \operatorname{grad} \Phi(R) +$$

$$\Phi(R)[\vec{n}\times\operatorname{rot}\vec{E}(\vec{y})]\}dA = 4\pi\vec{E}(\vec{r}) \ . \tag{7.29}$$

Wir erhalten so

$$\vec{E}(\vec{r}) = \frac{1}{4\pi} \iiint_V \left\{ \frac{\rho(\vec{y})}{\varepsilon} \operatorname{grad} \Phi(R) + i\omega\mu\, \Phi(R)\vec{J}_e(\vec{y}) - \Phi(R)\operatorname{rot} \vec{J}_{me}(\vec{y}) \right\} dV +$$

$$- \frac{1}{4\pi} \oiint_A \{\operatorname{grad} \Phi(R)[\vec{n}\cdot\vec{E}(\vec{y})] + [\vec{n}\times\vec{E}(\vec{y})] \times \operatorname{grad} \Phi(R) + \Phi(R)[\vec{n}\times\operatorname{rot}\vec{E}(\vec{y})]\}dA$$

$$= \frac{1}{4\pi} \iiint_V \left\{ \frac{\rho(\vec{y})}{\varepsilon} \operatorname{grad} \Phi(R) + i\omega\mu\, \Phi(R)\vec{J}_e(\vec{y}) - \Phi(R)\operatorname{rot} \vec{J}_{me}(\vec{y}) \right\} dV$$

$$- \oiint_A \{[\vec{n}\cdot\vec{E}(\vec{y})]\operatorname{grad} \Phi(R) + [\vec{n}\times\vec{E}(\vec{y})]\times\operatorname{grad} \Phi(R) + \Phi(R)[\vec{n}\times(i\omega\mu\vec{H}(\vec{y}) - \vec{J}_{me}(\vec{y}))]\}d$$

$$= \frac{1}{4\pi} \iiint_V \left\{ \frac{\rho(\vec{y})}{\varepsilon} \operatorname{grad} \Phi(R) + i\omega\mu\, \Phi(R)\vec{J}_e(\vec{y}) - \Phi(R)\operatorname{rot} \vec{J}_{me}(\vec{y}) \right\} dV +$$

$$- \frac{1}{4\pi} \oiint_A \{[\vec{n}\cdot\vec{E}(\vec{y})]\operatorname{grad} \Phi(R) + [\vec{n}\times\vec{E}(\vec{y})] \times \operatorname{grad} \Phi(R)$$

$$+ i\omega\mu[\vec{n}\times\vec{H}(\vec{y})]\Phi(R) - \vec{n}\times\vec{J}_{me}(\vec{y})\Phi(R)\}dA \ . \tag{7.30}$$

Zur endgültigen Umformung von (7.30) wenden wir die Formel

$$\oiint\limits_{A} \vec{M}(\vec{r}) \times d\vec{A} = - \iiint\limits_{V} \text{rot } \vec{M}(\vec{r}) dV$$

an, die sich aus dem verallgemeinerten Gaußschen Integralsatz [7.10] ergibt. Danach gilt

$$\iiint\limits_{V} \text{rot}[\vec{J}_{me}(\vec{y})\Phi(R)] dV = \iiint\limits_{V} \{\Phi(R)\text{rot } \vec{J}_{me}(\vec{y}) - \vec{J}_{me}(\vec{y}) \times \text{grad } \Phi(R)\} dV$$

$$\tag{7.31}$$

$$= - \oiint\limits_{A} \{\Phi(R)\vec{J}_{me}(\vec{y}) \times \vec{n}\} dA$$

und damit für (7.30)

$$\vec{E}(\vec{r}) = \frac{1}{4\pi} \iiint\limits_{V} \left\{ \frac{\rho(\vec{y})}{\varepsilon}\text{grad } \Phi(R) + i\omega\mu \, \Phi(R)\vec{J}_{e}(\vec{y}) - \vec{J}_{me}(\vec{y}) \times \text{grad } \Phi(R) \right\} dV +$$

$$\tag{7.32}$$

$$- \frac{1}{4\pi} \oiint\limits_{A} \{[\vec{n}\cdot\vec{E}(\vec{y})]\text{grad } \Phi(R) + [\vec{n} \times \vec{E}(\vec{y})] \times \text{grad } \Phi(R) + i\omega\mu[\vec{n} \times \vec{H}(\vec{y})]\Phi(R)\} dA.$$

Wegen der Dualität der Maxwellschen Gleichungen (7.17) können wir sofort die zu (7.32) duale Form für $\vec{H}(\vec{r})$ angeben:

$$\vec{H}(\vec{r}) = \frac{1}{4\pi} \iiint\limits_{V} \left\{ \frac{\rho_{m}(\vec{y})}{\mu} \text{grad } \Phi(R) + i\omega\varepsilon \, \Phi(R)\vec{J}_{me}(\vec{y}) + \vec{J}_{e}(\vec{y}) \times \text{grad } \Phi(R) \right\} dV +$$

$$\tag{7.33}$$

$$- \frac{1}{4\pi} \oiint\limits_{A} \{[\vec{n}\cdot\vec{H}(\vec{y})]\text{grad } \Phi(R) + [\vec{n} \times \vec{H}(\vec{y})] \times \text{grad } \Phi(R) - i\omega\varepsilon[\vec{n} \times \vec{E}(\vec{y})]\Phi(R)\} dA.$$

Hier wird also ganz besonders der Vorteil der symmetrischen Schreibweise der Maxwellschen Gleichungen deutlich.

Die Gln.(7.32,33) stellen eine F o r m u l i e r u n g d e s H u y g e n s s c h e n P r i n z i p s dar. Es besagt, daß jedes elektromagnetische Feld, das im Innern eines beliebigen Gebietes V mit der Randfläche A den Maxwellschen Gleichungen (7.17,18) genügt, i m I n n e r e n von V durch (7.32,33) dargestellt werden kann.

Das Ergebnis (7.32,33) können wir nun nicht so auffassen, daß die Funktionen $\vec{J}_e$ und $\vec{J}_{me}$ sowie die Randwerte von $\vec{E}$ und $\vec{H}$ auf A beliebig vorgegeben werden können und wir durch (7.32,33) dann die Lösung der entsprechenden Aufgabe erhalten. Die Anwendung der Formeln (7.32,33) setzt vielmehr voraus, daß die Maxwellschen Gleichungen schon erfüllt sind.

Zwei wichtige Eigenschaften der Darstellungen (7.32,33) sollen noch herausgestellt werden:

Legen wir den Punkt $\vec{r}$ ins Äußere des Integrationsgebietes V, so ist die Aufteilung des Volumens V in $V - V_k(d)$ und $V_k(d)$ nicht notwendig. Damit entfallen aber auch die Integrale über $V_k(d)$ und die rechten Seiten von (7.32,33) verschwinden. Das bedeutet aber: Im Äußeren von V verschwinden (7.32,33) identisch.

Genügen die zweimal stetig differenzierbaren Vektorfelder $\vec{E}(\vec{r})$ und $\vec{H}(\vec{r})$ innerhalb eines Gebietes V den homogenen Maxwellschen Gleichungen (7.17) (d.h. mit $\vec{J}_e = \vec{0}$, $\vec{J}_{me} = \vec{0}$), so können wir sie nach (7.32,33) durch Oberflächenintegrale darstellen:

$$\vec{E}(\vec{r}) = -\frac{1}{4\pi} \oiint_A \{[\vec{n} \cdot \vec{E}(\vec{y})]\operatorname{grad} \Phi(R) + [\vec{n} \times \vec{E}(\vec{y})] \times \operatorname{grad} \Phi(R) +$$

$$\hspace{10em} i\omega\mu[\vec{n} \times \vec{H}(\vec{y})]\Phi(R)\}dA, \hspace{6em} (7.34)$$

$$\vec{H}(\vec{r}) = -\frac{1}{4\pi} \oiint_A \{[\vec{n} \cdot \vec{H}(\vec{y})]\operatorname{grad} \Phi(R) + [\vec{n} \times \vec{H}(\vec{y})] \times \operatorname{grad} \Phi(R) -$$

$$\hspace{10em} i\omega\varepsilon[\vec{n} \times \vec{E}(\vec{y})]\Phi(R)\}dA.$$

Da sich $\Phi(R)$ und $\operatorname{grad} \Phi(R)$ bei dieser Darstellung im Inneren von V analytisch verhalten, sind auch $\vec{E}(\vec{r})$ und $\vec{H}(\vec{r})$ im Inneren von V analytisch.

7.4 Bestimmung des elektromagnetischen Feldes im homogenen Raum bei vorgegebenen stetigen Quellen im Endlichen

Mit Hilfe des Huygensschen Prinzips können wir nun folgende P r o b l e m s t e l l u n g lösen [7.1]. E s   i s t   d a s   F e l d $\vec{E}(\vec{r})$, $\vec{H}(\vec{r})$ z u   b e s t i m m e n ,   d a s   d e n   M a x w e l l s c h e n   G l e i c h u n g e n   (7.17,18) g e n ü g t ,   w e n n   d i e   e i n g e p r ä g -

ten Stromdichen $\vec{J}_e(\vec{r})$ und $\vec{J}_{me}(\vec{r})$ so gegeben sind, daß $\vec{J}_e$ und $\vec{J}_{me}$ im Äußeren eines Gebietes V verschwinden und auf der Randfläche A von V zu Null werden, in V aber stetig differenzierbar sind.

Diese Ausdrucksweise besagt, daß die ersten partiellen Ableitungen überall im Inneren von V existieren und dort mit einer Funktion übereinstimmen, die in allen Punkten von V also auch auf der Randfläche A, stetig ist.

Wir behaupten nun, daß eine Lösung dieses Problems durch

$$\vec{E}(\vec{r}) = \frac{1}{4\pi} \iiint_V \left\{ i\omega\mu\, \Phi(R)\vec{J}_e(\vec{y}) - \vec{J}_{me}(\vec{y}) \times \text{grad}\,\Phi(R) + \frac{\rho(\vec{y})}{\varepsilon}\,\text{grad}\,\Phi(R) \right\} dV, \quad (7.35)$$

$$\vec{H}(\vec{r}) = \frac{1}{4\pi} \iiint_V \left\{ i\omega\varepsilon\, \Phi(R)\vec{J}_{me}(\vec{y}) + \vec{J}_e(\vec{y}) \times \text{grad}\,\Phi(R) + \frac{\rho_m(\vec{y})}{\mu}\,\text{grad}\,\Phi(R) \right\} dV$$

angegeben werden kann, wobei $\rho(\vec{r})$ und $\rho_m(\vec{r})$ über (7.18) durch $\vec{J}_e(\vec{r})$ und $\vec{J}_{me}(\vec{r})$ bestimmt sind. Diese Behauptung wird plausibel, wenn wir in (7.32,33) die Randfläche A ins Unendliche ausgedehnt denken. Dann verschwindet das Oberflächenintegral wegen des Abklingens der Felder und von $\Phi(R)$. Das Volumenintegral erstreckt sich aber weiterhin nur über den Raumteil, in dem die Quellen nicht verschwinden.

Zum Beweis unserer Behauptung müssen wir zeigen, daß (7.35) die Maxwellschen Gleichungen (7.17,18) erfüllt.

Um Differentiationen bezüglich $\vec{r}$ (Aufpunkt) und $\vec{y}$ (Quellpunkt) unterscheiden zu können, bezeichnen wir Differentiationen, die sich auf $\vec{r}$ beziehen mit einem Strich, z.B. div', rot' etc. In dieser Bezeichnungsweise ist dann

$$\text{grad}\,\Phi(R) = -\,\text{grad}'\,\Phi(R) \quad\quad (7.36)$$

und es gilt

$$\text{rot}'\vec{H}(\vec{r}) = \frac{1}{4\pi} \iiint_V \text{rot}' \left\{ i\omega\varepsilon\, \Phi(R)\vec{J}_{me}(\vec{y}) + \vec{J}_e(\vec{y}) \times \text{grad}\,\Phi(R) + \frac{\rho_m(\vec{y})}{\mu}\,\text{grad}\,\Phi(R) \right\} dV$$

$$= \frac{1}{4\pi} \iiint_V \left\{ i\omega\varepsilon[\Phi(R)\text{rot}'\vec{J}_{me}(\vec{y}) + \text{grad}'\Phi(R) \times \vec{J}_{me}(\vec{y})] + \right.$$

$$\left. \text{rot}'[\text{grad}'\Phi(R) \times \vec{J}_e(\vec{y})] - \frac{\rho_m(\vec{y})}{\mu}\,\text{rot}'\text{grad}'\Phi(R) \right\} dV$$

$$= \frac{1}{4\pi} \iiint\limits_V \{i\omega\varepsilon \, \text{grad}'\Phi(R) \times \vec{J}_{me}(\vec{y}) + \text{rot}'[-\Phi(R)\text{rot}'\vec{J}_e(\vec{y}) +$$

$$\text{rot}'(\Phi(R)\vec{J}_e(\vec{y}))]\}dV$$

$$= \frac{1}{4\pi} \iiint\limits_V i\omega\varepsilon \, \vec{J}_{me}(\vec{y}) \times \text{grad}\,\Phi(R)dV + \text{rot}'\text{rot}'\frac{1}{4\pi} \iiint\limits_V [\Phi(R)\vec{J}_e(\vec{y})]dV. \quad (7.37)$$

Dabei haben wir die Vektorformel $\text{rot}[U(\vec{r})\vec{M}(\vec{r})] = U(\vec{r})\text{rot}\,\vec{M}(\vec{r}) + \text{grad}\,U(\vec{r})\times\vec{M}(\vec{r})$ benutzt und die Tatsache, daß $\vec{J}_e$ und $\vec{J}_{me}$ im Integranden nur Funktionen von $\vec{y}$ sind.

Nun wird

$$\text{rot}'\text{rot}' \iiint\limits_V [\Phi(R)\vec{J}_e(\vec{y})]dV = -\Delta' \iiint\limits_V [\Phi(R)\vec{J}_e(\vec{y})]dV +$$

$$\text{grad}'\text{div}' \iiint\limits_V [\Phi(R)\vec{J}_e(\vec{y})]dV.$$

Es gilt aber

$$[\Delta' + k^2]\Phi(R) = -4\pi\delta(|\vec{r} - \vec{y}|),$$

$$\text{div}'[\Phi(R)\vec{J}_e(\vec{y})] = \Phi(R)\text{div}'\vec{J}_e(\vec{y}) + \vec{J}_e(\vec{y})\cdot\text{grad}'\Phi(R) = \vec{J}_e(\vec{y})\cdot\text{grad}'\Phi(R)$$

und damit

$$\text{rot}'\text{rot}' \iiint\limits_V [\Phi(R)\vec{J}_e(\vec{y})]dV = 4\pi\,\vec{J}_e(\vec{r}) +$$

$$k^2 \iiint\limits_V [\Phi(R)\vec{J}_e(\vec{y})]dV + \text{grad}' \iiint\limits_V [\vec{J}_e(\vec{y})\cdot\text{grad}'\Phi(R)]dV. \quad (7.38)$$

Wir formen das letzte Integral in (7.38) nach

$$\text{div}[\vec{J}_e(\vec{y})\Phi(R)] = \Phi(R)\text{div}\,\vec{J}_e(\vec{y}) + \vec{J}_e(\vec{y})\cdot\text{grad}\,\Phi(R)$$

um und erhalten

$$\mathrm{grad}' \iiint_V \vec{J}_e(\vec{y}) \cdot \mathrm{grad}'\Phi(R)dV = - \mathrm{grad}' \iiint_V \vec{J}_e(\vec{y}) \cdot \mathrm{grad}\,\Phi(R)dV$$

$$= - \mathrm{grad}' \iiint_V \{\mathrm{div}[\vec{J}_e(\vec{y})\Phi(R)] - \Phi(R)\mathrm{div}\,\vec{J}_e(\vec{y})\}dV$$

$$= - \mathrm{grad}' \oiint_A \Phi(R)\vec{n} \cdot \vec{J}_e(\vec{y})dA + \mathrm{grad}' \iiint_V j\omega\Phi(R)\rho(\vec{y})dV$$

$$= - j\omega \iiint_V \rho(\vec{y})\mathrm{grad}\,\Phi(R)dV$$

Das Integral $\oiint_A \Phi(R)\vec{n} \cdot \vec{J}_e(\vec{y})dA$ verschwindet, da nach Voraussetzung $\vec{J}_e(\vec{r})$ auf

A verschwindet. Damit erhalten wir nach (7.37)

$$\mathrm{rot}'\vec{H}(\vec{r}) = \frac{1}{4\pi} \iiint_V \{i\omega\varepsilon\,\vec{J}_{me}(\vec{y}) \times \mathrm{grad}\,\Phi(R) + k^2\Phi(R)\vec{J}_e(\vec{y}) -$$

$$- i\omega\rho(\vec{y})\mathrm{grad}\,\Phi(R)\}dV + \vec{J}_e(r)$$

Addieren wir zu diesem Ausdruck $i\omega\vec{E}(\vec{r})$, wobei $\vec{E}(\vec{r})$ nach (7.35) gegeben ist, so sehen wir sofort, daß die Maxwellsche Gl. $\mathrm{rot}'\vec{H}(\vec{r}) + i\omega\varepsilon\vec{E}(\vec{r}) = \vec{J}_e(\vec{r})$ erfüllt ist. In entsprechender Weise wird auch die zweite Maxwellsche Gleichung in (7.17) nachgewiesen.

Damit haben wir in (7.35) eine Lösung des Gleichungssystems (7.17,18) gefunden, wenn $\vec{J}_e(\vec{r})$ und $\vec{J}_{me}(\vec{r})$ vorgegeben sind. Diese Lösung ist aber nicht eindeutig bestimmt, denn wir können jede Lösung der homogenen Gleichungen

$$\mathrm{rot}'\vec{H}(\vec{r}) + i\omega\varepsilon\vec{E}(\vec{r}) = \vec{0}, \quad \mathrm{rot}'\vec{E}(\vec{r}) - i\omega\mu\vec{H}(\vec{r}) = \vec{0}$$

zu unserer Lösung hinzuaddieren. Die Summe ist dann wieder Lösung unseres eingangs gestellten Problems. Da wir aber eine eindeutige Lösung wünschen - der eindeutigen Lösbarkeit physikalischer Probleme entsprechend - müssen wir zusätzliche Bedingungen einführen, um die gestellte Aufgabe eindeutig lösen zu können. Es stellt sich also das gleiche Problem wie bei der Lösung der skalaren Wellengleichung. Dort haben wir die Eindeutigkeit durch eine "Randbedingung im Unendlichen", die Ausstrahlungsbedingung erreicht. Hier müssen wir also das vektorielle Analogon suchen.

Die Vieldeutigkeit der Lösungen (7.35) zeigt sich auch in anderer Hinsicht. Alle Ergebnisse bleiben nämlich unverändert, wenn wir statt $\Phi(R) = R^{-1}\exp[ikR]$ irgendeine Lösung der Schwingungsgleichung benutzen, die in $R = 0$ wie R^{-1} singulär wird und nur eine Funktion von R ist. Beispiele derartiger Funktionen sind $R^{-1}\exp[-ikR]$, $R^{-1}\cos(kR)$, usw. Insbesondere bleibt auch das Huygenssche Prinzip (7.32,33) erhalten. Nach ihm können wir das elektromagnetische Feld in gleicher Weise durch fortschreitende divergente oder fortschreitende konvergente Wellen oder aber durch eine geeignete Überlagerung beider darstellen. Die gleichen Tatsachen gelten auch für die Lösungen (7.35). Da die physikalischen Überlegungen fordern, daß das elektromagnetische Feld in genügender Entfernung von den Quellen im homogenen Raum aus auslaufenden Wellen aufgebaut ist, müssen wir zu einer mathematischen Formulierung dieser Zusatzbedingung kommen.

Dazu gehen wir so vor, daß wir von nun an immer $\Phi(R) = R^{-1}\exp[+ikR]$ und wie bisher die Zeitabhängigkeit $\exp[-i\omega t]$ wählen. Damit bauen sich unsere zu betrachtenden Felder aus auslaufenden Wellen auf, wie wir das physikalisch fordern müssen. Wir wollen nun sehen, welche allgemeine Eigenschaft wir aus diesen aus divergenten Wellen aufgebauten Feldern ablesen können.

Die Lösung der Maxwellschen Gleichungen (7.17) kann nach dem Superpositionsprinzip aus der Summe zweier Teilfelder gewonnen werden, von denen sich das eine aus einem Hertzschen Vektor $\vec{\pi}(\vec{r})$ und das andere aus einem Fitzgeraldschen Vektor $\vec{M}(\vec{r})$ ergibt. Nach (3.23,31) gilt mit (3.18,27) bei harmonischer Zeitabhängigkeit $\exp[-i\omega t]$ für diese Vektoren:

$$[\Delta + k^2]\vec{\pi}(\vec{r}) = -\frac{1}{\varepsilon}\vec{P}_e(\vec{r}) = \frac{1}{i\omega\varepsilon}\vec{J}_e(\vec{r}),$$

$$[\Delta + k^2]\vec{M}(\vec{r}) = -\frac{1}{\mu}\vec{P}_m(\vec{r}) = \frac{1}{i\omega\mu}\vec{J}_{me}(\vec{r}),$$

(7.39)

und die zugehörigen Differentiationsvorschriften für das Gesamtfeld lauten nach (3.24b,25,28,29)

$$\vec{E}(\vec{r}) = \operatorname{rot}\operatorname{rot}\vec{\pi}(\vec{r}) - \frac{1}{\varepsilon}\vec{P}_e(\vec{r}) + i\omega\mu\operatorname{rot}\vec{M}(\vec{r}) =$$

$$\operatorname{rot}\operatorname{rot}\vec{\pi}(\vec{r}) + \frac{1}{i\omega\varepsilon}\vec{J}_e(\vec{r}) + i\omega\mu\operatorname{rot}\vec{M}(\vec{r}),$$

(7.40)

$$\vec{H}(\vec{r}) = -\,i\omega\varepsilon\ \mathrm{rot}\ \vec{\pi}(\vec{r}) + \mathrm{rot}\ \mathrm{rot}\ \vec{M}(\vec{r}) - \frac{1}{\mu}\vec{P}_m(\vec{r}) =$$

$$-\,i\omega\varepsilon\ \mathrm{rot}\ \vec{\pi}(\vec{r}) + \mathrm{rot}\ \mathrm{rot}\ \vec{M}(\vec{r}) + \frac{1}{i\omega\mu}\vec{J}_{me}(\vec{r}).$$

Da $\Phi(R)$ die spezielle Schwingungsgleichung

$$[\Delta + k^2]\Phi(R) = -\,4\pi\,\delta(\,|\vec{r} - \vec{y}|\,) \tag{7.41}$$

erfüllt, sind nach (5.46) die Lösungen von (7.40) gegeben durch

$$\vec{\pi}(\vec{r}) = \frac{i}{4\pi\omega\varepsilon}\ \iiint\limits_{V} \Phi(r)\vec{J}_e(\vec{y})\,dV,$$

$$\vec{M}(\vec{r}) = \frac{i}{4\pi\omega\mu}\ \iiint\limits_{V} \Phi(R)\vec{J}_{me}(\vec{y})\,dV. \tag{7.42}$$

V ist das Quellgebiet, in dem $\vec{J}_e$ und (oder) $\vec{J}_{me}$ von Null verschieden sind. Setzen wir

$$\vec{Z}_1(\vec{r}) := \mathrm{rot}\ \vec{\pi}(\vec{r}) \quad , \quad \vec{Z}_2(\vec{r}) := \mathrm{rot}\ \vec{M}(\vec{r}), \tag{7.43}$$

dann gilt wegen (7.39)

$$\mathrm{rot}\ \vec{Z}_1(\vec{r}) = k^2\vec{\pi}(\vec{r}) + \mathrm{grad}\ \mathrm{div}\ \vec{\pi}(\vec{r}) + \frac{i}{\omega\varepsilon}\vec{J}_e(\vec{r}),$$

$$\mathrm{rot}\ \vec{Z}_2(\vec{r}) = k^2\vec{M}(\vec{r}) + \mathrm{grad}\ \mathrm{div}\ \vec{M}(\vec{r}) + \frac{i}{\omega\varepsilon}\vec{J}_{me}(\vec{r}). \tag{7.44}$$

(Die Differentiationen beziehen sich hier und im folgenden auf den Aufpunkt $\vec{r}$. Da keine Verwechslung zu befürchten ist, haben wir den zur Unterscheidung von der Differentiation bezüglich $\vec{y}$ eingeführten Beistrich weggelassen.)

Weiter gilt nach (7.39,44)

$$\mathrm{rot}\ \mathrm{rot}\ \vec{Z}_1(\vec{r}) = -\,\Delta\,\vec{Z}_1(\vec{r}) + \mathrm{grad}\ \mathrm{div}\ \mathrm{rot}\ \vec{\pi}(\vec{r})$$

$$= -\,\Delta\,\vec{Z}_1(\vec{r}),$$

$$\text{rot rot } \vec{Z}_1(\vec{r}) = \text{rot}[-\Delta \vec{\pi}(\vec{r}) + \text{grad div } \vec{\pi}(\vec{r})]$$

$$= \text{rot}\left[k^2\vec{\pi}(\vec{r}) + \text{grad div } \vec{\pi}(\vec{r}) + \frac{i}{\omega\varepsilon} \vec{J}_e(\vec{r}) \right]$$

$$= k^2\vec{Z}_1(\vec{r}) + \frac{i}{\omega\varepsilon} \text{rot } \vec{J}_e(\vec{r})$$

und damit

$$[\Delta + k^2]\vec{Z}_1(\vec{r}) = -\frac{i}{\omega\varepsilon} \text{rot } \vec{J}_e(\vec{r}). \tag{7.45}$$

Ebenso finden wir

$$[\Delta + k^2]\vec{Z}_2(\vec{r}) = -\frac{i}{\omega\mu} \text{rot } \vec{J}_{me}(\vec{r}), \tag{7.46}$$

und aus (7.43) folgt sofort

$$\text{div } \vec{Z}_1(\vec{r}) = 0, \quad \text{div } \vec{Z}_2(\vec{r}) = 0. \tag{7.47}$$

Ferner benutzen wir, daß

$$\text{grad } \Phi(R) = \left[ik - \frac{1}{R} \right] \Phi(R)\vec{e}_o \tag{7.48}$$

gilt, wobei $\vec{e}_o$ ein vom Aufpunkt zum Quellpunkt weisender Einheitsvektor ist. (Abb.7.2).

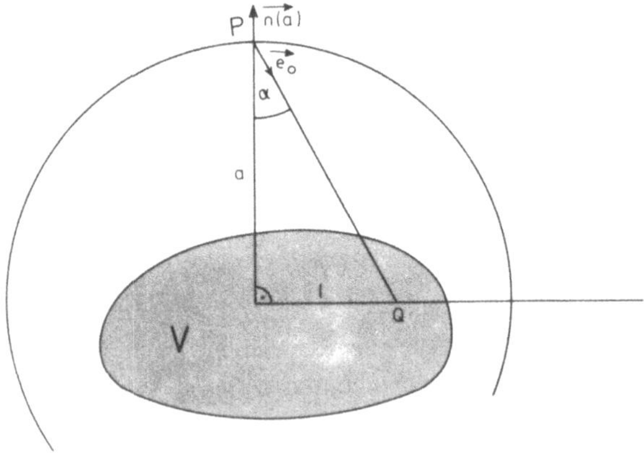

Abb.7.2 Zur Geometrie des Problems

Wir schlagen nun um einen beliebigen Punkt aus dem Quellgebiet V eine Kugel $A_k(a)$ vom Radius a und bezeichnen die Normale auf der Kugelfläche mit $\vec{n}(a)$. Dann gilt

$$[\vec{n}(a) + \vec{e}_o]^2 = \vec{n}^2(a) + \vec{e}_o^2 + 2\,\vec{n}(a)\cdot\vec{e}_o = 2(1 - \cos\alpha) = 4\sin^2(\alpha/2)$$

und somit

$$|\vec{n}(a) + \vec{e}_o| = 2\sin(\alpha/2) \leqslant \alpha. \tag{7.49}$$

Ferner können wir stets eine Konstante l so finden, daß

$$\alpha = \arctan\frac{l}{a} \leqslant \frac{l}{a} \tag{7.50}$$

wird.

Um zu Ausstrahlungsbedingungen für $\vec{E}(\vec{r})$ und $\vec{H}(\vec{r})$ zu gelangen, müssen wir nun $\vec{Z}_1(\vec{r})$ und $\vec{Z}_2(\vec{r})$ in geeigneter Weise darstellen. Nach (7.42,43) gilt mit (7.48)

$$- 4\pi i\omega\varepsilon\,\vec{Z}_1(\vec{r}) = \mathrm{rot}\iiint_V \Phi(R)\vec{J}_e(\vec{y})dV$$

$$= \iiint_V [\mathrm{grad}\,\Phi(R) \times \vec{J}_e(\vec{y})]dV$$

$$= \iiint_V \left[(ik - \frac{1}{R})\Phi(R)\vec{J}_e(\vec{y}) \times \vec{e}_o\right]dV$$

$$= \iiint_V \left\{ik\,\Phi(R)[\vec{J}_e(\vec{y}) \times \vec{n}(a)] - ik\,\Phi(R)[\vec{J}_e(\vec{y}) \times \vec{n}(a)]\right.$$

$$\left. + ik\,\Phi(R)[\vec{J}_e(\vec{y}) \times \vec{e}_o] - \frac{1}{R}\Phi(R)[\vec{J}_e(\vec{y}) \times \vec{e}_o]\right\}dV$$

$$= ik\,\vec{n}(a) \times \iiint_V \Phi(R)\vec{J}_e(\vec{y})dV +$$

$$\iiint_V \left\{ik\,\Phi(R)\vec{J}_e(\vec{y}) \times [\vec{n}(a) + \vec{e}_o] - \frac{1}{R}\Phi(R)[\vec{J}_e(\vec{y}) \times \vec{e}_o]\right\}dV.$$

Dafür schreiben wir jetzt

$$\vec{Z}_1(\vec{r}) = ik[\vec{n}(a) \times \vec{\pi}(\vec{r})] + \vec{G}_1(\vec{r}), \qquad (7.51)$$

wobei

$$\lim_{R \to \infty} R \, \vec{G}_1(\vec{r}) = \vec{0} \qquad (7.52)$$

ist. Zum Beweis der letzten Aussagen schätzen wir das Integral

$$\vec{G}_1(\vec{r}) = \frac{i}{4\pi\omega\varepsilon} \iiint\limits_V \left\{ ik\,\Phi(R)\vec{J}_e(\vec{y}) \times [\vec{n}(a) + \vec{e}_o] - \frac{1}{R}\,\Phi(R)[\vec{J}_e(\vec{y}) \times \vec{e}_o] \right\} dV$$

ab:

$$|\vec{G}_1(\vec{r})| \leqslant \frac{|k|}{4\pi\omega\varepsilon} \iiint\limits_V |\Phi(R)| \, |\vec{J}_e(\vec{y})| \, |\vec{n}(a) + \vec{e}_o| \, dV +$$

$$\frac{1}{4\pi\omega\varepsilon} \iiint\limits_V |\frac{\Phi(R)}{R}| \, |\vec{J}_e(\vec{y})| \, dV .$$

Die Funktion $\vec{J}_e(\vec{y})$ ist nach Voraussetzung in V gleichmäßig beschränkt. Ferner gilt $(7.49,50)$ und $\Phi(R) = O(R^{-1})$. Also ist

$$|\vec{G}_1(\vec{r})| \leqslant \frac{\text{const}}{R^2} ,$$

und es gilt (7.52). In den Differentiationsvorschriften (7.40) kommt noch der Ausdruck rot $\vec{Z}_1(\vec{r}) = $ rot rot $\vec{\pi}(\vec{r})$ vor. Wir suchen auch für ihn eine (7.51) entsprechende Darstellung: Im Äußeren von V, d.h. außerhalb des Quellgebietes, ist $\vec{J}_e(\vec{y}) \equiv 0$ und es gilt somit nach (7.44)

$$\text{rot } \vec{Z}_1(\vec{r}) = k^2 \vec{\pi}(\vec{r}) + \text{grad div } \vec{\pi}(\vec{r}). \qquad (7.53)$$

Den letzten Term dieses Ausdrucks wollen wir berechnen:

106

$$- 4\pi i\omega\varepsilon \ \text{grad div} \ \vec{\pi}(\vec{r}) = \text{grad div} \iiint\limits_{V} \vec{J}_e(\vec{y}) \Phi(R) dV =$$

$$\iiint\limits_{V} \{\text{grad}[\vec{J}_e(\vec{y}) \cdot \text{grad} \ \Phi(R)]\} dV = \iiint\limits_{V} \text{grad}\left[\vec{J}_e(\vec{y}) \cdot \frac{\vec{R}}{R}\left(ik - \frac{1}{R}\right) \Phi(R) \right] dV =$$

$$\iiint\limits_{V} \left\{ \Phi(R)\left(\frac{ik}{R} - \frac{1}{R^2}\right) \text{grad}(\vec{J}_e(\vec{y}) \cdot \vec{R}) + (\vec{J}_e(\vec{y}) \cdot \vec{R}) \text{grad}\left[\Phi(R)\left(\frac{ik}{R} \frac{1}{R^2}\right)\right]\right\} dV.$$

Dabei weist der Vektor $\vec{R}$ nach (7.48) in die Richtung von $\vec{e}_o$ (Abb.7.2).

Nun ist

$$\text{grad}[\vec{J}_e(\vec{y}) \cdot \vec{R}] = \vec{J}_e(\vec{y}),$$

[7.10], und somit gilt

$$- 4\pi i\omega\varepsilon \ \text{grad div} \ \vec{\pi}(\vec{r}) =$$

$$\iiint\limits_{V} \left\{ \Phi(R)\left(\frac{ik}{R} - \frac{1}{R^2}\right) \vec{J}_e(\vec{y})\right\} dV + \iiint\limits_{V} \left\{ (\vec{J}_e(\vec{y}) \cdot \vec{R})\left[\left(\frac{ik}{R} - \frac{1}{R^2}\right)\left(ik - \frac{1}{R}\right) \Phi(R) \frac{\vec{R}}{R}\right.\right.$$

$$\left.\left. + \Phi(R)\left(\frac{-ik}{R^2} + \frac{2}{R^3}\right) \frac{\vec{R}}{R}\right]\right\} dV$$

$$= \iiint\limits_{V} \left\{ \Phi(R)\left(\frac{ik}{R} - \frac{1}{R^2}\right) \vec{J}_e(\vec{y})\right\} dV + \iiint\limits_{V} \left\{ \Phi(R)(\vec{J}_e(\vec{y}) \cdot \vec{e}_o)\vec{e}_o\left[- k^2 - \frac{3ik}{R} + \frac{3}{R^2}\right]\right\} dV$$

$$= \iiint\limits_{V} \{- k^2\Phi(R)[(\vec{J}_e(\vec{y}) \cdot \vec{n}(a))\vec{n}(a) - (\vec{J}_e(\vec{y}) \cdot \vec{n}(a))\vec{n}(a) + (\vec{J}_e(\vec{y}) \cdot \vec{e}_o)\vec{e}_o]\} dV$$

$$+ \iiint\limits_{V} \left\{ \left(- \frac{3ik}{R} + \frac{3}{R^2}\right) \Phi(R)(\vec{J}_e(\vec{y}) \cdot \vec{e}_o)\vec{e}_o + \Phi(R)\left(\frac{ik}{R} - \frac{1}{R^2}\right) \vec{J}_e(\vec{y})\right\} dV$$

$$= - k^2\vec{n}(a) \iiint\limits_{V} \Phi(R)[\vec{J}_e(\vec{y}) \cdot \vec{n}(a)] dV + \iiint\limits_{V} k^2 \Phi(R)[(\vec{J}_e(\vec{y}) \cdot \vec{n}(a)) -$$

$$(\vec{J}_e(\vec{y}) \cdot \vec{e}_o)\vec{e}_o] dV$$

$$+ \iiint\limits_{V} \left\{ \left(- \frac{3ik}{R} + \frac{3}{R^2}\right) \Phi(R)(\vec{J}_e(\vec{y}) \cdot \vec{e}_o)\vec{e}_o + \left(\frac{ik}{R} - \frac{1}{R^2}\right) \Phi(R)\vec{J}_e(\vec{y})\right\} dV.$$

Wir haben also auch hier eine Darstellung der Form

$$\text{grad div } \vec{\pi}(\vec{r}) = - k^2 [\vec{\pi}(\vec{r}) \cdot \vec{n}(a)]\vec{n}(a) + \vec{G}_2(\vec{r}) \tag{7.54}$$

mit

$$\lim_{R \to \infty} R\, \vec{G}_2(\vec{r}) = \vec{0} \tag{7.55}$$

gefunden, wobei

$$\vec{G}_2(\vec{r}) = \frac{i}{4\pi\varepsilon\omega} \iiint \{k^2 \Phi(R)[(\vec{J}_e(\vec{y}) \cdot \vec{n}(a))\vec{n}(a) - (\vec{J}_e(\vec{y}) \cdot \vec{e}_o)\vec{e}_o] \} \, dV +$$

$$\frac{i}{4\pi\varepsilon\omega} \iiint_V \left\{ \left(-\frac{3ik}{R}+\frac{3}{R^2}\right) \Phi(R)(\vec{J}_e(\vec{y}) \cdot \vec{e}_o)\vec{e}_o + \left(\frac{ik}{R}-\frac{1}{R^2}\right) \Phi(R)\vec{J}_e(\vec{y}) \right\} \, dV$$

gilt. Damit ist nach (7.53,54)

$$\text{rot } \vec{Z}_1(\vec{r}) = k^2 \vec{\pi}(\vec{r}) - k^2[\vec{\pi}(\vec{r}) \cdot \vec{n}(a)]\vec{n}(a) + \vec{G}_2(\vec{r}). \tag{7.57}$$

Aus (7.51,55) erhalten wir sofort

$$\vec{n}(a) \times \text{rot } \vec{Z}_1(\vec{r}) + ik\, \vec{Z}_1(\vec{r}) = k^2 \vec{n}(a) \times \vec{\pi}(\vec{r}) + \vec{n}(a) \times \vec{G}_2(\vec{r}) +$$

$$+ \vec{n}(a) \times \vec{G}_2(\vec{r}) - k^2[\vec{n}(a) \times \vec{\pi}(\vec{r})] + ik\, \vec{G}_1(\vec{r}) =$$

$$ik\, \vec{G}_1(\vec{r}) + \vec{n}(a) \times \vec{G}_2(\vec{r}). \tag{7.58}$$

Gl.(7.58) können wir wegen (7.52,55) auch in folgender Form schreiben:

$$\lim_{R \to \infty} R[\vec{n}(a) \times \text{rot } \vec{Z}_1(\vec{r}) + ik\, \vec{Z}_1(\vec{r})] = \vec{0}. \tag{7.59}$$

Für $\vec{Z}_2(\vec{r})$ erhalten wir nach den gleichen Überlegungen

$$\lim_{R \to \infty} R[\vec{n}(a) \times \text{rot } \vec{Z}_2(\vec{r}) + ik\, \vec{Z}_2(\vec{r})] = \vec{0}. \tag{7.60}$$

Aus (7.59,60) folgt durch skalare Multiplikation mit $\vec{n}(a)$:

$$\lim_{R \to \infty} R\, \vec{Z}_1(\vec{r}) \cdot \vec{n}(a) = 0, \qquad \lim_{R \to \infty} R\, \vec{Z}_2(\vec{r}) \cdot \vec{n}(a) = 0, \qquad (7.61)$$

und aus (7.57) (analog auch für $\vec{Z}_2(\vec{r})$)

$$\lim_{R \to \infty} R\, \vec{n}(a) \cdot \mathrm{rot}\, \vec{Z}_1(\vec{r}) = 0, \qquad \lim_{R \to \infty} R\, \vec{n}(a) \cdot \mathrm{rot}\, \vec{Z}_2(\vec{r}) = 0. \qquad (7.62)$$

Im Äußeren von V ist $\vec{J}_e(\vec{r}) \equiv \vec{0}$ und $\vec{J}_{me}(\vec{r}) \equiv \vec{0}$. Wir können dort also mit (7.40) bilden

$$i\omega\varepsilon[\vec{n}(a) \times \vec{E}(\vec{r})] - ik\, \vec{H}(\vec{r}) = i\omega\varepsilon[\vec{n}(a) \times (\mathrm{rot}\, \vec{Z}_1(\vec{r}) + i\omega\mu\, \vec{Z}_2(\vec{r}))]$$

$$- ik[- i\omega\varepsilon\, \vec{Z}_1(\vec{r}) + \mathrm{rot}\, \vec{Z}_2(\vec{r})] =$$

$$i\omega\varepsilon\, \vec{n}(a) \times \mathrm{rot}\, \vec{Z}_1(\vec{r}) + k^2 \vec{Z}_2(\vec{r}) \times \vec{n}(a) - k\omega\varepsilon\, \vec{Z}_1(\vec{r}) - ik\, \mathrm{rot}\, \vec{Z}_2(\vec{r}).$$

Nach dem Entwicklungssatz [7.10] gilt aber

$$\vec{n}(a) \times [\vec{n}(a) \times \mathrm{rot}\, \vec{Z}_2(\vec{r})] = [\vec{n}(a) \cdot \mathrm{rot}\, \vec{Z}_2(\vec{r})]\vec{n}(a) -$$

$$[\vec{n}(a) \cdot \vec{n}(a)]\mathrm{rot}\, \vec{Z}_2(\vec{r})$$

und somit

$$i\omega\varepsilon[\vec{n}(a) \times \vec{E}(\vec{r})] - ik\, \vec{H}(\vec{r}) =$$

$$i\omega\varepsilon[\vec{n}(a) \times \mathrm{rot}\, \vec{Z}_1(\vec{r}) + ik\, \vec{Z}_1(\vec{r})] - k^2 \vec{n}(a) \times \vec{Z}_2(\vec{r})$$

$$+ ik\, \vec{n}(a) \times [\vec{n}(a) \times \mathrm{rot}\, \vec{Z}_2(\vec{r})] - ik[\vec{n}(a) \cdot \mathrm{rot}\, \vec{Z}_2(\vec{r})]\vec{n}(a)$$

$$= i\omega\varepsilon[\vec{n}(a) \times \mathrm{rot}\, \vec{Z}_1(\vec{r}) + ik\, \vec{Z}_1(\vec{r})]$$

$$+ ik\, \vec{n}(a) \times [ik\, \vec{Z}_2(\vec{r}) + \vec{n}(a) \times \mathrm{rot}\, \vec{Z}_2(\vec{r})]$$

$$- ik\, \vec{n}(a)[\vec{n}(a) \cdot \mathrm{rot}\, \vec{Z}_2(\vec{r})]$$

Auf Grund der asymptotischen Beziehungen $(8.59, 60, 62)$ erhalten wir hieraus gleichmäßig für alle Richtungen

$$\lim_{R \to \infty} R[\omega\varepsilon \, \vec{n}(a) \times \vec{E}(\vec{r}) - k \, \vec{H}(\vec{r})] = \vec{0}$$

und entsprechend

$$\lim_{R \to \infty} R[\omega\mu \, \vec{n}(a) \times \vec{H}(\vec{r}) + k \, \vec{E}(\vec{r})] = \vec{0}.$$

Wir können für das betrachtete elektromagnetische Feld also drei E i g e n s c h a f t e n herausstellen:

a) Im Äußeren eines endlichen Gebietes V ist $\vec{E}(\vec{r})$ und $\vec{H}(\vec{r})$ analytisch und genügt den Maxwellschen Gleichungen

$$\operatorname{rot} \vec{H}(\vec{r}) + i\omega\varepsilon \, \vec{E}(\vec{r}) = \vec{0}, \quad \operatorname{rot} \vec{E}(\vec{r}) - i\omega\mu \, \vec{H}(\vec{r}) = \vec{0}.$$

b) Aus der Darstellung (7.35) folgt, da $\vec{J}_e, \rho, \vec{J}_{me}$ und ρ_m in V gleichmäßig beschränkt sind, daß $R \, \vec{E}(\vec{r})$ und $R \, \vec{H}(\vec{r})$ beim Grenzübergang $R \to \infty$ analytisch bleiben.

c) Es ist
$$\lim_{R \to \infty} R[\omega\varepsilon \, \vec{n}(a) \times \vec{E}(\vec{r}) - k \, \vec{H}(\vec{r})] = \vec{0},$$

$$\lim_{R \to \infty} R[\omega\mu \, \vec{n}(a) \times \vec{H}(\vec{r}) + k \, \vec{E}(\vec{r})] = \vec{0}.$$

$$(7.63)$$

Diese drei Bedingungen (7.63) müssen wir für das asymptotische Verhalten aller Lösungen der Maxwellschen Gleichungen (7.17) fordern. Wir bezeichnen sie nach C. Müller als die A u s s t r a h l u n g s b e d i n g u n g e n f ü r d i e M a x w e l l s c h e n G l e i c h u n g e n .

7.6 Physikalische Diskussion der Müllerschen Ausstrahlungsbedingungen

Bevor wir uns mit Eindeutigkeitsfragen befassen, wollen wir zunächst die soeben gewonnenen Bedingungen (7.63) auf ihren physikalischen Gehalt hin untersuchen. Dazu nehmen wir an, daß ε und μ reell sind. Dann kann Bedingung (7.63c), die für Realteil und Imaginärteil gesondert gilt, besonders leicht gedeutet werden, da sie auf alle periodischen Wechselfelder ohne komplexe Schreibweise angewandt werden kann.

Durch skalare Multiplikation von (7.63c) mit $\vec{n}(a)$ erhalten wir

$$\lim_{R \to \infty} R[\vec{n}(a) \cdot \vec{E}(\vec{r})] = 0, \quad \lim_{R \to \infty} R[\vec{n}(a) \cdot \vec{H}(\vec{r})] = 0, \qquad (7.64)$$

d.h.: Die Normalkomponenten der elektrischen und magnetischen Feldstärke bezüglich der Oberfläche einer großen um das Quellgebiet gelegten Kugel verschwinden asymptotisch.

Weiter folgt aus (7.63c)

$$\frac{|\vec{n}(a) \times \vec{E}(\vec{r})|}{|\vec{n}(a) \times \vec{H}(\vec{r})|} \simeq \left(\frac{\mu}{\varepsilon}\right)^{1/2} = Z , \qquad (7.65)$$

d.h.: Die Tangentialkomponenten der elektrischen und magnetischen Feldstärke bezüglich der Oberfläche einer großen um das Quellgebiet gelegten Kugel stehen asymptotisch im Verhältnis des Wellenwiderstandes Z.

Wir betrachten nun die Normalkomponente $\vec{n}(a) \cdot \vec{S}(\vec{r})$ des Poyntingvektors. Für sie gilt

$$[\vec{n}(a) \cdot \vec{S}(\vec{r})] = \vec{n}(a) \cdot [\vec{E}(\vec{r}) \times \vec{H}(\vec{r})] = -\vec{E}(\vec{r}) \cdot [\vec{n}(a) \times \vec{H}(\vec{r})] =$$

$$\vec{H}(\vec{r}) \cdot [\vec{n}(a) \times \vec{E}(\vec{r})] .$$

Aus (7.63c) folgt

$$\vec{H}(\vec{r}) \cdot [\vec{n}(a) \times \vec{E}(\vec{r})] \simeq \frac{k^2}{\omega \varepsilon} \vec{H}^2(\vec{r}), \quad -\vec{E}(\vec{r}) \cdot [\vec{n}(a) \times \vec{H}(\vec{r})] \simeq \frac{k}{\varepsilon \mu} \vec{E}^2(\vec{r})$$

und somit

$$\vec{n}(a) \cdot \vec{S}(\vec{r}) \simeq \frac{1}{2} \frac{k}{\omega} [\varepsilon \vec{E}^2(\vec{r}) + \mu \vec{H}^2(\vec{r})] > 0 \qquad (7.66)$$

Das bedeutet: Der Poyntingvektor $\vec{S}(\vec{r})$ hat in genügend großer Entfernung vom Quellgebiet stets eine positive Normalkomponente.

Vor allen Dingen haben wir damit aber auch immer einen positiven Energiefluß von den im Endlichen gelegenen Quellen ins Unendliche:

$$\oiint\limits_{A_k(a)} \vec{S}(\vec{r})\cdot d\vec{A} = \iint\limits_{\Omega} R^2\vec{H}(\vec{r})\cdot[\vec{n}(a)\times\vec{E}(\vec{r})]d\Omega \simeq$$

$$\frac{k}{\omega\varepsilon}\iint\limits_{\Omega} R^2\vec{H}^2(\vec{r})d\Omega \geqslant 0,$$

da $\vec{H}(\vec{r}) = O(R^{-1})$. Ω ist die Oberfläche der Einheitskugel, $d\Omega$ deren Flächenelement und $A_k(a)$ eine Kugelfläche vom Radius $a \approx R$.

7.7 Zusammenhang von Sommerfeldschen und Müllerschen Ausstrahlungs-
bedingungen

Die Ausstrahlungsbedingungen (7.63c) sind gegenüber der Sommerfeldschen Ausstrahlungsbedingung (7.14) etwas verändert. Setzen wir in (7.63c) die Maxwellschen Gleichungen ein, so erhalten wir

$$\lim_{R\to\infty} R[j\,\vec{n}(a)\times\mathrm{rot}\,\vec{H}(\vec{r}) - k\,\vec{H}(\vec{r})] = \vec{0}. \tag{7.67}$$

Diese Beziehung läßt sich nochmals umformen [Ref.7.10, S.159], und wir erhalten

$$-i\lim_{R\to\infty} R\left[\frac{\partial}{\partial R}\vec{H}(\vec{r}) - ik\,\vec{H}(\vec{r})\right] - i\lim_{R\to\infty} R[\mathrm{grad}(\vec{H}(\vec{r})\cdot\vec{n}(a)) - (\vec{H}(\vec{r})\cdot\mathrm{grad})\vec{n}(a)] = \vec{0}.$$

Der Ausdruck $[\vec{H}(\vec{r})\cdot\mathrm{grad}]\vec{n}(a)$ heißt Gradient des Vektorfeldes $\vec{n}$ nach dem Vektor
$\vec{H}$. Er ist gleich der Ableitung des Vektors $\vec{n}$ nach dem Vektor $\vec{H}$. Der erste Term
von (7.67) stellt den Sommerfeldschen Anteil dar; der zweite Term enthält eine zusätzliche Forderung an die Normalkomponenten. Diese zusätzliche Bedingung liegt
darin begründet, daß die Maxwellschen Gleichungen nicht mit der Schwingungsgleichung identisch sind. Die Form (7.63) der Ausstrahlungsbedingungen erweist sich
bei der Anwendung auf Probleme inhomogener Medien als geeignet [7.1,8], während
die Sommerfeldsche Ausstrahlungsbedingung dort nur bedingt benutzt werden kann.
Über das Verhalten von Lösungen der Schwingungsgleichung in inhomogenen Medien
kann der interessierte Leser z.B. bei Kato [7.11] und Jäger [7.12] etwas erfahren.
Ferner sei noch auf die Arbeit von Leis [7.13] hingewiesen.

7.8 Eindeutigkeitssätze

Die Ausstrahlungsbedingungen von Sommerfeld bzw. Müller sichern die Eindeutigkeit
der Lösung der Schwingungsgleichung bzw. der Maxwellschen Gleichungen. Es gilt
nämlich folgender Eindeutigkeitssatz:

Genügt eine im ganzen Raum reguläre Lösung der Schwingungsgleichung (7.1) den Sommerfeldschen Ausstrahlungsbedingungen (7.14), so verschwindet sie identisch.

Zum Beweis dieses Satzes gehen wir aus von der Greenschen Formel

$$
\iiint_{V_i} [u(\vec{y})\Delta v(\vec{y}) - v(\vec{y})\Delta u(\vec{y})]dV =
$$

$$
\oiint_{A} [u(\vec{y})\,\text{grad}\,v(\vec{y}) - v(\vec{y})\,\text{grad}\,u(\vec{y})]\cdot d\vec{A}. \tag{7.68}
$$

Die Größen $u(\vec{r})$, $v(\vec{r})$ sind skalare Felder, A ist die geschlossene Fläche, die das
Volumen V_i einschließt; $d\vec{A}$ weist ins Äußere von V_i.

Es sei nun $u(\vec{r})$ eine in V_i reguläre Lösung der Schwingungsgleichung (7.1)
und ferner

$$
v(\vec{r}) = \frac{\exp[ik|\vec{r} - \vec{y}|]}{|\vec{r} - \vec{y}|} = \frac{\exp[ikR]}{R},
$$

d.h. eine in V_i singuläre Funktion. (Der Quellpunkt $\vec{y}$ soll in V_i liegen.) R ist
dann der Abstand zwischen Quellpunkt und Aufpunkt. Wir behaupten nun, daß aus
(7.68) folgt

$$
\frac{1}{4\pi} \oiint_{A} \left[\frac{\exp[ikR]}{R}\,\text{grad}\,u(\vec{y}) - u(\vec{y})\,\text{grad}\left(\frac{\exp[ikR]}{R}\right) \right]\cdot d\vec{A} = \begin{cases} u(\vec{r}) & \text{für } \vec{r} \in V_i \\[2mm] 0 & \text{für } \vec{r} \notin V_i \end{cases}. \tag{7.69}
$$

Zum Beweis der sogen. Kirchhoffschen Formel (7.69) gehen wir von (7.68)
aus und setzen die Funktion $v(\vec{r}) = R^{-1}\exp[jkR]$ ein. Um nun (7.68) anwenden zu
können, müssen wir die Singularität von v in $R = 0$ durch eine kleine Kugel $V_k(a)$

vom Radius $a > 0$ aus dem Integrationsgebiet ausschließen. Die Oberfläche dieser Kugel sei $A_k(a)$. Es gilt also

$$\iiint\limits_{V_i - V_k(a)} [u(\vec{y})\Delta v(\vec{y}) - v(\vec{y})\Delta u(\vec{y})]dV =$$

$$\iiint\limits_{V_i - V_k(a)} k^2[u(\vec{y})v(\vec{y}) - v(\vec{y})u(\vec{y})]dV = 0,$$

da $u(\vec{r})$ und $v(\vec{r})$ in $V_i - V_k(a)$ der homogenen Schwingungsgleichung (7.1) genügen. Damit ist aber

$$\oiint\limits_{A+A_k(a)} [u(\vec{y})\,\mathrm{grad}\left(\frac{\exp[ikR]}{R}\right) - \frac{\exp[ikR]}{R}\,\mathrm{grad}\,u(\vec{y})] \cdot d\vec{A} = 0.$$

Das Flächenintegral über die kleine Kugel $A_k(a)$ kann entsprechend (7.29) direkt berechnet werden, womit (7.69) bewiesen ist.

Wir wollen nun die Darstellung (7.69) erweitern auf eine Funktion $u(\vec{r})$, die eine im zu V_i komplementären Gebiet V_a (Außenraum) reguläre Lösung von (7.1) mit $\mathrm{Im}\{k\} \geq 0$ ist und der Sommerfeldschen Ausstrahlungsbedingung (7.14) genügt. Dazu beschreiben wir um den Punkt $\vec{r}$ aus V_a eine Kugel $V_k(d)$ vom Radius d, die das Gebiet V_i ganz enthält und die Oberfläche $A_k(d)$ hat (Abb.7.3).

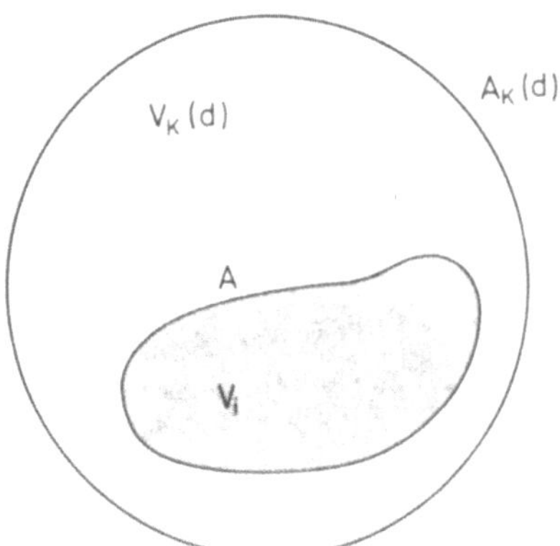

Abb.7.3 Integrationsgebiete zur Herleitung der Kirchhoffschen Formel

Dann ergibt sich durch Anwendung von (7.69) auf das Gebiet, das von A und $A_k(d)$ begrenzt wird

$$u(\vec{r}) = \frac{1}{4\pi} \oiint_A \left[\frac{\exp[ikR]}{R} \, \mathrm{grad}\, u(\vec{y}) - u(\vec{y})\,\mathrm{grad}\left(\frac{\exp[ikR]}{R} \right) \right] \cdot d\vec{A}$$

$$- \frac{1}{4\pi} \oiint_{A_k(d)} \left[\frac{\exp[ikR]}{R} \, \mathrm{grad}\, u(\vec{y}) - u(\vec{y})\,\mathrm{grad}\left(\frac{\exp[ikR]}{R} \right) \right] \cdot d\vec{A}.$$

Diesen Ausdruck wollen wir für $d \to \infty$ auswerten. Auf $A_k(d)$ gilt asymptotisch

$$\mathrm{grad}\, \frac{\exp[ikR]}{R} \simeq \left[-ik + \frac{1}{R} \right] \frac{\exp[ikR]}{R}\, \vec{n},$$

wobei $\vec{n}$ die nach Außen weisende Normale auf $A_k(d)$ ist. Damit gilt

$$- \frac{1}{4\pi} \oiint_{A_k(d)} \left[\frac{\exp[ikR]}{R} \, \mathrm{grad}\, u(\vec{y}) - u(\vec{y})\,\mathrm{grad}\left(\frac{\exp[ikR]}{R} \right) \right] \cdot d\vec{A} \simeq$$

$$- \frac{1}{4\pi} \oiint_{A_k(d)} \frac{\exp[ikR]}{R} \left[\frac{\partial u(\vec{y})}{\partial R} - ik\, u(\vec{y}) \right] \vec{n} \cdot d\vec{A} - \frac{1}{4\pi} \oiint_{A_k(d)} u(\vec{y}) \, \frac{\exp[ikR]}{R^2} \vec{n} \cdot d\vec{A} \,.$$

Beide Integrale verschwinden für $d \to \infty$ wegen (7.14). Wir erhalten also bei Gültigkeit der Ausstrahlungsbedingung (7.14) folgende Darstellung für $u(\vec{r})$ in V_a:

$$\frac{1}{4\pi} \oiint_A \left[\frac{\exp\{ikR\}}{R} \, \mathrm{grad}\, u(\vec{y}) - u(\vec{y})\,\mathrm{grad}\left(\frac{\exp\{ikR\}}{R} \right) \right] \cdot d\vec{A} = \begin{cases} u(\vec{r}) & \text{falls } \vec{y} \in V_i \\[2ex] 0 & \text{falls } \vec{y} \notin V_i \end{cases} .$$

$$(7.70)$$

Gl.(7.70) stellt die **Greensche Formel für das unbeschränkte Gebiet** dar. Sie erlaubt die Abschätzung von $u(\vec{r})$ für große Werte von $|\vec{r}|$:

$$u(\vec{r}) = \exp[ikR] O(R^{-1}) \quad \text{für } \mathrm{Im}\{k\} \geqslant 0.$$

Aus (7.70) folgt sofort auch der Beweis des eingangs behaupteten Eindeutigkeitssatzes. Stellen wir nämlich eine den Voraussetzungen des Satzes genügende Funktion $u(\vec{r})$ durch (7.70) dar, so strebt das Integral für $R \to \infty$ gegen Null. Da andererseits $\vec{r}$ beliebig gewählt werden konnte, folgt $u(\vec{r}) \equiv 0$.

Für die Maxwellschen Gleichungen gilt entsprechend folgender **Eindeutigkeitssatz**:

E s   g i b t   k e i n e   L ö s u n g $\vec{E}(\vec{r})$, $\vec{H}(\vec{r})$, d i e   d e n   G l e i c h u n g e n $\operatorname{rot}\vec{H}(\vec{r})+$ $i\omega\varepsilon\,\vec{E}(\vec{r}) = \vec{0}$, $\operatorname{rot}\vec{E}(\vec{r}) - i\omega\mu\,\vec{H}(\vec{r}) = \vec{0}$ u n d   d e n   A u s s t r a h l u n g s b e d i n g u n g e n (7.63) g e n ü g t , a u ß e r   e s   i s t $\vec{E}(\vec{r}) \equiv \vec{0}$, $\vec{H}(\vec{r}) \equiv \vec{0}$.

Der Beweis dieses Satzes soll hier nicht gebracht werden, da dafür noch ein Satz von Rellich [7.7] notwendig ist und wir zu weit ausholen müßten. Wir verweisen in diesem Zusammenhang auf die Monographie von Müller [7.1], in der eine ganze Reihe von Eindeutigkeitssätzen, auch unter Berücksichtigung inhomogener Medien, bewiesen werden.

Aufgaben

<u>7.1</u>   Man beweise $\vec{n}\cdot[\vec{E}(\vec{r}) \times (\operatorname{grad}\Phi(R) \times \vec{a})] = \vec{a}\cdot[(\vec{n}\times\vec{E}(\vec{r})) \times \operatorname{grad}\Phi(R)]$.

<u>7.2</u>   Man zeige (7.29).

<u>7.3</u>   Man zeige, daß (7.35) Lösung von $\operatorname{rot}\vec{E}(\vec{r}) - i\omega\mu\,\vec{H}(\vec{r}) = -\vec{J}_{me}(\vec{r})$ ist.

<u>7.4</u>   Man zeige, daß (7.35) auch für $\Phi(R) = R^{-1}\exp[-ikR]$ Lösung von (7.17) ist.

<u>7.5</u>   Man zeige, daß für das Integral (7.56) die asymptotische Beziehung (7.55) gilt.

<u>7.6</u>   Man beweise (7.60).

<u>7.7</u>   Man beweise (7.64).

<u>7.8</u>   Man zeige (7.65).

<u>7.9</u>   Man zeige, daß das elektromagnetische Feld in einem Gebiet durch Vorgabe der Tangentialkomponenten von $\vec{E}(\vec{r})$ oder von $\vec{H}(\vec{r})$ auf der Berandung des Gebietes vollständig und eindeutig bestimmt ist [7.14].

<u>7.10</u> Man überlege, ob eine ebene Welle die Ausstrahlungsbedingungen (7.63) erfüllen kann.

<u>Literatur</u>

7.1 C. Müller: Grundprobleme der mathematischen Theorie elektromagnetischer Schwingungen (Springer-Verlag, Berlin, Heidelberg, New York, 1957)

7.2 W.D. Kupradse: Randwertaufgaben der Schwingungstheorie und Integralgleichungen (Deutscher Verlag der Wissenschaften, Berlin 1956)

7.3 F.W. Schäfke: Einführung in die Theorie der speziellen Funktionen der mathematischen Physik (Springer-Verlag, Berlin, Heidelberg, New York 1963)

7.4 A. Duschek: Vorlesungen über höhere Mathematik, Band III (Springer-Verlag, Wien 1960)

7.5 A. Sommerfeld: Vorlesungen über theoretische Physik Band VI, Partielle Differentialgleichungen der Physik (Akad. Verlagsges., Leipzig 1958)

7.6 A. Sommerfeld: Jahresbericht der Deutschen Mathematiker-Vereinigung <u>21</u> (1912) 309-353

7.7 F. Rellich: Jahresbericht d. Deutschen Mathem.-Vereinigung <u>53</u> (1943) 57-65

7.8 C. Müller: Abh. d. Deutschen Akademie Berlin Nr. 3(1945/46)

7.9 J.A. Stratton, L.J. Chu: Phys. Rev. <u>56</u> (1939) 99-107

7.10 M. Lagally, W. Franz: Vorlesungen über Vektorrechnung (Akademische Verlagsgesellschaft Geest & Portig, Leipzig 1964

7.11 T. Kato: Comm. Pure and Appl. Math. <u>12</u> (1959) 403-425

7.12 W. Jäger: Math. Zeitschr. <u>95</u> (1967) 299-323

7.13 R. Leis: Mathem. Zeitschr. <u>106</u> (1968) 213-224

7.14 H.-G. Unger: Elektromagnetische Wellen I (Friedr. Vieweg u. Sohn, Braunschweig 1967)

8. Das Grenzwertproblem und die Fresnelsche Reflexion

Wir untersuchen die Fresnelsche Reflexion am einfachsten Fall der Ausbreitung elektromagnetischer Wellen im teilweise materieerfüllten Raum. Dazu betrachten wir das Verhalten von TE- und TM-Wellen an der ebenen Grenzfläche zweier Medien und leiten insbesondere Formeln für die Reflexions- und Durchgangsfaktoren her; ferner erörtern wir Spezialfälle des Einfallswinkels. Die Totalreflexion und die damit verbundene Struktur des Wellenfeldes werden diskutiert. Abschließend geben wir die Ortskurven der Reflexionsfaktoren an.

Bisher haben wir Probleme behandelt, die im wesentlichen die Ausbreitung im freien Raum betreffen. Nun wenden wir uns der Fresnelschen Reflexion und Brechung [8.1] ebener elektromagnetischer Wellen an der ebenen Trennfläche zweier Medien zu. Die Ergebnisse dieses einfachen Falls der Ausbreitung im materieerfüllten Raum können auf allgemeinere Fälle übertragen werden. Sie erlauben insbesondere Rückschlüsse auf das Verhalten von Wellen in der Umgebung von Grenzflächen.

Wir denken uns eine ebene monochromatische Welle, die auf die ebene Trennfläche zweier verschiedener homogener Medien fällt. Dann können wir ein kartesisches Koordinatensystem (x,y,z) so wählen, daß die Trennfläche durch $z = 0$ gegeben ist und die ebene Welle aus dem Halbraum $z < 0$ einfällt. Die x-Achse legen wir in die Fortpflanzungsrichtung der einfallenden ebenen Welle in der (x,z)-Ebene. Wir wollen nun untersuchen, wie das Feld der durchgehenden und der reflektierten Welle aussieht, wenn die Tangentialkomponenten der elektrischen und magnetischen Gesamtfeldstärke bei verschwindender Flächenstromdichte durch die Trennfläche $z = 0$ stetig hindurchgehen (Übergangsbedingungen (2.10)).

Im allgemeinen Fall wird die einfallende ebene Welle $\vec{E}_e(\vec{r},t)$, $\vec{H}_e(\vec{r},t)$ elliptisch polarisiert sein. (Siehe (5.25) und Aufgabe 5.5.) Eine elliptisch polarisierte Welle kann aber immer so in zwei Anteile zerlegt werden, daß der eine nur eine E_{ey}-Komponente und der andere nur eine H_{ey}-Komponente hat. (Man erinnere sich in diesem Zusammenhang an die Separation der Maxwellschen Gleichungen nach Bromwich

in Abschnitt 4.2.) Bezeichnen wir die Ebene, die durch die Normale auf der Trennfläche und durch die Fortpflanzungsrichtung bzw. den Wellenzahlvektor der einfallenden Welle aufgespannt wird, als E i n f a l l s e b e n e (Abb.8.1), so können wir
die obige Zerlegung auch wie folgt charakterisieren:

a) $\vec{H}_e$ liegt in der Einfallsebene und $\vec{E}_e$ steht senkrecht auf ihr.

b) $\vec{E}_e$ liegt in der Einfallsebene und $\vec{H}_e$ steht senkrecht auf ihr.

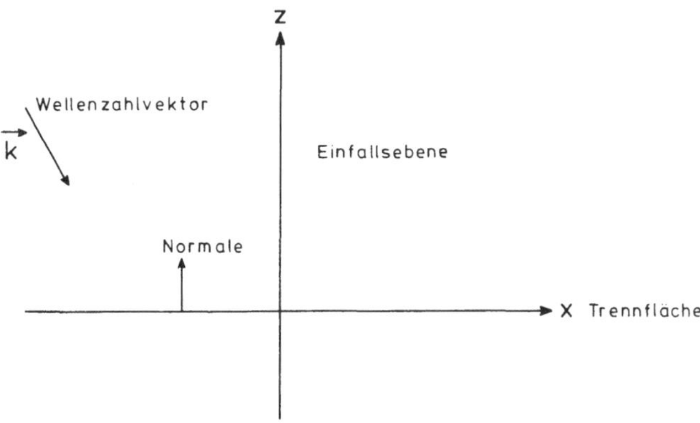

Abb.8.1 Zur Definition der Einfallsebene

In unserem Fall ist die Einfallsebene die (x,z)-Ebene. Wo es notwendig ist,
werden wir die beiden Fälle a) und b) getrennt behandeln. Die einfallende Welle
wird mit dem Index e bezeichnet, die reflektierte mit dem Index r und die durchgehende Welle mit dem Index d. Wir rechnen wieder mit einer Zeitabhängigkeit
$\exp[-i\omega t]$, lassen diese aber explizit weg. Das Medium in $z < 0$ nennen wir Medium 1 (Materialkonstanten $\varepsilon_1, \mu_1, \sigma_1$), das in $z > 0$ Medium 2 (Materialkonstanten
$\varepsilon_2, \mu_2, \sigma_2$). Ferner werden wir neben dem Brechungsindex n die Wellenzahl k und
den Wellenwiderstand Z benutzen. Der Zusammenhang zwischen diesen komplexen
Größen ist entsprechend (5.3,4,32) gegeben durch

$$Z = \left(\frac{i\omega\mu_0\mu_r}{i\omega\varepsilon_0\varepsilon_r - \sigma} \right)^{1/2} = \frac{\omega\mu_0\mu_r}{k} = \frac{\mu_r}{n} Z_0 . \tag{8.1}$$

8.1 Einfallendes elektrisches Feld senkrecht zur Einfallsebene

Im Fall a) hat das einfallende elektrische Feld $\vec{E}_e(\vec{r},t)$ die Komponenten (siehe (5.6,26)):

$$E_{ex} = 0, \quad E_{ez} = 0, \quad E_{ey}(x,z) = \exp[i k_1(z \cos \theta_e + x \sin \theta_e)]. \tag{8.2}$$

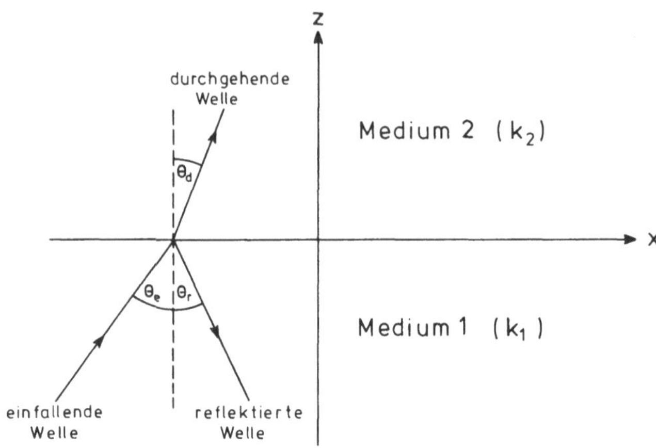

Abb.8.2 Zur Geometrie der Fresnelschen Reflexion (Fall a))

Die Größen k_1, k_2 sind die Wellenzahlen und Z_1, Z_2 die Wellenwiderstände von Medium 1,2; θ_e ist der Einfallswinkel (Abb.8.2).

Die zu (8.2) gehörigen Komponenten des einfallenden magnetischen Feldes erhalten wir über die entsprechende Maxwellsche Gleichung zu

$$H_{ez}(x,z) = \frac{\sin \theta_e}{Z_1} E_{ey}(x,z), \quad H_{ex}(x,z) = -\frac{\cos \theta_e}{Z_1} E_{ey}(x,z),$$

$$H_{ey} = 0. \tag{8.3}$$

Die Amplitude des einfallenden elektrischen Feldes (8.2) haben wir auf eins normiert. Da durch die ebene Trennfläche keine zusätzlichen Feldkomponenten hervorgerufen werden, machen wir für das ins Medium 1 reflektierte Feld $\vec{E}_r(x,z)$, $\vec{H}_r(x,z)$ den Ansatz

$$E_{rx} = 0, \; E_{rz} = 0, \; E_{ry}(x,z) = R_E \exp[ik_1(-z \cos \theta_r + x \sin \theta_r)],$$

$$\tag{8.4}$$

$$H_{rx}(x,z) = \frac{\cos \theta_r}{Z_1} E_{ry}(x,z), \; H_{ry} = 0, \; H_{rz}(x,z) = \frac{\sin \theta_r}{Z_1} E_{ry}(x,z),$$

und für das ins Medium 2 durchgehende Feld $\vec{E}_d(x,z)$, $\vec{H}_d(x,z)$

$$E_{dx} = 0, \; E_{dz} = 0, \; E_{dy}(x,z) = D_E \exp[ik_2(z \cos \theta_d + x \sin \theta_d)],$$

$$\tag{8.5}$$

$$H_{dx}(x,z) = - \frac{\cos \theta_d}{Z_2} E_{dy}(x,z), \; H_{dy} = 0, \; H_{dz}(x,z) = \frac{\sin \theta_d}{Z_2} E_{dy}(x,z).$$

Die Größen R_E und D_E werden als Reflexions- bzw. Durchgangsfaktor bezeichnet. Der Index E soll auf die im Fall a) horizontale Polarisation des $\vec{E}$-Feldes hinweisen.

Die Forderung (2.10), daß die Tangentialkomponenten des gesamten elektrischen Feldes durch die Trennfläche z = 0 stetig hindurchgehen sollen, drückt sich in

$$\exp[ik_1 x \sin \theta_e] + R_E \exp[ik_1 x \sin \theta_r] = D_E \exp[ik_2 x \sin \theta_d]$$

aus. Diese Gleichung kann nur dann für alle x erfüllt sein, wenn

$$k_1 \sin \theta_e = k_1 \sin \theta_r = k_2 \sin \theta_d$$

ist. Diese Forderung liefert sofort das Reflexionsgesetz

$$\theta_e = \theta_r \tag{8.6}$$

d.h. Einfalls- und Reflexionswinkel sind gleich, und das Brechungsgesetz (oder Gesetz von Snellius)

$$k_1 \sin \theta_e = k_2 \sin \theta_d, \tag{8.7}$$

das wegen $k_1 n_2 = k_2 n_1$ auch in der Form

$$n_1 \sin \theta_e = n_2 \sin \theta_d \tag{8.7a}$$

geschrieben werden kann. Wir bemerken, daß, wenn n_1 groß genug ist, (8.7a) nur durch komplexe Winkel θ_d erfüllt werden kann. Auf diesen interessanten Sachverhalt kommen wir später zurück.

Zur Berechnung des Reflexionsfaktors R_E und des Durchgangsfaktors D_E benutzen wir die Übergangsbedingungen (2.10). Unter Verwendung von (8.6,7) erhalten wir

$$1 + R_E = D_E \qquad\qquad \Leftrightarrow \text{ Tangentialkomponente von } \vec{E} \text{ stetig für } z = 0,$$

$$-\frac{\cos\theta_e}{Z_1} + \frac{\cos\theta_e}{Z_1} R_E = -\frac{\cos\theta_d}{Z_2} D_E \Leftrightarrow \text{ Tangentialkomponente von } \vec{H} \text{ stetig für } z = 0.$$

Die Auflösung dieses Gleichungssystems liefert

$$R_E = \frac{Z_2 \cos\theta_e - Z_1 \cos\theta_d}{Z_2 \cos\theta_e + Z_1 \cos\theta_d} \,, \tag{8.8}$$

$$D_E = \frac{2 Z_2 \cos\theta_e}{Z_2 \cos\theta_e + Z_1 \cos\theta_d} \,. \tag{8.9}$$

Andere Schreibweisen dieser beiden Formeln sind über (8.1) zu erhalten und zwar

$$R_E = \frac{\mu_2 k_1 \cos\theta_e - \mu_1 k_2 \cos\theta_d}{\mu_2 k_1 \cos\theta_e + \mu_1 k_2 \cos\theta_d} \,, \tag{8.10}$$

$$D_E = \frac{2 \mu_2 k_1 \cos\theta_e}{\mu_2 k_1 \cos\theta_e + \mu_1 k_2 \cos\theta_d} \tag{8.11}$$

und

$$R_E = \frac{\mu_2 n_1 \cos\theta_e - \mu_1 n_2 \left[1 - \left(\frac{n_1}{n_2}\sin\theta_e\right)^2\right]^{1/2}}{\mu_2 n_1 \cos\theta_e + \mu_1 n_2 \left[1 - \left(\frac{n_1}{n_2}\sin\theta_e\right)^2\right]^{1/2}} \,, \tag{8.12}$$

$$D_E = \frac{2 \mu_2 n_1 \cos\theta_r}{\mu_2 n_1 \cos\theta_e + \mu_1 n_2 \left[n_2^2 - n_1^2 \sin^2\theta_e\right]^{1/2}} \,. \tag{8.13}$$

Die beiden letzten Formeln enthalten nur den Einfallswinkel θ_e.

8.2 Einfallendes magnetisches Feld senkrecht zur Einfallsebene

Im Fall b) gilt für das einfallende elektromagnetische Feld

$$H_{ex} = 0, \quad H_{ey}(x,z) = \exp[ik_1(z \cos \theta_e + x \sin \theta_e)], \quad H_{ez} = 0,$$

$$\tag{8.14}$$

$$E_{ex}(x,z) = \cos \theta_e \, Z_1 \, H_{ey}(x,z), \quad E_{ey} = 0, \quad E_{ez}(x,z) = - \sin \theta_e \, Z_1 \, H_{ey}(x,z).$$

Die Amplitude des einfallenden Feldes ist wieder auf eins normiert. Genau wie im Fall a) finden wir das Reflexionsgesetz (8.6) und das Brechungsgesetz (8.7). Der Reflexionsfaktor R_H, der R_E entspricht, und der Durchgangsfaktor D_H, der D_E entspricht, bestimmen sich wieder aus den Übergangsbedingungen zu

$$R_H = \frac{Z_1 \cos \theta_e - Z_2 \cos \theta_d}{Z_1 \cos \theta_e + Z_2 \cos \theta_d} \, , \tag{8.15}$$

$$D_H = \frac{2 Z_1 \cos \theta_e}{Z_1 \cos \theta_e + Z_2 \cos \theta_d} \, . \tag{8.16}$$

Auch hier sind neben dieser Schreibweise andere in Gebrauch

$$R_H = \frac{\mu_1 k_2 \cos \theta_e - \mu_2 k_1 \cos \theta_d}{\mu_1 k_2 \cos \theta_e + \mu_2 k_1 \cos \theta_d} \, , \tag{8.17}$$

$$D_H = \frac{2 \mu_1 k_2 \cos \theta_e}{\mu_1 k_2 \cos \theta_e + \mu_2 k_1 \cos \theta_d} \, , \tag{8.18}$$

und

$$R_H = \frac{\mu_1 n_2^2 \cos \theta_e - \mu_2 n_1 \left[n_2^2 - n_1^2 \sin^2 \theta_e \right]^{1/2}}{\mu_1 n_2^2 \cos \theta_e + \mu_2 n_1 \left[n_2^2 - n_1^2 \sin^2 \theta_e \right]^{1/2}} \, , \tag{8.19}$$

$$D_H = \frac{2 \mu_1 n_2^2 \cos \theta_e}{\mu_1 n_2^2 \cos \theta_e + \mu_2 n_1 \left[n_2^2 - n_1^2 \sin^2 \theta_e \right]^{1/2}} \, . \tag{8.20}$$

Wir bemerken, daß sich Reflexions- und Durchgangsfaktor in den beiden Fällen a)
und b) unterscheiden. (Abb.8.3 und 8.4).

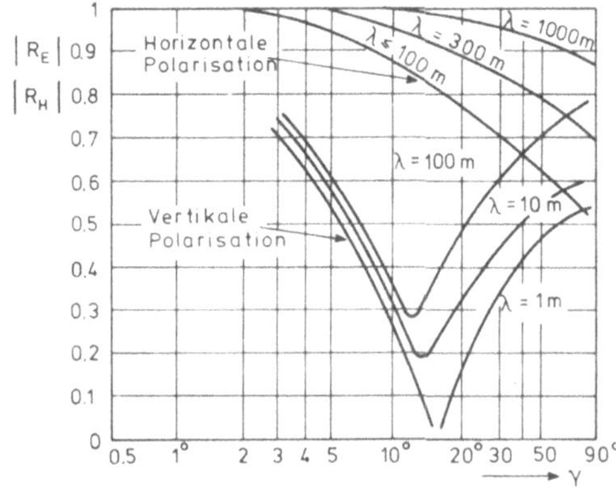

Abb.8.3 Betrag der Reflexionsfaktoren R_E und R_H für $\varepsilon_{2rel}= 10$, $\sigma_2= 10^{-3}$ S/m, Medium 1 Vakuum, in Abhängigkeit vom Streifwinkel $\gamma = \pi/2 - \theta_e$

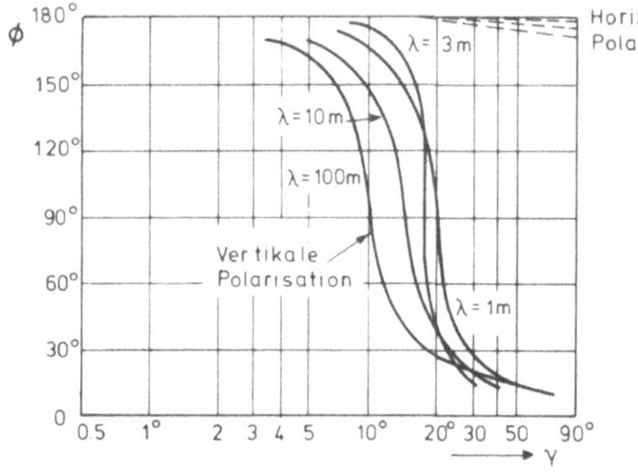

Abb.8.4 Phase Φ der Reflexionsfaktoren R_E und R_H ($R = |R| \exp[i\Phi]$) für $\varepsilon_{2rel}= 10$, $\sigma_2 = 10^{-3}$ S/m, Medium 1 Vakuum, in Abhängigkeit vom Streifwinkel $\gamma = \pi/2 - \theta_e$

Die Formeln (8.8,13) und (8.15,20) werden F r e s n e l s c h e   F o r m e l n genannt. Sie gelten für nicht leitende und für leitende Medien mit der Einschränkung, daß die Frequenz der einfallenden Welle nicht annähernd mit der Plasmafrequenz im Medium übereinstimmt [8.2]. Dann ist die Möglichkeit des Auftretens von Plasmawellen (longitudinalen Wellen) im Fall einer schräg auf die Oberfläche einfallenden, in der Einfallsebene polarisierten elektromagnetischen Welle gegeben. Dieser·Fall, der z.B. beim halbleitenden CdO im Ultraroten eintritt [8.3], soll uns aber hier nicht weiter beschäftigen. Wir verweisen in diesem Zusammenhang auf die Untersuchungen einer Arbeitsgruppe bei Sauter [8.2,4,5], deren Ergebnisse in [8.6] zusammengefaßt sind, und auf [8.11].

8.3 Spezialfälle des Einfallswinkels

8.3.1 Senkrechter Einfall

Bei senkrechtem Einfall der ebenen Welle lassen sich die Fälle a) und b) nicht mehr
unterscheiden. Deshalb müssen wir beachten, wie die Größen R und D definiert sind.
Es gilt für $\theta_e = 0$

$$R_E = \frac{Z_2 - Z_1}{Z_2 + Z_1} \quad , \quad R_H = \frac{Z_1 - Z_2}{Z_1 + Z_2} \quad , \tag{8.21}$$

d.h.

$$R_E = - R_H ,$$

und

$$D_E = \frac{2 Z_2}{Z_2 + Z_1} \quad , \quad D_H = \frac{2 Z_1}{Z_1 + Z_2} . \tag{8.22}$$

8.3.2 Streifender Einfall

In diesem Fall ist $\theta_e = \pi/2$. Wir finden ihn in der Praxis angenähert bei der Abstrahlung von UKW-Antennen, die in nicht zu großer Höhe über dem Erdboden stehen.
Für b e i d e Polarisationsfälle a) und b) erhalten wir

$$R_E = R_H = - 1, \tag{8.23}$$

$$D_E = D_H = 0.$$

Bei streifendem Einfall existiert also keine ins zweite Medium eindringende Welle.
Es ist eben physikalisch unmöglich, daß im oberen Medium mit der Geschwindigkeit
$v_1 = (\varepsilon_1 \mu_1)^{-1/2}$ und im unteren mit der Geschwindigkeit $v_2 = (\varepsilon_2 \mu_2)^{-1/2}$ eine Welle
gemeinsam läuft. Gl.(8.23) bedeutet, daß längs der Grenzfläche $z = 0$ die Ampli-
tude der reflektierten Welle gleich der der einfallenden Welle ist. Die Phase der
reflektierten Welle ist gegenüber der der einfallenden Welle um 180° verschoben.
Dieser Phasensprung von π entspricht einem Gangunterschied von $\lambda/2$. Eine Antenne, die die Erde streifend anstrahlt, wird also an der Erdoberfläche den Feld-

stärkewert Null liefern, weil sich dort infolge des Reflexionsphasensprunges der
direkte und reflektierte Strahl unabhängig von der Polarisation asymptotisch aufheben.

8.4 Reflexion und Brechung an dielektrischen Medien

Wir nehmen $\mu_1 = \mu_2 = \mu$ und $\sigma_1 = \sigma_2 = 0$ an. Dann ist

$$k_1/k_2 = n_1/n_2 = \left(\frac{\varepsilon_1}{\varepsilon_2}\right)^{1/2} .$$

Aus dem Brechungsgesetz

$$(\varepsilon_1)^{1/2} \sin \theta_e = (\varepsilon_2)^{1/2} \sin \theta_d$$

folgt, daß θ_d nur dann reell sein kann, wenn

$$(\varepsilon_1)^{1/2} \sin \theta_e \leqslant (\varepsilon_2)^{1/2} \tag{8.24}$$

ist. Wir machen vorerst einmal die Annahme, daß der Brechungswinkel θ_d reell ist,
die Ungleichung (8.24) also nicht verletzt werde. Das kann durch geeignete Beschrän-
kung des Einfallswinkels θ_e geschehen. Setzen wir in (8.10,11,17,18) das Brechungsgesetz

$$k_1/k_2 = \sin \theta_d/\sin \theta_e$$

ein und benutzen die trigonometrische Relation

$$\sin(\alpha \pm \beta)\cos(\alpha \mp \beta) = \sin \alpha \cos \alpha \pm \sin \beta \cos \beta$$

so erhalten wir

$$R_E = \frac{\sin(\theta_d - \theta_e)}{\sin(\theta_d + \theta_e)} , \qquad D_E = \frac{2 \cos \theta_e \sin \theta_d}{\sin(\theta_d + \theta_e)} , \tag{8.25}$$

$$R_H = \frac{\tan(\theta_e - \theta_d)}{\tan(\theta_e + \theta_d)} , \qquad D_H = \frac{2 \cos \theta_e \sin \theta_d}{\sin(\theta_e + \theta_d)\cos(\theta_e - \theta_d)} . \tag{8.26}$$

Da D_E und D_H positiv und reell sind, sind einfallende und durchlaufende Welle in Phase. Die reflektierte Welle ist mit der einfallenden entweder in Phase oder um $180°$ phasenverschoben, je nachdem wie groß θ_e und θ_d sind. Diese Eigenschaften sind z.B. bei der Berechnung von Richtdiagrammen von Antennen über nichtleitender Erde von Bedeutung. (Siehe Abschnitt 10.4.)

Für $\theta_e + \theta_d = \pi/2$ verschwindet R_H. Es existiert dann keine reflektierte Welle. Der Einfallswinkel $\theta_e = \theta_B$, für den dies eintritt, wird B r e w s t e r w i n k e l genannt. Er berechnet sich aus dem Brechungsgesetz

$$n_1 \sin \theta_e = n_2 \sin \theta_d = n_2 \sin(\pi/2 - \theta_e) = n_2 \cos \theta_e$$

zu

$$\tan \theta_B = n_2/n_1 = k_2/k_1 = \left(\frac{\varepsilon_2}{\varepsilon_1} \right)^{1/2} . \tag{8.27}$$

Der Reflexionsfaktor R_E hat bei den getroffenen Voraussetzungen keine Nullstellen, wie aus (8.7,25) zu sehen ist. Machen wir die zu unseren Voraussetzungen dualen Festlegungen $\varepsilon_1 = \varepsilon_2 = \varepsilon$, $\mu_1 \neq \mu_2$, $\sigma_1 = \sigma_2 = 0$, dann hat R_E eine Nullstelle. Dieser Fall hat bisher keine praktische Rolle gespielt.

Nun wollen wir den F a l l d e r T o t a l r e f l e x i o n behandeln, der für

$$(\varepsilon_1)^{1/2} \sin \theta_e > (\varepsilon_2)^{1/2} \tag{8.28}$$

eintritt. Damit das Brechungsgesetz (8.7) bei Gültigkeit der Ungleichung (8.28) erfüllt bleibt, müssen wir $\sin \theta_d > 1$ annehmen. Dies ist nur möglich, wenn für den Winkel θ_d auch komplexe Werte zugelassen werden. Aus (8.7) folgt sofort

$$\cos \theta_d = i \left(\frac{\varepsilon_1}{\varepsilon_2} \sin^2 \theta_e - 1 \right)^{1/2} . \tag{8.29}$$

Das Vorzeichen der in (8.29) auftretenden Wurzel ist dabei so zu wählen, daß die Amplitude der durchgehenden Welle, die nach (8.5) zu

$$\exp[ik_2 z \cos \theta_d] = \exp\left[- k_2 z \left(\frac{\varepsilon_1}{\varepsilon_2} \sin^2 \theta_e - 1 \right)^{1/2} \right]$$

proportional ist, für $z \to \infty$ verschwindet.

Wir wollen uns nun überlegen, welche W e l l e n s t r u k t u r durch einen derartigen komplexen Winkel hervorgerufen wird. Dazu beschränken wir uns auf den Fall, daß der Feldvektor $\vec{H}$ in der Einfallsebene liegt und der Vektor $\vec{E}$ senkrecht auf ihr steht. Unter der Voraussetzung (8.28) muß θ_d die Form

$$\theta_d = \pi/2 \pm i\beta, \quad \beta \text{ reell}, \tag{8.30}$$

haben, denn $\theta_d = \pi/2$ ist der größte reelle Wert, den θ_d annehmen kann. Nur für $\theta_d = \pi/2 \pm i\beta$ wird auch $\cos\theta_d$ rein imaginär, wie das nach (8.29) sein muß. Es gilt nämlich

$$\cos(\alpha + i\beta) = \cos\alpha \cosh\beta - i \sin\alpha \sinh\beta,$$

$$\sin(\alpha + i\beta) = \sin\alpha \cosh\beta + i \cos\alpha \sinh\beta,$$

woraus mit $\alpha = \pi/2$ folgt

$$\cos\left(\frac{\pi}{2} \pm i\beta\right) = -i \sinh(\pm\beta) \quad \text{rein imaginär},$$

$$\sin\left(\frac{\pi}{2} \pm i\beta\right) = \cosh(\pm\beta) \quad \text{rein reell}. \tag{8.31}$$

Nach (8.5) ist das durchgehende Feld gegeben durch

$$E_{dy}(x,z) = D_E \exp[ik_2(z \cos\theta_d + x \sin\theta_d)],$$

$$H_{dx}(x,z) = -\frac{\cos\theta_d}{Z_2} D_E \exp[ik_2(z \cos\theta_d + x \sin\theta_d)],$$

$$H_{dz}(x,z) = \frac{\sin\theta_d}{Z_2} D_E \exp[ik_2(z \cos\theta_d + x \sin\theta_d)]. \tag{8.32}$$

Setzen wir (8.31) in (8.32) ein, so erhalten wir das durchgehende Feld im Fall der Totalreflexion

$$E_{dy}(x,z) = D_E \exp[k_2 z \sinh(\pm\beta) + ik_2 x \cosh(\pm\beta)],$$

$$H_{dx}(x,z) = \frac{i \sinh(\pm\beta)}{Z_2} E_{dy}(x,z),$$

$$H_{dz}(x,z) = \frac{\cos(\pm\beta)}{Z_2} E_{dy}(x,z).$$

Diese Gleichungen erlauben uns, das Vorzeichen von β festzulegen. Da $E_{dy}(x,z)$ für positive z nicht exponentiell anwachsen darf, ist das negative Vorzeichen für β zu wählen. (Man beachte, daß nach Voraussetzung k_2 reell und positiv ist.) Damit gilt für das durchgehende Feld bei Totalreflexion

$$E_{dy}(x,z) = D_E \exp[-k_2 z \sinh \beta + ik_2 x \cosh \beta],$$

$$H_{dx}(x,z) = -\frac{i \sinh \beta}{Z_2} E_{dy}(x,z), \qquad\qquad (8.33)$$

$$H_{dz}(x,z) = \frac{\cosh \beta}{Z_2} E_{dy}(x,z),$$

und wir erhalten die in Abb.8.5 angegebene Fortsetzung von θ_d in der komplexen θ-Ebene.

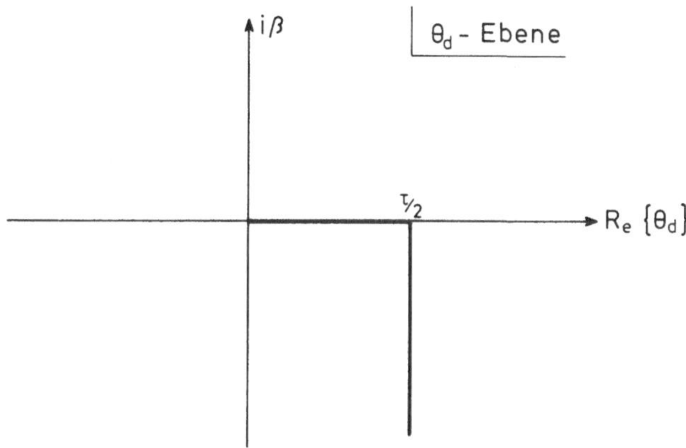

Abb.8.5 Fortsetzung von θ_d in der komplexen Winkelebene

Um den Charakter der durch (8.33) dargestellten Welle festzustellen, untersuchen wir den Exponenten. Die Flächen gleicher Amplitude sind durch

$$\mathrm{Re}\{-k_2 z \sinh \beta + ik_2 x \cosh \beta\} = -k_2 z \sinh \beta = \mathrm{const}$$

und die Flächen gleicher Phase durch

$$\mathrm{Im}\{-k_2 z \sinh \beta + ik_2 x \cosh \beta\} = k_2 x \cosh \beta = \mathrm{const}$$

gegeben. Wir sehen, daß die Flächen gleicher Phase und die Flächen gleicher Amplitude nicht mehr zusammenfallen. Man nennt Wellen mit dieser Eigenschaft i n h o - m o g e n e W e l l e n . Im hier betrachteten Fall der Totalreflexion stehen im durchgehenden Feld die Flächen gleicher Amplitude und die Flächen gleicher Phase senkrecht aufeinander. (Abb.8.6). Die Welle ist in positiver z-Richtung exponentiell gedämpft.

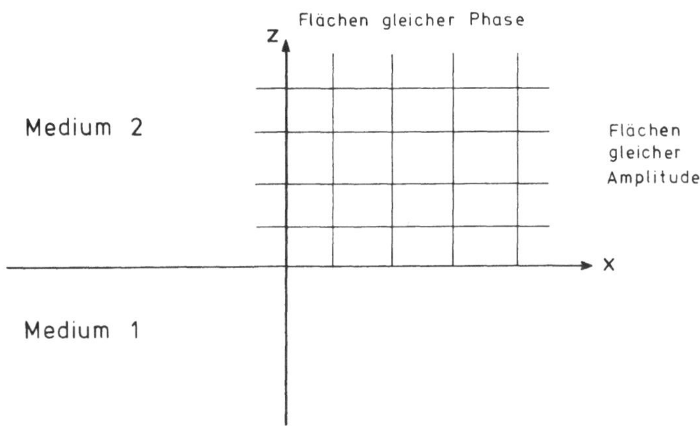

Abb.8.6 Inhomogene Welle im Fall der Totalreflexion

Wir wollen nun noch den mittleren Energiefluß ins Medium 2 berechnen. Er wir durch die z-Komponente des Realteils des komplexen Poyntingvektors gegeben und ist gleich Null:

$$\mathrm{Re}\{\vec{S}_k\}_z = 1/2\,\mathrm{Re}\{\vec{E}(x,z) \times \vec{H}^*(x,z)\}_z =$$

$$1/2\,\mathrm{Re}\left\{ D_E \exp[-k_2 z \sinh \beta + ik_2 x \cosh \beta]\,\frac{(-i)\sinh \beta}{Z_2}\,D_E^* \cdot \right.$$

$$\left. \exp[-k_2 z \sinh \beta - ik_2 x \cosh \beta] \right\} = 0.$$

Dies bedeutet, daß i m F a l l d e r T o t a l r e f l e x i o n i m z e i t l i c h e n Mittel k e i n e E n e r g i e s e n k r e c h t z u r T r e n n f l ä c h e i n s M e d i u m 2 t r a n s - p o r t i e r t w i r d . Dagegen finden wir, daß im Medium 2 parallel zur Trennfläche z = 0 ein nicht verschwindender Energiefluß vorhanden ist:

$$\mathrm{Re}\{\vec{S}_k\}_x = 1/2\,\mathrm{Re}\{E_{dy}(x,z)H_{dz}^*(x,z)\} =$$

$$1/2\,\mathrm{Re}\left\{ D_E \exp[-k_2 z \sinh \beta + ik_2 x \cosh \beta]\,\frac{\cosh \beta}{Z_2}\,D_E^* \cdot \right.$$

$$\left. \exp[-k_2 z \sinh \beta - ik_2 x \cosh \beta] \right\} \neq 0.$$

Aus unserer Rechnung ist nicht ersichtlich, woher dieser Energiefluß parallel zur
Trennfläche kommt. Dieser Mangel rührt daher, daß wir zur Rechnung ein unendlich
ausgedehntes elektromagnetisches Feld, nämlich die ebene Welle benutzt haben. Eine
ebene Welle ist aber praktisch nur näherungsweise realisierbar. Die einfallende Welle
hat also im konkreten Fall eine endliche Ausdehnung und muß auch irgendwann einmal
"eingeschaltet" werden. Berücksichtigen wir diese Tatsachen, so kann gezeigt werden[*],
daß Energie an einer Ecke des einfallenden Feldes ins Medium eintritt, dort längs der
Grenzfläche läuft, um sich dann an der anderen Ecke wieder ins Medium 1 zurückzu-
begeben.(Abb.8.7). Dabei wird der reflektierte Strahl gegenüber dem einfallenden
versetzt. Dieser Effekt ist nach Goos und Hänchen [8.8] benannt.

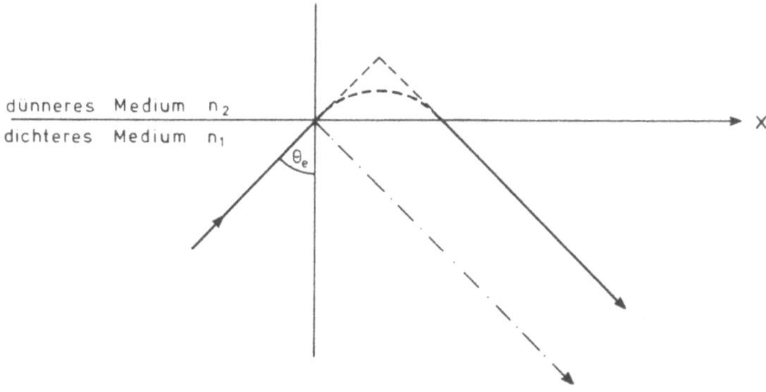

Abb.8.7 Schematische Darstellung des Strahlenganges bei
Totalreflexion

Wir wenden uns nun der Diskussion der Reflexionsfaktoren R_E und R_H zu. Dazu
verwenden wir die Formeln (8.8,15). Für den Fall der Totalreflexion müssen wir in
ihnen $\cos \theta_d = - i \sinh \beta$ setzen ($\beta \leq 0$) oder $\cos \theta_d = i \sinh \beta$ mit $\beta \geq 0$. Da die Wellenwiderstände Z_i, i = 1,2, als reell angenommen wurden, haben beide Reflexions-
faktoren die Form $(a - ib)/(a + ib)$; sie sind also komplex und vom Betrag 1. Haben
wir keine Totalreflexion, so sind die Reflexionsfaktoren R_E und R_H reell. Wir geben
nun in Abb.8.8 für beide Fälle $(\varepsilon_1)^{1/2} \sin \theta_e \gtrless (\varepsilon_2)^{1/2}$ die Ortskurven der Reflexionsfaktoren in der komplexen Ebene in Abhängigkeit vom Einfallswinkel θ_e an [8.9].

---

[*] Eine umfangreiche Zusammenstellung von Schriften zu diesem Thema ist in der
Dissertation von Lotsch [8.7] zu finden.

a) keine Totalreflexion - Reflexion am optisch dichteren Medium

$$(n_1 < n_2) \qquad\qquad (\varepsilon_1)^{1/2} \sin \theta_e \leqslant (\varepsilon_2)^{1/2}$$

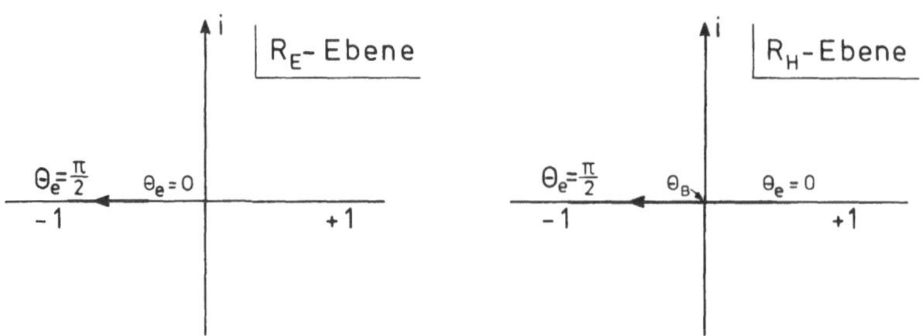

b) Totalreflexion   - Reflexion am optisch dünneren Medium

$$(n_1 > n_2) \qquad\qquad \sqrt{\varepsilon_1} \sin \theta_e > \sqrt{\varepsilon_2}$$

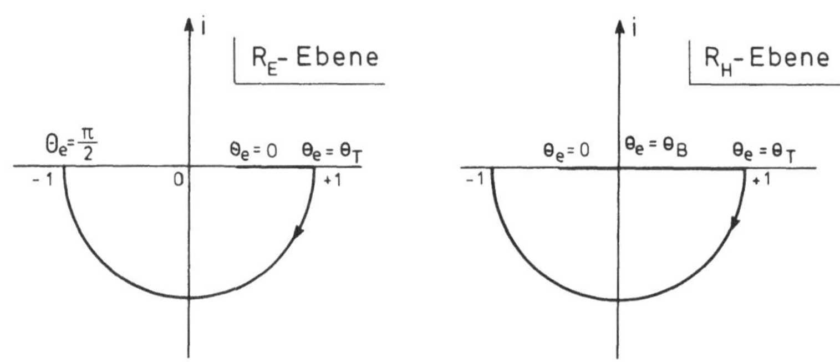

Abb. 8.8a und b Ortskurven der Reflexionsfaktoren

θ_T ist der **Winkel der Totalreflexion**. Die Pfeile in Abb. 8.8 geben den Durchlaufsinn der Kurven mit wachsendem Einfallswinkel θ_e an.

<u>Aufgaben</u>

<u>8.1</u> Man berechne die Komponenten (8.2) aus den Maxwellschen Gleichungen.

<u>8.2</u> Man behandle die Fresnelsche Reflexion nach der Methode von Bromwich.

132

<u>8.3</u> Man berechne analog zum TE-Fall die Reflexions- und Durchgangsfaktoren R_H und D_H ((8.15-20)).

<u>8.4</u> Wir nehmen an, daß Medium 2 leitend ist. Dann bleiben die Formeln für die Reflexions- und Durchgangsfaktoren erhalten, und die Wellenzahl k_2 bzw. der Wellenwiderstand Z_2 sind komplex anzunehmen:

$$k_2 = \left[\omega^2 \varepsilon_2 \mu + i\omega\sigma_2\mu \right]^{1/2} := k_{21} + i\, k_{22} \quad \text{mit}$$

$$k_{21} > 0, \quad k_{22} \geqslant 0.$$

Da k_2 komplex ist, muß nach dem Brechungsgesetz (8.7) auch θ_d komplex sein. Nun hat k_2 bei der gewählten Zeitabhängigkeit $\exp[-i\omega t]$ einen nicht negativen Imaginärteil. Demnach muß $\sin\theta_d$ einen negativen (nicht positiven) Imaginärteil haben und wir können $\cos\theta_d$ in der Form $a + ib$, $a > 0$, $b > 0$ ansetzen [Ref.8.10, S.431]. Es soll nun untersucht werden, welche Wellenstruktur unter diesen Voraussetzungen im Medium 2 hervorgerufen wird.

<u>8.5</u> Die Reflexion am unendlich guten Leiter kann durch den Grenzübergang $\sigma_2 \to \infty$ bzw. $Z_2 \to 0$ betrachtet werden. Dann ist $R_E = -1$ und $R_H = +1$. In das unendlich gut leitende Medium dringt kein Feld ein. Es soll am TE-Fall gezeigt werden, daß es dann durch Überlagerung von einfallendem und reflektiertem Feld in Medium 1 zu Interferenzstreifen kommt. Die Streifenbreite in Abhängigkeit vom Einfallswinkel bei gegebener reeller Wellenzahl k_1 ist anzugeben. Was geschieht bei streifendem Einfall?

<u>8.6</u> Es sind Reflexions- und Durchgangsfaktor für eine senkrecht auf eine im Vakuum befindliche dielektrische Platte der Dicke d fallende ebene Welle zu berechnen. (Abb.8.9).

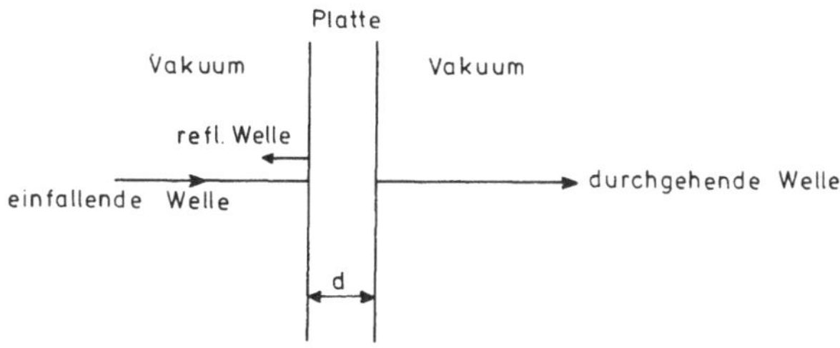

Abb.8.9 Senkrechter Einfall einer ebenen Welle
auf eine Platte der Dicke d

Die Amplitude der einfallenden Welle soll auf eins normiert sein. Das Ergebnis ist zu diskutieren.

Literatur

8.1 A. Sommerfeld: Vorlesungen über theoretische Physik, Bd. IV, Optik (Akademische Verlagsgesellschaft Geest & Portig, Leipzig 1959)

8.2 F. Sauter: Z. für Physik 203 (1967) 488-494

8.3 M. Bischhoff, H. Finkenrath, W. Waidlich: Z. Physik 231 (1970) 193-202

8.4 F. Forstmann: Z. für Physik 203 (1967) 495-541

8.5 K. Sturm: Z. für Physik 209 (1968) 329-347

8.6 R. Becker: Theorie der Elektrizität, Bd. III, Elektrodynamik der Materie, herausgegeben und verfaßt von F. Sauter (B.G. Teubner, Stuttgart 1969)

8.7 H.K.V. Lotsch: Optik 32 (1970/71) 116-137; 189-204; 299-319; 553-569

8.8 F. Goos, H. Hänchen: Ann. Phys. Lpz. 6, 1 (1947) 333
    F. Goos, H. Lindberg-Hänchen: Ann. Phys. Lpz. 6, 5 (1949) 251

8.9 G. Eckart: Z. für Angew. Physik 2 (1950) 334-337

8.10 J.N. Bronstein, K.A. Semendjajew: Taschenbuch der Mathematik (Harri Deutsch, Frankfurt/Main 1962)

8.11 H.K.V. Lotsch: IEEEJ. Quant. Electr. QE-9, 780 (1973)

9. Einfache Strahlungsquellen und Antennenbegriffe

Als spezielle Lösungen der inhomogenen Wellengleichung werden die zueinander dualen elektrischen und magnetischen Dipolprobleme behandelt. Sie werden sowohl für eine allgemeine als auch eine harmonische Zeitabhängigkeit angegeben und diskutiert. Dabei führen wir die Unterteilung in Nahfeld, Übergangsfeld und Fernfeld ein sowie die Begriffe Strahlungswiderstand und effektive Antennenhöhe. Als Beispiel einer mehr physikalischen Antenne behandeln wir dann die Linearantenne und den $\lambda/2$-Dipol. Anschließend gehen wir auf den Antennengewinn und die Wirkfläche einer Antenne im Sende- und Empfangsfall ein. Eine Diskussion des Radar- oder Rückstreuquerschnitts beschließt das Kapitel.

9.1 Der elektrische oder Hertzsche Dipol

In Kapitel 3 haben wir gesehen, daß die Bestimmung eines elektromagnetischen Feldes aus den Maxwellschen Gleichungen bei vorgegebenen Quellen auf die Bestimmung eines Hertzschen und eines Fitzgeraldschen Vektors zurückgeführt werden kann, aus denen sich dann die Feldgrößen durch Differentiation ergeben. Wir wollen nun untersuchen, wie das zu einem speziellen Hertzschen Vektor gehörige elektromagnetische Feld aussieht und welche physikalischen Vorstellungen wir mit ihm zu verbinden haben.

9.1.1 Berechnung des elektromagnetischen Feldes

Nach (3.23) genügt der Hertzsche Vektor $\vec{\pi}(\vec{r},t)$ der Wellengleichung

$$\Box\,\vec{\pi}(\vec{r},t) = -\frac{1}{\varepsilon}\,\vec{P}_e(\vec{r},z).\qquad (9.1)$$

Auf Grund der Überlegungen von Kapitel 5 und nach (5.54) können wir sofort eine auslaufende Welle darstellende Lösung durch

$$\vec{\pi}(\vec{r},t) = \frac{1}{4\pi\varepsilon} \iiint\limits_{V'} \frac{\vec{P}_e\left(\vec{r}',t - \frac{1}{v}|\vec{r} - \vec{r}'|\right)}{|\vec{r} - \vec{r}'|} \, dV' \tag{9.2}$$

angeben. Das Integrationsvolumen V' ist das Quellgebiet, in dem $\vec{P}_e(\vec{r},t) \neq \vec{0}$ ist. Die Integration ist bezüglich der Quellpunktskoordinaten $\vec{r}'$ durchzuführen.

Nun denken wir uns ein kartesisches Koordinatensystem (x,y,z) eingeführt. Durch Drehen dieses Koordinatensystems können wir ohne Verlust an Allgemeinheit erreichen, daß $\vec{\pi}(\vec{r},t)$ nur noch eine Komponente in z-Richtung hat, also

$$\vec{\pi}(\vec{r},t) = \{0,0,\pi_z(\vec{r},t)\}. \tag{9.3}$$

Wir spezialisieren weiter und setzen

$$\vec{P}_e(\vec{r},t) = f(t)\delta(\vec{r})\vec{e}_z, \tag{9.4}$$

wobei $\vec{e}_z$ ein Einheitsvektor in z-Richtung und $f(t)$ nur eine Funktion der Zeit ist. Damit erhalten wir aus (9.2)

$$\pi_z(\vec{r},t) = \frac{1}{4\pi\varepsilon} \iiint\limits_{V'} \frac{f\left(t - \frac{1}{v}|\vec{r} - \vec{r}'|\right)\delta(\vec{r}')}{|\vec{r} - \vec{r}'|} \, dV' = \frac{1}{4\pi\varepsilon} \frac{f(t - r/v)}{r}. \tag{9.5}$$

Dabei haben wir $r = |\vec{r}| = (x^2 + y^2 + z^2)^{1/2}$ gesetzt. In Kugelkoordinaten (R,θ,φ) hat $\vec{\pi}(\vec{r},t)$ allgemein folgende Darstellung

$$\pi_R(\vec{r},t) = \pi_x(\vec{r},t)\sin\theta\,\cos\varphi - \pi_y(\vec{r},t)\sin\theta\,\sin\varphi + \pi_z(\vec{r},t)\cos\theta,$$

$$\pi_\theta(\vec{r},t) = \pi_x(\vec{r},t)\cos\theta\,\cos\varphi + \pi_y(\vec{r},t)\cos\theta\,\sin\varphi - \pi_z(\vec{r},t)\sin\theta, \tag{9.6}$$

$$\pi_\varphi(\vec{r},t) = -\pi_x(\vec{r},t)\sin\varphi + \pi_y(\vec{r},t)\cos\varphi,$$

woraus mit (9.3)

$$\vec{\pi}(r,t) = \{\pi_z(r,t)\cos\theta, -\pi_z(r,t)\sin\theta, 0\} =$$

$$\{\pi_R(\vec{r},t), \pi_\theta(\vec{r},t), \pi_\varphi(\vec{r},t)\} \tag{9.7}$$

folgt. Nach (9.5) ist $\vec{\pi}_z(\vec{r},t)$ von θ und φ unabhängig, also kugelsymmetrisch.

136

Zur Berechnung des elektromagnetischen Feldes aus $\vec{\pi}(\vec{r},t)$ außerhalb des Quellgebietes V' dienen die Differentiationsvorschriften $(3.24,25)$

$$\vec{E}(\vec{r},t) = \text{rot rot } \vec{\pi}(\vec{r},t),$$

$$\vec{H}(\vec{r},t) = (v\,Z)^{-1} \text{ rot } \frac{\partial}{\partial t} \vec{\pi}(\vec{r},t) \tag{9.8}$$

mit $Z = (\mu/\varepsilon)^{1/2}$ und $v^{-2} = \varepsilon\mu$.

Allgemein gilt nun

$$\text{rot } \vec{\pi}(R,\theta,\varphi) = \begin{cases} \vec{e}_R \left\{ \dfrac{1}{R\sin\theta}\left[\dfrac{\partial}{\partial\theta}(\sin\theta\,\pi_\varphi(R,\theta,\varphi)) - \dfrac{\partial}{\partial\varphi}\pi_\theta(R,\theta,\varphi) \right] \right\} + \\[2mm] \vec{e}_\theta \left\{ \dfrac{1}{R\sin\theta}\dfrac{\partial}{\partial\varphi}\pi_R(R,\theta,\varphi) - \dfrac{1}{R}\dfrac{\partial}{\partial R}(R\pi_\varphi(R,\theta,\varphi)) \right\} + \\[2mm] \vec{e}_\varphi \left\{ \dfrac{1}{R}\dfrac{\partial}{\partial R}(R\pi_\theta(R,\theta,\varphi)) - \dfrac{1}{R}\dfrac{\partial}{\partial\theta}\pi_R(R,\theta,\varphi) \right\}, \end{cases} \tag{9.9}$$

woraus wegen $(9.5,7)$ und $R = |\vec{r}| = r$ folgt

$$\text{rot } \vec{\pi}(\vec{r},t) = \vec{e}_\varphi \left\{ -\sin\theta\,\frac{\partial}{\partial R}\pi_z(R,t) \right\}. \tag{9.10}$$

Dabei sind $\vec{e}_R, \vec{e}_\theta, \vec{e}_\varphi$ die Einheitsvektoren des begleitenden Dreibeins. Nochmalige Anwendung der Rotation auf (9.10) liefert

$$\text{rot rot } \vec{\pi}(\vec{r},t) = \begin{cases} \vec{e}_R \left\{ -\dfrac{2}{R}\cos\theta\,\dfrac{\partial}{\partial R}\pi_z(R,t) \right\} + \\[2mm] \vec{e}_\theta \left\{ \dfrac{\sin\theta}{R}\dfrac{\partial}{\partial R}\left[R\,\dfrac{\partial}{\partial R}\pi_z(R,t) \right] \right\} + \\[2mm] \vec{e}_\varphi \{0\}. \end{cases} \tag{9.11}$$

Nun beachten wir, daß $\pi_z(R,t)$ die spezielle Form (9.5) hat und führen folgende Abkürzung ein:

$$\frac{d\,f(t - R/v)}{d(t - R/v)} := f'(t - R/v). \tag{9.12}$$

Dann gilt nach (9.8,10,11)

$$\vec{E}(\vec{r},t) = \frac{1}{4\pi\varepsilon}\left\{ \vec{e}_R\left\{ 2\cos\theta\left[\frac{f\left(t-\frac{R}{v}\right)}{R^3} + \frac{f'\left(t-\frac{R}{v}\right)}{vR^2} + 0\right]\right\} + \vec{e}_\theta\left\{\sin\theta\left[\frac{f\left(t-\frac{R}{v}\right)}{R^3} + \frac{f'\left(t-\frac{R}{v}\right)}{vR^2} + \frac{f''\left(t-\frac{R}{v}\right)}{v^2R}\right]\right\} + \vec{e}_\varphi\{0\}, \right\} \tag{9.13}$$

$$\vec{H}(\vec{r},t) = \left\{\frac{\sin\theta}{4\pi\varepsilon\,Z}\left[0 + \frac{f'\left(t-\frac{R}{v}\right)}{vR^2} + \frac{f''\left(t-\frac{R}{v}\right)}{v^2R}\right]\right\}\vec{e}_\varphi \quad . \tag{9.14}$$

Die Gleichungen (9.13,14) stellen das zum Hertzschen Vektor (9.5) gehörige elektromagnetische Feld dar.

9.1.2 Diskussion der Hertzschen Lösung

Die Hertzsche Lösung (9.13,14) läßt sich in drei Anteile aufspalten, die nach Potenzen von R^{-1} unterschieden werden. In großer Nähe zum Quellpunkt überwiegen
die Terme mit R^{-3} (sogen. Nahfeld), für große Abstände die mit R^{-1} (sogen.
Fernfeld). Dazwischen liegt ein Übergangsfeld mit R^{-2}.

Man kann sich nun das Nahfeld

$$\vec{E}_{\text{Nah}}(\vec{r},t) = \frac{f\left(t-\frac{R}{v}\right)}{4\pi\varepsilon\,R^3}\left[\vec{e}_R\{2\cos\theta\} + \vec{e}_\theta\{\sin\theta\} + \vec{e}_\varphi\{0\}\right],$$

$$\vec{H}_{\text{Nah}}(\vec{r},t) = \vec{0} \tag{9.15}$$

auch durch einen "elektrostatischen" Dipol mit dem Moment $f(t)\vec{e}_z$ erzeugt denken.
Um dies zu zeigen, nehmen wir zwei Ladungen + Q und – Q im Abstand l voneinander
an. Die Entfernung dieser Ladungen zum Aufpunkt P sei R_+ bzw. R_- (Abb.9.1).

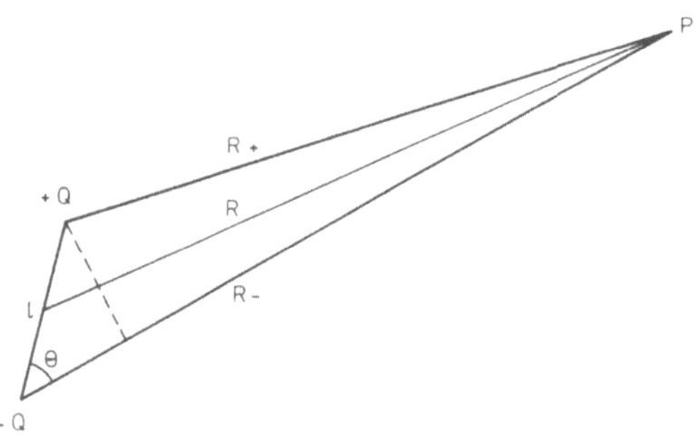

Abb.9.1 Elektrostatischer Dipol

Das Potential einer Einzelladung ist [9.1]

$$V_Q = \frac{Q}{4\pi\varepsilon\,R} \; .$$

Nach dem Superpositionsprinzip ergibt sich dann das Potential des aus den Ladungen
+ Q und - Q gebildeten Dipols zu

$$V_{Dipol} = \frac{Q}{4\pi\varepsilon} \left[\frac{1}{R_+} - \frac{1}{R_-} \right] = \frac{Q}{4\pi\varepsilon} \left[\frac{R_- - R_+}{R_+ R_-} \right] \; . \qquad (9.16)$$

Ist die Entfernung R zwischen Dipol und Aufpunkt P groß gegen die Abmessungen
des Dipols, also $R \gg 1$, so gilt

$$R_- \approx R_+ + 1 \cos\theta \approx R_+ \approx R.$$

Dies kann auch erreicht werden, indem man sich $1 \to 0$ denkt, die Abmessungen des
Dipols also hinreichend klein macht.

Führen wir noch mit

$$\vec{m} := 1\,Q\,\vec{e}_z$$

das Moment des Dipols ein [9.1], so erhalten wir aus (9.16) für $1 \to 0$

$$V_{Dipol} = \frac{|\vec{m}|}{4\pi\varepsilon}\,\frac{\cos\theta}{R^2} \; .$$

Das zu diesem elektrostatischen Dipol gehörige Feld $\vec{E}_{Dipol}$ gewinnen wir durch

$$\vec{E}_{Dipol}(\vec{r}) = -\,\mathrm{grad}\,V_{Dipol}(R) = -\left\{ \begin{array}{l} \vec{e}_R \left\{ \dfrac{\partial}{\partial R}\,V_{Dipol}(R) \right\} + \\[2ex] \vec{e}_\theta \left\{ \dfrac{1}{R}\,\dfrac{\partial}{\partial\theta}\,V_{Dipol}(R) \right\} + \\[2ex] \vec{e}_\varphi \left\{ \dfrac{1}{R\sin\theta}\,\dfrac{\partial}{\partial\varphi}\,V_{Dipol}(R) \right\} \end{array} \right.$$

$$= \frac{|\vec{m}|}{4\pi\varepsilon} \left[\vec{e}_R \left\{ \frac{2\cos\theta}{R^3} \right\} + \vec{e}_\theta \left\{ \frac{\sin\theta}{R^3} \right\} + \vec{e}_\varphi \{0\} \right] \quad ,$$

woraus mit $\vec{m} = f(t)\vec{e}_z$ unsere Behauptung folgt. (Die Retardierung kann im Nahfeld vernachlässigt werden).

Den dominierenden Teil des Magnetfeldes im Ü b e r g a n g s f e l d

$$\vec{H}_{\ddot{u}}(\vec{r},t) = \frac{1}{4\pi\varepsilon\,Z}\;\frac{f'\left(t - \dfrac{R}{v}\right)}{v\,R^2}\,\sin\theta\;\vec{e}_\varphi \qquad (9.17)$$

kann man sich nach dem Gesetz von Biot-Savart [9.1] durch ein Stromelement mit der Richtung $\vec{e}_z$ von der Länge ds und dem Strom $i(\vec{r},t)$ erzeugt denken, wobei $i(\vec{r},t) = f'(t - R/v)$ ist. Deswegen wird das zum Hertzschen Vektor (9.5) gehörige elektromagnetische Feld (9.13,14) als Feld eines elektrischen Dipols vom Moment $f(t)\vec{e}_z$ bezeichnet.

Das für alle Ausbreitungsfragen wichtige F e r n f e l d ist schließlich gegeben durch

$$\vec{E}_{Fern}(\vec{r},t) = \frac{1}{4\pi\varepsilon}\;\frac{f''\left(t - \dfrac{R}{v}\right)}{R\,v^2}\,\sin\theta\;\vec{e}_\theta,$$

$$\vec{H}_{Fern}(\vec{r},t) = \frac{1}{4\pi\varepsilon\,Z}\;\frac{f''\left(t - \dfrac{R}{v}\right)}{R\,v^2}\,\sin\theta\;\vec{e}_\varphi. \qquad (9.18)$$

W i r   s e h e n ,   d a ß $\vec{E}_{Fern}(\vec{r},t)$ u n d $\vec{H}_{Fern}(\vec{r},t)$ i n   P h a s e   s i n d .   Ferner gilt

$$\frac{|\vec{E}_{Fern}(\vec{r},t)|}{|\vec{H}_{Fern}(\vec{r},t)|} = Z. \qquad (9.19)$$

D i e   F e l d e r $\vec{E}_{Fern}(\vec{r},t)$ u n d $\vec{H}_{Fern}(\vec{r},t)$ s t e h e n   a u f e i n a n d e r   u n d   z u r   A u s b r e i t u n g s r i c h t u n g $\vec{e}_R$ s e n k r e c h t .   Das Fernfeld ist also bezüglich $\vec{e}_R$ transversal. Der P o y n t i n g v e k t o r   d e s   F e r n f e l d e s $\vec{S}_{Fern}(\vec{r},t)$ ergibt sich nach (9.18) zu

$$\vec{S}_{Fern}(\vec{r},t) = \vec{E}_{Fern}(\vec{r},t) \times \vec{H}_{Fern}(\vec{r},t) =$$

$$= \frac{1}{Z}\left[\frac{\sin\theta\,f''\left(t - \dfrac{R}{v}\right)}{R\,v^2\,4\pi\varepsilon}\right]^2\,\vec{e}_R. \qquad (9.20)$$

Wir berechnen nun die vom elektrischen Dipol ins Unendliche abgestrahlte Energie. Sei $A_k(R)$ die Oberfläche einer Kugel vom Radius R und $\vec{n}$ die äußere Normale auf ihr. Dann gilt für die abgestrahlte Energie

140

$$\oiint_{A_k(R)} \vec{S}(\vec{r},t)\cdot\vec{n}\ dA = \oiint_{A_k(R)} [\vec{E}(\vec{r},t)\times\vec{H}(\vec{r},t)]\cdot\vec{n}\ dA =$$

$$\int_0^\pi \int_0^{2\pi} [\vec{E}(\vec{r},t)\times\vec{H}(\vec{r},t)]\cdot\vec{n}\ R^2 \sin\theta\ d\theta\ d\varphi. \tag{9.21}$$

Die Glieder des Poyntingvektors, die vom Nah- und Übergangsfeld stammen, verhalten sich für $R \to \infty$ mindestens wie $o(R^{-3})$, liefern also keinen Beitrag zum Integral (9.21). Somit gilt asymptotisch für $R \to \infty$

$$\oiint_{A_k(R)} \vec{S}(\vec{r},t)\cdot\vec{n}\ dA \simeq \oiint_{A_k(R)} \vec{S}_{Fern}(\vec{r},t)\cdot\vec{n}\ dA =$$

$$\left(\frac{f''\left(t-\dfrac{R}{v}\right)}{4\pi\varepsilon\,v^2}\right)^2 \frac{1}{Z}\int_0^\pi\int_0^{2\pi}\sin^3\theta\ d\theta\ d\varphi = \tag{9.22}$$

$$\left(\frac{f''\left(t-\dfrac{R}{v}\right)}{4\pi\varepsilon\,v^2}\right)^2 \frac{8\pi}{3Z} = \frac{\mu}{6\pi v}\left[\,f''\left(t-\frac{R}{v}\right)\right]^2 .$$

Diese Energie ist notwendig, um den elektrischen Dipol in Gang zu halten. Wir bemerken, daß - genau wie bei einer bewegten Punktladung - nur dann Energie abgestrahlt wird, wenn die Ladung beschleunigt wird oder der Strom sich zeitlich ändert.

Nach (9.20) können wir sofort die Richtcharakteristik, d.h. die räumliche Verteilung der Energieabstrahlung des elektrischen Dipols angeben. (Abb.9.2).

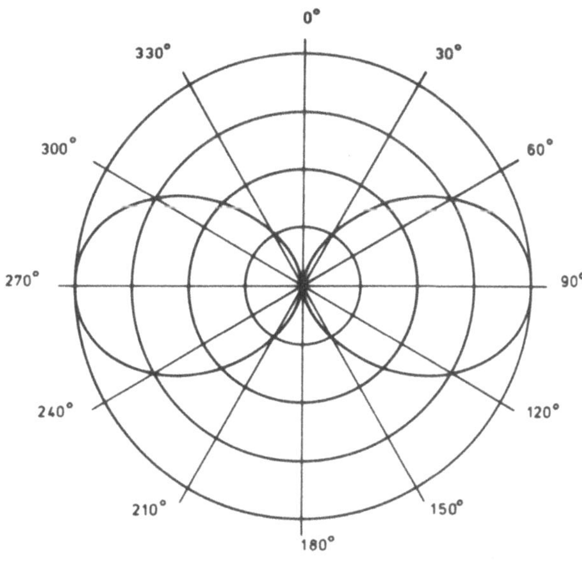

Abb.9.2 Richtcharakteristik des elektrischen Dipols

Es ist $|\vec{S}_{Fern}(\vec{r},t)| \sim \sin^2\theta$, d.h. in Richtung seines Moments strahlt der elektrische Dipol im Fernfeld nicht. Im Fernfeld findet, im Gegensatz zum Nahfeld, wo die Energie mit dem Quadrat der Feldstärken periodisch pendelt, eine in Fortpflanzungsrichtung der Welle gerichtete Energiebewegung statt, bei der nicht mehr die Richtung sondern die Stärke der Energieströmung periodisch wechselt. Das ist kennzeichnend für die Transversalität der Wellen.

9.2   Der harmonische elektrische Dipol

9.2.1 Das Strahlungsfeld

Wir nehmen nun an, daß sich das Moment des Dipols harmonisch mit der Zeit ändert. Ferner liege der Dipol weiterhin im Ursprung des Koordinatensystems (R,θ,φ) und sein Moment liege in Richtung $\vec{e}_z$. Dann gilt

$$\pi_z(R,t) = \frac{1}{4\pi\varepsilon} \frac{f(t-R/v)}{R},$$

wobei aber jetzt

$$f(t-R/v) = A \exp[-i\omega(t-R/v)] = A \exp[i(kR-\omega t)] \qquad (9.23)$$

mit $k = \omega/v$ ist und

$$f'(t-R/v) = \frac{d\,f(t-R/v)}{d(t-R/v)} = -i\omega\,f(t-R/v),$$

$$(9.24)$$

$$f''(t-R/v) = -\omega^2 f(t-R/v)$$

wird. A ist eine komplexe Konstante der Dimension Ladung $\times$ Länge (d.h. also eines elektrischen Moments), die als Amplitude mit Phasenfaktor gedeutet werden kann. Damit können wir nach (9.13,14) sofort das zum harmonischen Hertzschen Vektor gehörige elektromagnetische Feld angeben

$$\vec{E}(\vec{r},t) = \frac{A\,\exp[i(kR - \omega t)]}{4\pi\varepsilon}\left\{\begin{aligned}&\vec{e}_R\left\{2\cos\theta\left(\frac{1}{R^3} - \frac{ik}{R^2} + 0\right)\right\} + \\[4pt] &\vec{e}_\theta\left\{\sin\theta\left(\frac{1}{R^3} - \frac{ik}{R^2} - \frac{k^2}{R}\right)\right\} + \\[4pt] &\vec{e}_\varphi\{0\}\;,\end{aligned}\right.\qquad (9.25)$$

$$\vec{H}(\vec{r},t) = \frac{A\,\exp[i(kR - \omega t)]}{4\pi\varepsilon\,Z}\,\vec{e}_\varphi\left\{\sin\theta\left(0 - \frac{ik}{R^2} - \frac{k^2}{R}\right)\right\}\;.$$

Das F e r n f e l d können wir genauer festlegen. Es ist durch die Forderung

$$k\,R \gg 1$$

definiert:

$$\vec{E}_{Fern}(\vec{r},t) = -\frac{A\,\exp[i(kR - \omega t)]}{4\pi\varepsilon}\,\frac{k^2\sin\theta}{R}\,\vec{e}_\theta\,,$$

$$\vec{H}_{Fern}(\vec{r},t) = -\frac{A\,\exp[i(kR - \omega t)]}{4\pi\varepsilon\,Z}\,\frac{k^2\sin\theta}{R}\,\vec{e}_\varphi\,. \qquad (9.26)$$

Diese Näherung gilt mit einer Genauigkeit von besser als 10 % für alle Entfernungen vom Dipol, die größer als 5λ sind.

9.2.2 <u>Strahlungsleistung und Strahlungswiderstand</u>

Wir wollen nun die im zeitlichen Mittel vom harmonischen Dipol ins Unendliche abgestrahlte Leistung $\overline{P}_{str}$ ermitteln. Diese erhalten wir sofort, wenn wir (9.22)

$$\frac{\mu}{6\pi v}\,f''(t - R/v)f''(t - R/v)$$

zeitlich mitteln. (Siehe Aufgabe 2.9). Unter Verwendung der Beziehungen (9.23,24) erhalten wir

$$\overline{P}_{str} = \frac{1}{2}\,\frac{\mu}{6\pi v}\,f''(t - R/v)[f''(t - R/v)]^*$$

$$= \frac{\mu\omega^4|A|^2}{12\pi v}\;\text{Watt}, \qquad (9.27)$$

wobei A die Einheit Coulomb × Meter hat und * konjugiert komplex bedeutet. Für $v = (\varepsilon_0 \mu_0)^{-1/2}$, d.h. $\varepsilon = \varepsilon_0$, $\mu = \mu_0$ (also im Vakuum) gilt

$$\bar{P}_{str} = \frac{\omega^4 |A| 10^{-15}}{9} \text{ Watt}.$$

Nun betrachten wir den in der Diskussion der Hertzschen Lösung eingeführten äquivalenten Dipol vom Moment

$$|\vec{m}| = m = f(t - R/v).$$

Mit dieser Bezeichnung lautet (9.27)

$$\bar{P}_{str} = \frac{\mu \omega^4 |\vec{m}|^2}{12\pi v}.$$

Der Betrag m des zeitlich veränderlichen Dipolmoments ist gegeben durch

$$m(t) = Q(t)1 = Q(t)ds.$$

(Wir schreiben ds an Stelle von 1 um anzudeuten, daß die Überlegungen nur asymptotisch für $1 \to 0$ gelten)[*].

Der an diesem Dipol fließende Strom $i(t)$ hängt mit der zeitlich veränderlichen Ladung $Q(t)$ nach

$$i(t) = \frac{d\,Q(t)}{dt}$$

zusammen. Diesen Strom können wir auch über äußere Klemmen und eine angeschlossene Leitung der Dipolantenne zuführen. Hängen $Q(t)$ und damit $i(t)$ harmonisch von der Zeit ab, also

$$Q(t) = Q_0 \exp[-i\omega t], \quad i(t) = I_0 \exp[-i\omega t],$$

wobei Q_0 und I_0 komplex und zeitunabhängig sind, so gilt

---

[*] Das Dipolmoment können wir näherungsweise durch eine Antenne realisieren, die aus zwei geladenen Metallkugeln besteht, deren Abstand ds klein gegen die Wellenlänge sein muß [9.2].

144

$$Q_0 = \frac{I_0}{-i\omega} = i\,I_0/\omega$$

und somit

$$m\,m^* = |\vec{m}|^2 = \frac{|I_0|^2\,ds^2}{\omega^2}\,.$$

Für die abgestrahlte mittlere Leistung erhalten wir also

$$\overline{P}_{str} = \frac{\mu\,\omega^2|I_0|\,ds^2}{12\pi v}\,. \tag{9.28}$$

Gl.(9.28) kann mit $v = \omega/k$, $k = 2\pi/\lambda$, $Z = (\mu/\varepsilon)^{1/2}$ umgeformt werden in

$$\overline{P}_{str} = \frac{\pi}{3}\,|I_0|^2\,Z\left(\frac{ds}{\lambda}\right)^2\,. \tag{9.28a}$$

Setzen wir die vom schwingenden Dipol abgestrahlte mittlere Leistung proportional dem Quadrat des Effektivwertes $I_{eff} = |I_0|/(2)^{1/2}$ des Stromes, also

$$\overline{P}_{str} = R_{str}\,I_{eff}^2 = R_{str}\,\frac{|I_0|^2}{2}\,,$$

so hat der Proportionalitätsfaktor R_{str} die Dimension eines Widerstandes. Er wird Strahlungswiderstand

$$R_{str} = \frac{2\pi}{3}\left(\frac{ds}{\lambda}\right)^2 Z \tag{9.29}$$

genannt. Im Vakuum ist $Z = Z_0 \approx 120\,\pi$ Ohm und wir erhalten

$$R_{str} = \frac{2\pi}{3}\left(\frac{ds}{\lambda}\right)^2 Z_0 \approx 80\pi^2\left(\frac{ds}{\lambda}\right)^2 \approx 790\left(\frac{ds}{\lambda}\right)^2 \text{Ohm}, \tag{9.29a}$$

wobei ds und λ in Meter angegeben werden.

In das Feld einer e b e n e n Welle der Feldstärke $\vec{E}$ gebracht, läd sich der Hertzsche Dipol im Leerlauf auf die dem Abstand der Ladungskugeln entsprechende Spannung auf. Er liefert daher, als Empfangsantenne betrieben, die Urspannung

$$U = \vec{E} \cdot \vec{ds}, \tag{9.30}$$

bei optimaler Ausrichtung zum Feld also

$$|U|^2 = |\vec{E}|^2 \, ds^2 . \qquad (9.30a)$$

Solange eine reale Antenne entsprechender Bauart kurz gegen die Wellenlänge ist, verhält sie sich in jeder Hinsicht wie ein elektrischer Dipol der Länge $ds = h_{eff}$, wobei in Analogie zu (9.30) die **effektive Antennenhöhe** h_{eff} durch

$$U = \vec{E} \cdot \vec{h}_{eff} \qquad (9.30b)$$

definiert ist. Sie ist bei realen Antennen von der geometrischen Länge der Antenne verschieden (Abb.9.9).

9.3 Der magnetische oder Fitzgeraldsche Dipol

Der elektrische Dipol verhielt sich in seiner näheren Umgebung wie ein lineares Stromelement. Nun entspricht ein konstanter Strom in einem kleinen kreisförmigen Leiter einem magnetischen Dipol. Wir können also vermuten, daß in Analogie zum elektrischen Dipol ein magnetischer Dipol existiert, der sich dual zum elektrischen verhält. Die zum Hertzschen Vektor duale Größe ist der **Fitzgeraldsche Vektor** $\vec{M}(\vec{r},t)$. Er genügt nach (3.31) der Wellengleichung

$$\Box \, \vec{M}(\vec{r},t) = - \frac{1}{\mu} \, \vec{P}_m (\vec{r},t) . \qquad (9.31)$$

Die zugehörigen Differentiationsvorschriften zur Gewinnung des elektromagnetischen Feldes lauten nach (3.28,29) außerhalb des Quellbereichs

$$\vec{E}(\vec{r},t) = - \mu \, \mathrm{rot} \, \frac{\partial}{\partial t} \, \vec{M}(\vec{r},t) , \quad \vec{H}(\vec{r},t) = \mathrm{rot} \, \mathrm{rot} \, \vec{M}(\vec{r},t) . \qquad (9.32)$$

Wir haben also ein zu (9.1,8) völlig duales Problem und können daher entsprechend (9.13,14) sofort seine Lösung angeben:

$$\vec{E}(\vec{r},t) = - \frac{Z}{4\pi\mu} \left\{ \sin\theta \left[0 + \frac{f'\left(t - \frac{R}{v}\right)}{R^2 \, v} + \frac{f''\left(t - \frac{R}{v}\right)}{R \, v^2} \right] \right\} \vec{e}_{\varphi} ,$$

$$\vec{H}(\vec{r},t) = \frac{1}{4\pi\mu}\left\{
\begin{array}{l}
\vec{e}_R\left\{2\cos\theta\left[\dfrac{f\left(t-\frac{R}{v}\right)}{R^3} + \dfrac{f'\left(t-\frac{R}{v}\right)}{R^2 v} + 0\right]\right\} + \\[2em]
\vec{e}_\theta\left\{\sin\theta\left[\dfrac{f\left(t-\frac{R}{v}\right)}{R^3} + \dfrac{f'\left(t-\frac{R}{v}\right)}{R^2 v} + \dfrac{f''\left(t-\frac{R}{v}\right)}{R v^2}\right]\right\} + \\[2em]
\vec{e}_\varphi\{0\}
\end{array}
\right. \tag{9.33}$$

stellt das zum Fitzgeraldschen Vektor

$$\vec{M}(\vec{r},t) = \frac{1}{4\pi\mu}\,\frac{f(t-R/v)}{R}\,\vec{e}_z \tag{9.34}$$

gehörige elektromagnetische Feld dar. Wir können auch hier die Unterteilung nach Potenzen von R^{-1} in

Nahfeld

$$\vec{E}_{\mathrm{Nah}}(\vec{r},t) = \vec{0}, \quad \vec{H}_{\mathrm{Nah}}(\vec{r},t) = \frac{1}{4\pi\mu}\,\frac{f(t-R/v)}{R^3}\left\{
\begin{array}{l}
\vec{e}_R\{2\cos\theta\} + \\[1em]
\vec{e}_\theta\{\sin\theta\} + \\[1em]
\vec{e}_\varphi\{0\},
\end{array}
\right. \tag{9.35}$$

Übergangsfeld

$$\vec{E}_{\ddot{u}}(\vec{r},t) = -\frac{Z}{4\pi\mu}\sin\theta\,\frac{f'(t-R/v)}{R^2 v}\,\vec{e}_\varphi\,,$$

$$\tag{9.36}$$

$$\vec{H}_{\ddot{u}}(\vec{r},t) = \frac{1}{4\pi\mu}\,\frac{f'(t-R/v)}{R^2 v}\left\{
\begin{array}{l}
\vec{e}_R\{2\cos\theta\} + \\[1em]
\vec{e}_\theta\{\sin\theta\} + \\[1em]
\vec{e}_\varphi\{0\},
\end{array}
\right.$$

und Fernfeld

$$\vec{E}_{\mathrm{Fern}}(\vec{r},t) = -\frac{Z}{4\pi\mu}\,\frac{f''(t-R/v)}{R v^2}\sin\theta\,\vec{e}_\varphi,$$

$$\vec{H}_{Fern}(\vec{r},t) = \frac{1}{4\pi\mu} \frac{f''(t - R/v)}{R\,v^2} \sin\theta\, \vec{e}_\theta \qquad (9.37)$$

vornehmen.

Nun zeigen wir, daß das Nahfeld (9.35) mit dem eines kreisförmigen stationären Stromes übereinstimmt, daß also das elektromagnetische Feld des Fitzgeraldschen Vektors einer kleinen Rahmenantenne bzw. einem magnetischen Dipol entspricht.

Zur Berechnung des Magnetfeldes eines von einem stationären Strom durchflossenen Ringes führen wir die Bezeichnungen von Abb.9.3 ein.

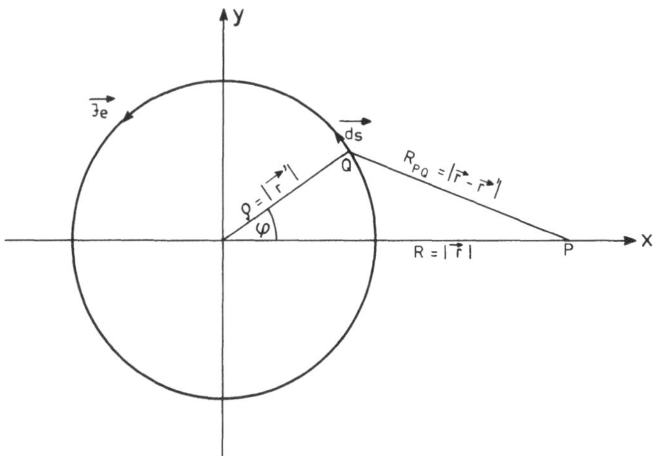

Abb.9.3 Zur Berechnung des Magnetfeldes eines von einem stationären Strom durchflossenen Ringes vom Radius $\rho = |\vec{r}'|$

Im stationären Fall $\left(\frac{\partial}{\partial t} = 0\right)$, den wir betrachten, gilt nach (3.16) für das Vektorpotential $\vec{A}(\vec{r})$:

$$\Delta \vec{A}(\vec{r}) = -\mu \vec{J}_e(\vec{r}).$$

Lösung dieser Gleichung ist

$$\vec{A}(\vec{r}) = \frac{\mu}{4\pi} \iiint\limits_{V'} \frac{\vec{J}_e(\vec{r}')}{|\vec{r} - \vec{r}'|}\, dV', \qquad (9.38)$$

wobei über das Volumen V' zu integrieren ist, in dem die eingeprägte Stromdichte $\vec{J}_e(\vec{r}) \neq \vec{0}$ ist. Nun gilt

$$\vec{J}_e(\vec{r}')dV' = |\vec{J}_e(\vec{r}')|\,dA\,d\vec{s} = I_e\,d\vec{s},$$

und wir betrachten nur einen einzelnen Stromfaden $I_e\,d\vec{s}$. Dann erhalten wir aus (9.38)

$$d\vec{A} = \frac{\mu}{4\pi}\,\frac{I_e(\vec{r}')d\vec{s}}{R_{PQ}}$$

oder

$$\vec{A}(\vec{r}) = \frac{\mu}{4\pi}\oint \frac{I_e(\vec{r}')d\vec{s}}{|\vec{r} - \vec{r}'|}\,. \tag{9.39}$$

Das Vektorpotential $\vec{A}(\vec{r}) = \{A_x, A_y, A_z\}$ berechnen wir jetzt komponentenweisen im Aufpunkt P auf der x-Achse der (x,y)-Ebene, in der der Stromring liegt (Abb.10.3).

In P ist $A_x = 0$, da sich aus Symmetriegründen alle Beiträge der einzelnen Stromelemente in x-Richtung kompensieren. Weiter ist $A_z = 0$, da in z-Richtung kein Strom fließt. Es bleibt also noch A_y zu berechnen. Dazu bemerken wir, daß

$$d\vec{s} = \rho\,d\vec{\varphi} \quad \text{und} \quad I_{ey} = I_e \cos\varphi$$

ist. Wir erhalten so aus (9.39)

$$A_y = \frac{\mu}{4\pi}\,I_e\rho \int_0^{2\pi} \frac{\cos\varphi\,d\varphi}{\left[R^2 + \rho^2 - 2R\rho\cos\varphi\right]^{1/2}}\,. \tag{9.40}$$

Zur Auswertung dieses Integrals machen wir die Annahme, daß der Radius ρ der Stromschleife klein gegen den Abstand $R = |\vec{r}|$ vom Aufpunkt P ist. Dann gilt

$$R^2 + \rho^2 - 2R\rho\cos\varphi = R^2\left[1 + \left(\frac{\rho}{R}\right)^2 - 2\frac{\rho}{R}\cos\varphi\right] \approx R^2\left[1 - 2\frac{\rho}{R}\cos\varphi\right]$$

und

$$\left[1 - 2\frac{\rho}{R}\cos\varphi\right]^{-\frac{1}{2}} \approx 1 + \frac{\rho}{R}\cos\varphi.$$

Für (9.40) erhalten wir durch Einsetzen dieser Näherungen

$$A_y = \frac{\mu}{4\pi} \frac{I_e \rho}{R} \int_0^{2\pi} \cos\varphi \left(1 + \frac{\rho}{R}\cos\varphi\right) d\varphi = \frac{\mu I_e}{4} \left(\frac{\rho}{R}\right)^2 .$$

Nun ist

$$|\vec{m}| = m = \mu I_e \rho^2 \pi$$

der Betrag des magnetischen Moments $\vec{m}$ einer Stromschleife der Fläche $\rho^2\pi$. Das magnetische Moment unserer Stromschleife hat nur eine z-Komponente. Es gilt also

$$\vec{m} = \mu I_e \pi \rho^2 \vec{e}_z ,$$

und wir erhalten

$$A_y(\vec{r}) = \frac{m}{4\pi R^2} .$$

In der (x,y)-Ebene des Stromringes ist $A_y = A_\varphi$, sonst gilt aber $A_\varphi = A_y \sin\theta$ und damit

$$A_\varphi(r) = \frac{m \sin\theta}{4\pi R^2} .$$

Über (3.7), d.h.

$$\vec{H}(\vec{r}) = \frac{1}{\mu} \operatorname{rot} \vec{A}(\vec{r}),$$

erhalten wir mit (9.9) für das Magnetfeld der kleinen Stromschleife

$$\vec{H}(\vec{r}) = \frac{1}{4\pi\mu} \frac{m}{R^3} \left\{ \begin{array}{l} \vec{e}_R \{2\cos\theta\} + \\[1ex] \vec{e}_\theta \{\sin\theta\} + \\[1ex] \vec{e}_\varphi \{0\} . \end{array} \right. \tag{9.41}$$

Da im Nahfeld die Retardierung vernachlässigt werden kann, stimmt das Nahfeld
(9.35) des Fitzgeraldschen Vektors (9.34) mit dem eines stationären magnetischen
Dipols vom Moment $m = \mu I_e \rho^2 \pi$ überein, wenn wir $m = f(t - R/v) \approx f(t)$ setzten.

Der Poyntingvektor des Fernfeldes

$$\vec{S}_{Fern}(\vec{r},t) = \vec{E}_{Fern}(\vec{r},t) \times \vec{H}_{Fern}(\vec{r},t)$$

$$= Z \left[\frac{\sin \theta \; f''(t - R/v)}{4\pi\mu R \, v^2} \right]^2 \vec{e}_R \qquad (9.42)$$

hat eine positive Komponente in Ausbreitungsrichtung $\vec{e}_R$. Für die vom Fitzgeraldschen Dipol ins Unendliche abgestrahlte Energie erhalten wir entsprechend (9.21,22)

$$\oiint_{A_k(R)} \vec{S}(\vec{r},t) \cdot \vec{n} \; dA \simeq \frac{[f''(t - R/v)]^2}{6\pi v^3 \mu} \; . \qquad (9.43)$$

Die an dieser Stelle im Zusammenhang mit dem Hertzschen Dipol gemachten Bemerkungen gelten auch hier.

9.4   Der harmonische magnetische Dipol

9.4.1 Das Strahlungsfeld

Beim harmonischen magnetischen Dipol ist

$$f(t - R/v) = B \, \exp[i(kR - \omega t)]$$

zu setzen, wobei die komplexe Amplitude B die Dimension eines magentischen Moments, die Einheit Meter·Volt·Sekunde hat. Damit ist

$$\vec{M}(\vec{r},t) = \frac{B}{4\pi\mu} \; \frac{\exp[i(kR - \omega t)]}{R} \; \vec{e}_z \; , \qquad (9.44)$$

und das zugehörige elektromagnetische Feld lautet nach (9.33)

$$\vec{E}(\vec{r},t) = \frac{B\,Z}{4\pi\mu}\exp[i(kR-\omega t)]\vec{e}_\varphi\left\{\sin\theta\left[0+\frac{ik}{R^2}+\frac{k^2}{R}\right]\right\}\,,$$

$$(9.45)$$

$$\vec{H}(\vec{r},t) = \frac{B}{4\pi\mu}\exp[i(kR-\omega t)]\begin{cases}\vec{e}_R\left\{2\cos\theta\left[\dfrac{1}{R^3}-\dfrac{ik}{R^2}+0\right]\right\}+\\[2ex]\vec{e}_\theta\left\{\sin\theta\left[\dfrac{1}{R^3}-\dfrac{ik}{R^2}-\dfrac{k^2}{R}\right]\right\}+\\[2ex]\vec{e}_\varphi\,\{0\}\,.\end{cases}$$

Das F e r n f e l d von (9.45) ist durch

$$\vec{E}_{Fern}(\vec{r},t) = \frac{B\,Z}{4\pi\mu}\exp[i(kR-\omega t)]\frac{k^2\sin\theta}{R}\vec{e}_\varphi\,,$$

$$(9.46)$$

$$\vec{H}_{Fern}(\vec{r},t) = -\frac{B}{4\pi\mu}\exp[i(kR-\omega t)]\frac{k^2\sin\theta}{R}\vec{e}_\theta$$

gegeben.

9.4.2 <u>Strahlungsleistung und Strahlungswiderstand</u>

Für die vom harmonischen magnetischen Dipol im zeitlichen Mittel ins Unendliche abgestrahlte Leistung $\overline{P}_{Str}$ erhalten wir

$$\overline{P}_{Str} = \frac{1}{2}\,\frac{f''(t-R/v)[f''(t-R/v)]^*}{6\pi v\,\mu} = \frac{\omega^4|B|^2}{12\mu\,v^3}\,.\qquad(9.47)$$

Modellmäßig können wir uns einen harmonischen magnetischen Dipol durch einen in einem ringförmigen Leiter fließenden Wechselstrom $I_0\exp[-i\omega t]$ erzeugt denken. Ist der Radius dieses Ringes a, so gilt

$$\mu I_0 a^2\pi\exp[-i\omega t] = B\exp[-i\omega t]$$

und damit nach (9.47) mit $I_{eff}=\dfrac{|I_0|}{(2)^{1/2}}$

$$\overline{P}_{Str} = \frac{8}{3}\left(\frac{a}{\lambda}\right)^4\mu v\pi^5 I_{eff}^2 = R_{Str}\,I_{eff}^2\,.$$

Der Proportionalitätsfaktor

$$R_{Str} = \frac{8}{3} \mu v \pi^5 \left(\frac{a}{\lambda}\right)^4 \qquad\qquad (9.48)$$

wird S t r a h l u n g s w i d e r s t a n d   d e s   m a g n e t i s c h e n   D i p o l s genannt. Im
Vakuum ist er durch

$$R_{Str} = 3{,}075 \; 10^5 [a/\lambda]^4 \, \text{Ohm}, \qquad [a] = \text{Meter},$$
$$[\lambda] = \text{Meter},$$

gegeben. Interessant ist der Unterschied in der Wellenlängenabhängigkeit der Strah-
lungswiderstände im elektrischen und magnetischen Fall. In der Praxis wird der
magnetische Dipol als Rahmenantenne realisiert [9.3-5].

9.5 Die Strahlung einer dünnen linearen Antenne; der $\lambda/2$-Dipol

Die behandelten elektrischen und magnetischen Dipole stellen, vom praktischen Ge-
sichtspunkt her gesehen, Antennen dar, deren geometrische Abmessungen klein gegen die Wellenlänge λ der ausgesandten elektromagnetischen Strahlung sind. Wir
wollen nun das Strahlungsfeld einer mehr physikalischen Antenne untersuchen, die
aus einem idealen Leiter die Länge 2l besteht, dessen Durchmesser klein gegen λ
ist. Die Strahlung werde durch einen zeitlich harmonisch veränderlichen Strom auf
der Antenne hervorgerufen, dessen räumliche Verteilung längs der Antenne als bekannt angenommen wird. Die Speisung der Antenne erfolge in ihrer Mitte.

Zur Berechnung des uns interessierenden Fernfeldes dieser Antenne nehmen
wir sie als infinitesimal dünn an und denken sie uns aus Hertzschen Dipolen zusam-
mengesetzt, wobei wir die Speisung außer Acht lassen. Diese Vorstellung besagt,
daß wir annehmen, daß die Strahlung vom gesamten Antennendraht ausgeht. (Eine
Kritik dieser Vorstellung ist z.B. bei Simonyi [9.1, S.737] zu finden.)

Wir sehen also die Antenne als infinitesimalen Leiter der Länge 2l an, der
sich auf der z-Achse eines kartesischen Koordinatensystems von z = -l bis z = +l
befindet (Abb.9.4).

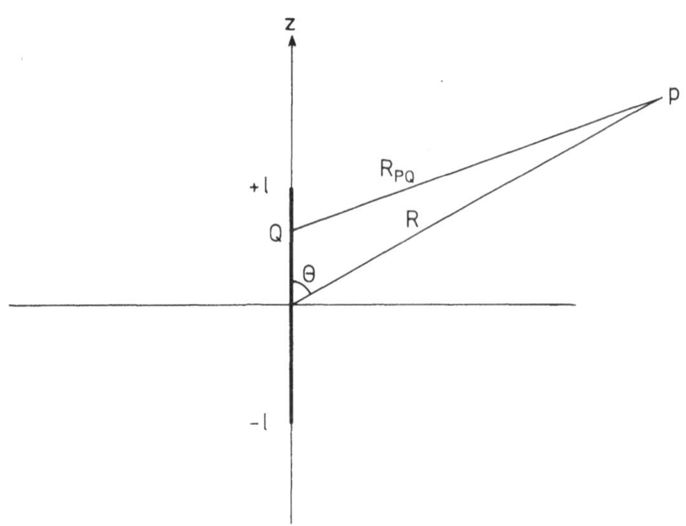

Abb.9.4 Zur Geometrie der linearen Antenne

Auf ihm sei eine harmonische Stromverteilung der Form $I(z)$ exp$[-i\omega t]\vec{e}_z$ als bekannt angenommen. Sehen wir nun jedes Linienelement dz der Antenne als elementaren Hertzschen Strahler an, so ist das Moment $\vec{m}$ eines solchen Dipols durch

$$\vec{m}(z,t) = \frac{i\,I(z)dz}{\omega}\,\exp[-i\omega t]\vec{e}_z,$$

gegeben und der zugehörige Hertzsche Vektor $d\vec{\pi}(\vec{r},t)$ lautet (mit den Bezeichnungen von Abb.9.4):

$$d\vec{\pi}(\vec{r},t) = \frac{I(z)dz}{4\pi\varepsilon\omega}\,\frac{1}{R_{PQ}}\,\exp[i(kR_{PQ} - \omega t)]\vec{e}_z;$$

R_{PQ} ist die Entfernung zwischen Quellpunkt Q in $z = \xi$ und Aufpunkt P, also

$$R_{PQ} = [x^2 + y^2 + (z - \xi)^2]^{1/2}.$$

Den Hertzschen Vektor für die gesamte Antenne gewinnen wir durch Integration über alle Elementardipole:

$$\vec{\pi}(\vec{r},t) = \pi_z(\vec{r},t)\vec{e}_z = \int\limits_{-l}^{l} d\vec{\pi} = \frac{i\,\exp[-i\omega t]}{4\pi\varepsilon\omega}\int\limits_{-l}^{l} I(\xi)\,\frac{\exp[ik\,R_{PQ}]}{R_{PQ}}\,d\xi. \qquad (9.49)$$

Da wir uns nur für das Fernfeld der Antenne interessieren, legen wir den Aufpunkt
P so weit weg, daß

$$R_{PQ} \gg \lambda \quad \text{und} \quad R_{PQ} \gg l$$

ist. Dann können wir zur Berechnung des zu (9.49) gehörigen elektromagnetischen
Feldes die Formeln (9.26) benutzen. Ferner gilt

$$R_{PQ} \simeq R - \xi \cos \theta. \tag{9.50}$$

Für große Entfernungen von der Antenne, wie wir sie betrachten, kann im Ampli-
tudenfaktor von (9.49) R_{PQ} näherungsweise durch R ersetzt werden. Die Vernachlässigung im Exponenten ist dagegen nicht erlaubt, da ja

$$k\,R_{PQ} = \frac{2\pi}{\lambda}\,(R - \xi \cos \theta)$$

gilt und ξ eben nicht klein gegen die Wellenlänge ist, wodurch endliche Phasenver-
schiebungen entstehen. Wir erhalten so aus (9.49)

$$\pi_z(\vec{r},t) = \frac{i\,\exp[-i\omega t]}{4\pi\varepsilon\omega}\;\frac{\exp[ik\,R]}{R}\int_{-1}^{1} I(\xi)\exp[-ik\,\xi \cos \theta]d\xi \tag{9.51}$$

und nach (9.26) für das zugehörige F e r n f e l d

$$E_\theta(\vec{r},t) = Z\,H_\varphi(\vec{r},t) = \frac{\omega\mu\,\sin \theta}{4\pi i}\;\frac{\exp[i(k\,R - \omega t)]}{R}\int_{-1}^{1} I(\xi)\exp[ik\,\xi \cos \theta]d\xi. \tag{9.52}$$

Um das Integral in (9.51) bzw. (9.52) auswerten zu können, müssen wir jetzt Annahmen über die räumliche Stromverteilung $I(z)$ machen. Sie hängt in der Praxis
wesentlich von der Anregung der Antenne ab. Wir stellen uns hier vor, daß die Stromverteilung auf der Antenne eine stehende Welle bildet. Die Wellenlänge dieser stehenden Welle stimmt praktisch mit der der erzeugten elektromagnetischen Wellen überein. Dementsprechend setzen wir

$$I(z) = I_0 \cos\left(\frac{m\pi z}{2l}\right), \quad m = 2n + 1, \quad n = 0,1,2,3,\ldots \tag{9.53}$$

oder

$$I(z) = I_0 \sin\left(\frac{m\pi z}{2l}\right), \quad m = 2n, \quad n = 1,2,3,\ldots \qquad (9.54)$$

mit $l = \frac{m\lambda}{4}$,

woraus sich $k = \frac{2\pi}{\lambda} = \frac{m\pi}{l}$ ergibt.

Da irgendeine vorgebbare Stromverteilung $I(z)$ auf der Antenne an deren Enden verschwinden muß, können wir sie immer durch Überlagerung von Ausdrücken der Form (9.53,54) darstellen (Fourier-Darstellung).

Mit den Ansätzen (9.53,54) ist nun eine elementare Auswertung des Integrals in (9.51) bzw. (9.52) möglich. Wir erhalten

$$E_\theta(\vec{r},t) = - i \left(\frac{\mu}{\varepsilon}\right)^{1/2} \frac{(-1)^{\frac{m-1}{2}} I_0 \cos\left(\frac{m\pi}{2}\cos\theta\right)}{2\pi R \sin\theta} \exp[i(kR - \omega t)] \qquad (9.55)$$

$$\text{für } m = 2n + 1$$

und

$$E_\theta(\vec{r},t) = \left(\frac{\mu}{\varepsilon}\right)^{1/2} \frac{(-1)^{\frac{m}{2}} I_0 \sin\left(\frac{m\pi}{2}\cos\theta\right)}{2\pi R \sin\theta} \exp[i(kR - \omega t)] \text{ für } m = 2n . \qquad (9.56)$$

Der Faktor $1/2(\mu_0/\varepsilon_0)^{1/2}$ kann durch $59,92 \approx 60$ angenähert werden.

Wir wollen nun die von der linearen Antenne pro Raumwinkel ausgestrahlte mittlere Leistung, das ist die mittlere Strahlungsintensität $\overline{\vec{S}}(R = 1,\theta,\varphi)$ berechnen. Sie ist nach (2.66) gegeben durch

$$\overline{\vec{S}} = 1/2 \operatorname{Re}\{\vec{E} \times \vec{H}^*\}_{R=1} = \overline{\vec{S}}(\theta,\varphi) ,$$

also nach (9.52) und (9.55,56) durch

$$\vec{\overline{S}} = \begin{cases} \left(\dfrac{\mu}{\varepsilon}\right)^{1/2} \dfrac{I_0^2}{8\pi^2} \left[\dfrac{\cos\left(\dfrac{m\pi}{2}\cos\theta\right)}{\sin\theta} \right]^2 \vec{e}_R & \text{für } m = 2n+1 \qquad (9.57)\\[3em] \left(\dfrac{\mu}{\varepsilon}\right)^{1/2} \dfrac{I_0^2}{8\pi^2} \left[\dfrac{\sin\left(\dfrac{m\pi}{2}\cos\theta\right)}{\sin\theta} \right]^2 \vec{e}_R & \text{für } m = 2n \qquad (9.58) \end{cases}$$

und ist nur noch eine Funktion von θ.

Besonders wichtig für die Anwendung ist der Fall $m = 1$, bei dem die Antenne gerade eine halbe Wellenlänge lang ist ($\lambda/2$-Dipol). Abb.9.5 zeigt die Stromverteilung $I(z)$ beim $\lambda/2$-Dipol und beim Hertzschen Dipol.

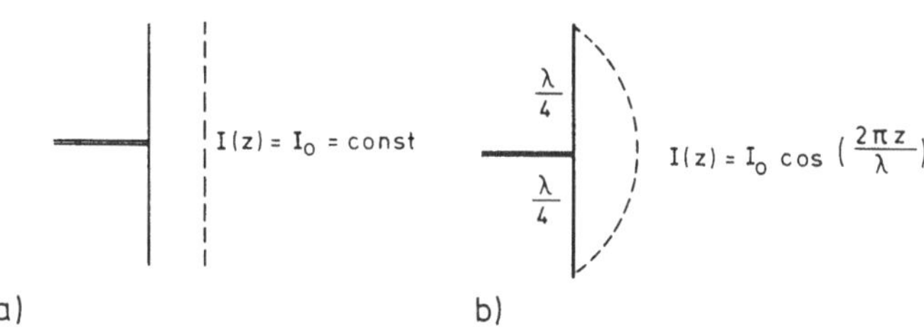

Abb.9.5 Stromverteilung beim Hertzschen Dipol a) und
$\lambda/2$-Dipol b)

Das Strahlungsdiagramm, d.h. $\vec{\overline{S}}$ in Abhängigkeit vom Winkel θ ist in Abb.9.6 wiedergegeben.

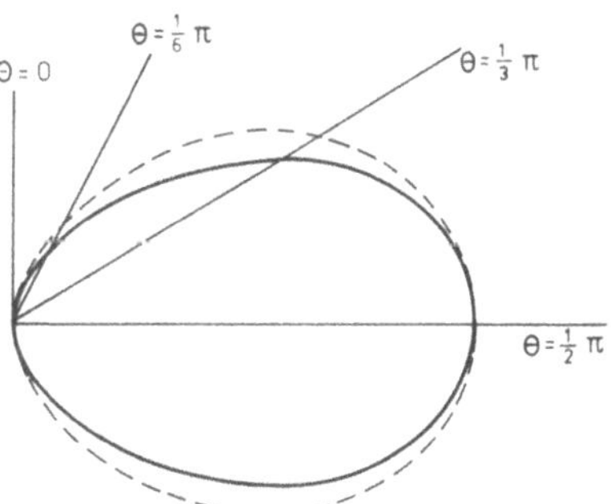

Abb.9.6 Polardiagramm einer $\lambda/2$-Antenne
(——) und eines Dipols (----)

Der $\lambda/2$-Dipol strahlt wie der Hertzsche Dipol in Richtung $\theta = \pi/2$ maximal und in Richtung $\theta = 0$ nicht. Für beliebiges m hat das Strahlungsdiagramm Nullstellen, es fächert sich auf. Man spricht dann von den einzelnen Keulen des Diagramms. Beispiele hierzu zeigt Abb.9.7

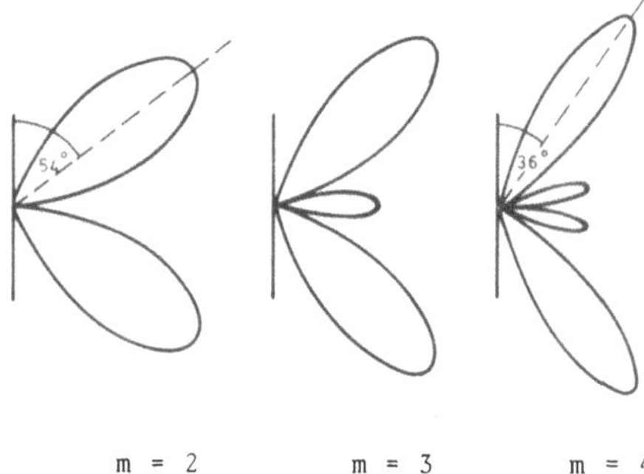

Abb.9.7 Polardiagramme verschiedener
Antennen

9.6 Der Antennengewinn

Wir haben gesehen, daß durch verschiedene Stromverteilungen auf der Antenne verschiedene Verteilungen der abgestrahlten Energie im Raum erreicht werden können. Um ein Maß für diese Richtwirkung einer gegebenen Antenne zu haben, vergleichen wir sie mit einem hypothetischen Strahler, der die gleiche Leistung gleichmäßig in den ganzen Raum strahlt (K u g e l s t r a h l e r). Bezeichnen wir mit $\overline{P}_{Str}$ die im zeitlichen Mittel abgestrahlte Gesamtleistung der Antenne, so ist die mittlere Strahlungsintensität eines Kugelstrahlers gleicher Gesamtleistung durch

$$\frac{\overline{P}_{Str}}{4\pi R^2} \tag{9.59}$$

gegeben. Das Anwachsen der Richtwirkung der zu kennzeichnenden Antenne gegenüber dem Kugelstrahler kann dann durch

$$\frac{4\pi R^2}{\overline{P}_{Str}} |\overline{\vec{S}}| = \frac{4\pi R^2}{\overline{P}_{Str}} \frac{1}{2} |\mathrm{Re}\{\vec{E} \times \vec{H}^*\}|$$

angegeben werden.

Ist $\overline{\vec{S}}_{max}$ das Maximum von $\overline{\vec{S}}$, so definiert man

$$G := \frac{4\pi R^2}{\overline{P}_{Str}} |\overline{\vec{S}}_{max}| \tag{9.60}$$

158

als G e w i n n G d e r A n t e n n e . Er gibt an, um wieviel die Sendeleistung einer
Nachrichtenverbindung im freien Raum zu Erzielung einer konstanten Feldstärke
am Empfangsort herabgesetzt werden muß, wenn zunächst ein Kugelstrahler und
dann die maximal ausgerichtete Antenne verwendet wird, deren Gewinn bestimmt
werden soll.

Es ist üblich, den Gewinn im dB-Maß anzugeben:

$$g := 10 \log G \, [dB].$$

(Allgemein wird der Quotient zweier Leistungen oft in dB (Dezibel) ausgedrückt.
Sind P_1 und P_2 zwei Leistungen, die aufeinander bezogen werden sollen, so gilt
$10 \log(P_1/P_2)$ in dB.)

Neben dem Kugelstrahler als Bezugsantenne bei der Definition des Gewinns sind
auch der Hertzsche Dipol (Elementarstrahler) und der Halbwellendipol üblich. Der
Gewinn eines $\lambda/2$-Dipols nach der Definition (9.60) ist z.B. $G_{\lambda/2} \approx 1{,}64$ bzw.
$g_{\lambda/2} \approx 2{,}17$ dB.

9.7 Die Absorptions- oder Wirkfläche einer Antenne

9.7.1 Die Definition der Wirkfläche im Empfangsfall

Die ursprüngliche Definition der Wirk- oder Absorptionsfläche einer Antenne bezog
sich auf den Empfangsfall: D i e W i r k f l ä c h e F e i n e r A n t e n n e ist eine gedachte, senkrecht zur Strahlungsrichtung stehende Fläche, durch die eine ebene, un-
gestörte elektromagnetische Welle ebensoviel Leistung transportiert, wie durch die
Antenne maximal dem Feld entzogen werden kann.

Ist $\overline{P}$ die von der Antenne an einen Verbraucher maximal abgegebene zeitlich
gemittelte Leistung und $\overline{\vec{S}}$ die zeitlich gemittelte Leistungsdichte der ebenen Welle,
dann ist die Wirkfläche F durch

$$F := \overline{P}/|\overline{\vec{S}}| \qquad (9.61)$$

definiert. Wir wollen $\overline{P}$ mit Hilfe der in Abb.9.8 angegebenen Schaltung berechnen.

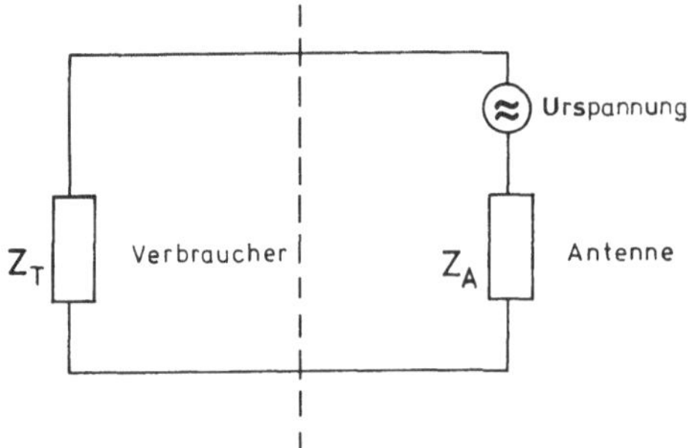

Abb.9.8 Prinzipschaltbild zur Berechnung
von $\overline{P}$

Hier ist

$$Z_A := R_A + iX_A = (R_{Str} + R_V) + iX_A$$

die Antennenimpedanz mit dem Strahlungswiderstand R_{Str}, dem Verlustwiderstand R_V und

$$Z_T := R_T + iX_T$$

die Verbraucherimpedanz. Dann gilt

$$\overline{P} = R_T I^2_{eff} = \frac{1}{2} I\, I^*;$$

U und I sind die komplexen Amplituden von Spannung und Strom im Kreis. Mit

$$I = \frac{U}{Z_A + Z_T}$$

folgt

$$\overline{P} = \frac{\frac{1}{2} R_T U\, U^*}{(R_A + R_T)^2 + (X_A + X_T)^2} = \frac{R_T U^2_{eff}}{(R_{Str} + R_V + R_T)^2 + (X_A + X_T)^2} \; .$$

Wir machen die folgenden Annahmen:

a) Die Antenne sei optimal zum einfallenden Feld ausgerichtet, d.h. U sei bei gegebener Feldstärke die maximal induzierbare Spannung.

b) Die Antenne habe keine (Wärme-) Verluste, d.h. es sei $R_V = 0$.

c) Die Antenne sei an den Verbraucher angepaßt, d.h. es gelte
$X_A = - X_T$, $R_A = R_T$.

Damit erhalten wir für die angebotene Empfangsleistung, d.h. die maximale
Leistung, die dem Empfänger zugeführt werden kann,

$$\overline{P}_{max} = \frac{U_{eff}^2}{4 R_{Str}} . \tag{9.62}$$

Wenn $\vec{E}$ die elektrische und $\vec{H}$ die magnetische Feldstärke einer ebenen Welle im
freien Raum ist, dann gilt nach (5.23)

$$|\vec{E}| = Z_0 |\vec{H}| ,$$

und die zeitlich gemittelte Leistungsdichte in Ausbreitungsrichtung ist

$$|\vec{S}| = \frac{1}{2} |Re\{\vec{E} \times \vec{H}^*\}| = \frac{1}{2} \frac{|\vec{E}|^2}{Z_0} = \frac{|\vec{E}_{eff}|^2}{Z_0} . \tag{9.63}$$

Sei nun U die bei gegebener Feldstärke maximal induzierbare Spannung (Annahme a),
dann besteht definitionsgemäß folgender Zusammenhang mit der einfallenden elektrischen Feldstärke

$$U_{eff}^2 := h_{eff}^2 |\vec{E}_{eff}|^2 \tag{9.64}$$

Die sogen. effektive Höhe h_{eff} ist durch (9.64) definiert. (siehe hierzu auch
(9.30b)). Wir erhalten nun nach (9.61-64)

$$\overline{P}_{max} = \frac{h_{eff}^2 |\vec{E}_{eff}|^2}{4 R_{Str}} = F \frac{|\vec{E}_{eff}|^2}{Z_0} .$$

Damit ergibt sich bei Gültigkeit der Annahmen a) bis c) eine neue und endgültige
Definition der Wirkfläche

$$F := \frac{h_{eff}^2 Z_0}{4 R_{Str}} . \tag{9.65}$$

Diese Definition gilt für eine einfallende ebene Welle. Nach (9.29) und der Bemer-
kung am Schluß von Abschnitt 9.2.2 ist der S t r a h l u n g s w i d e r s t a n d d e s
H e r t z s c h e n D i p o l s

$$R_{Str} = 80 \, \pi^2 \left(\frac{h_{eff}}{\lambda} \right)^2 .$$

Damit ergibt sich nach (9.65) sofort

$$F_{Dipol} = \frac{3}{8\pi} \lambda^2 \qquad (9.66)$$

für die Wirkfläche eines Hertzschen Dipols im freien Raum, wobei λ die Betriebswellenlänge ist.

9.7.2 Die Wirkfläche im Sendefall

Mit Hilfe einer speziellen Form des in Abschnitt 2.5 gebrachten Reziprozitätstheorems wollen wir nun eine allgemeine Darstellung der Antennenwirkfläche herleiten. Dazu führen wir den Begriff des äquivalenten Raumwinkels Ω ein [9.4].

Wir gehen aus vom Fernfeld einer Antenne, das durch $\vec{E}(R,\theta,\varphi)$ vorgegeben sei. Den Maximalwert von $\vec{E}$ bei konstantem Abstand R nennen wir $\vec{E}_{max}(R)$. Dann gilt für die Strahlungsdichte $\vec{S}$ an der Stelle (R,θ,φ):

$$|\vec{S}(R,\theta,\varphi)| = |\vec{S}_{max}| \frac{|\vec{E}(R,\theta,\varphi)|^2}{|\vec{E}_{max}(R)|^2} ,$$

wobei $\vec{S}_{max}$ die maximale mittlere Strahlungsdichte im Abstand R darstellt. Für die abgestrahlte Leistung $\overline{P}_{Str}$ ergibt sich auf diese Weise

$$\overline{P}_{Str} = \int\limits_0^{2\pi} \int\limits_0^{\pi} |\vec{S}_{max}| \frac{|\vec{E}(R,\theta,\varphi)|^2}{|\vec{E}_{max}(R)|^2} R^2 \sin\theta \, d\theta \, d\varphi. \qquad (9.67)$$

Wir definieren den äquivalenten Raumwinkel Ω durch

$$\Omega := \int\limits_0^{2\pi} \int\limits_0^{\pi} \frac{|\vec{E}(R,\theta,\varphi)|^2}{|\vec{E}_{max}(R)|^2} \sin\theta \, d\theta \, d\varphi; \qquad (9.68)$$

Ω kann als der Raumwinkel gedeutet werden, den man bei gegebener Strahlungsleistung gleichmäßig mit der maximalen Strahlungsdichte $|\vec{S}_{max}|$ des wirklichen Richtdiagramms ausleuchten könnte. Je kleiner der äquivalente Raumwinkel ist, desto weniger Strahlungsleistung braucht man, um die Strahlungsdichte $\vec{S}_{max}$ zu erzeugen. Damit erhält (9.67) die Form

$$\overline{P}_{Str} = |\vec{S}_{max}| R^2 \Omega. \qquad (9.69)$$

Als Beispiel bestimmen wir Ω für den Hertzschen Dipol. Seine gesamte abgestrahlte Leistung ist nach (9.27)

$$\overline{P}_{Str} = \frac{\mu \omega^4 |A|^2}{12\pi v} \;,$$

und nach (9.26) gilt

$$|\vec{E}(R,\theta,\varphi)|^2 = \left| \frac{A \exp[i(kR - \omega t)]}{4\pi\varepsilon R} k^2 \sin\theta \right|^2 \;.$$

Das Maximum dieses Ausdrucks wird bei einer festen Entfernung R für $\sin\theta = 1$, also $\theta = \lambda/2$ erreicht. Damit ergibt sich

$$\Omega_{Dipol} = \frac{8\pi}{3} \;. \tag{9.70}$$

Wir kommen zur allgemeinen Darstellung der Wirkfläche. Dazu benutzen wir das Reziprozitätstheorem in der Runge-Fränzschen Form [9.6]:

$$\overline{P}_{s1}\overline{P}_{e1} = \overline{P}_{s2}\overline{P}_{e2} \;. \tag{9.71}$$

Dabei ist $\overline{P}_e$ die mittlere empfangene und $\overline{P}_s$ die mittlere gesendete Leistung zweier beliebiger Antennen 1 und 2, die als Sende- bzw. Empfangsantennen dienen und zwar bei optimaler Ausrichtung.

Sei nun D ein Hertzscher Dipol (Index D) und ① (Index 1) eine Antenne mit beliebigem Richtdiagramm, die im Abstand R so angeordnet sind, daß die Bedingungen a) bis c) von Abschnitt 9.7.1 erfüllt sind. Ferner sei R so groß, daß die einfallende Welle von ① bei D und die von D bei ① als eben angesehen werden können. D sende die Leistung $\overline{P}_{tD}$. Dann ist die Leistungsdichte bei ① : $\vec{S}_{D\,max}$. Aus (9.61, 69) ergibt sich die angebotene Empfangsleistung für die Antenne ① zu

$$\overline{P}_{e1} = F_1 |\vec{S}_{D\,max}| = F_1 \frac{\overline{P}_{tD}}{R^2 \Omega_D} \;; \tag{9.72}$$

dabei ist F_1 die Wirkfläche der Antenne ① .

Jetzt sende ① die Leistung $\overline{P}_1$. Dann ist die Leistungsdichte bei D gleich $\vec{S}_{1\,max}$. Die angebotene Empfangsleistung am Dipol ist dann

$$\overline{P}_{eD} = F_D |\vec{S}_{1\,max}| = F_D \frac{\overline{P}_1}{R^2 \Omega_1} \;. \tag{9.73}$$

Antennenart	Stromverteilung	Gewinn	Wirksame Antennenfläche	Effektive Antennenhöhe	Strahlungswiderstand R_S/Ohm	Feldstärke in Hauptstrahlungsrichtung in mV/m, r in km, P in W
Isotrope Antenne		1	$\dfrac{\lambda^2}{4\pi}$			$\dfrac{\sqrt{30\,P}}{r}$
Hertzscher Dipol mit Endkapazität		1,5	$\dfrac{1,5\lambda^2}{4\pi}$	l	$80\pi^2\left(\dfrac{1}{\lambda}\right)^2$	$\dfrac{3\sqrt{5}\sqrt{P}}{r}$
Kurze Antenne auf ∞leitendem Boden mit Dachkapazität		3	$\dfrac{3\lambda^2}{16\pi}$	h	$160\pi^2\left(\dfrac{h}{\lambda}\right)^2$	$\dfrac{3\sqrt{10}\sqrt{P}}{r}$
Kurzer Dipol ohne Endkapazität		1,5	$\dfrac{1,5\lambda^2}{4\pi}$	$\dfrac{1}{2}$	$20\pi^2\left(\dfrac{1}{\lambda}\right)^2$	$\dfrac{3\sqrt{5}\sqrt{P}}{r}$
Kurze Antenne auf ∞leitendem Boden ohne Dachkapazität		3,0	$\dfrac{3\lambda^2}{16\pi}$	$\dfrac{h}{2}$	$40\pi^2\left(\dfrac{h}{\lambda}\right)^2$	$\dfrac{3\sqrt{10}\sqrt{P}}{r}$
$\lambda/2$-Dipol		1,64	$1,64\,\dfrac{\lambda^2}{4\pi}$	$\dfrac{\lambda}{\pi}$	73,1	$\dfrac{7\sqrt{P}}{r}$
$\lambda/4$-Antenne auf ∞leitendem Boden		3,28	$3,28\,\dfrac{\lambda^2}{16\pi}$	$\dfrac{\lambda}{2\pi}$	36,6	$\dfrac{10\sqrt{P}}{r}$
Kleiner Einwindungsrahmen im freien Raum	Rahmenfläche F beliebige Form	1,5	$\dfrac{1,5\lambda^2}{4\pi}$	$\dfrac{2\pi F}{\lambda}$	$80\pi^2\,\dfrac{4\pi^2 F^2}{\lambda^4}$	$\dfrac{3\sqrt{5}\sqrt{P}}{r}$
Ganzwellendipol λ-Dipol		2,41	$2,41\,\dfrac{\lambda^2}{4\pi}$		199,1	$\dfrac{6\sqrt{2}\sqrt{P}}{r}$
Gefalteter $\lambda/2$-Dipol		1,64	$1,64\,\dfrac{\lambda^2}{4\pi}$	$\dfrac{2\lambda}{\pi}$	$4\cdot 73,1 \approx 280$	$\dfrac{7\sqrt{P}}{r}$
Antenne mit dem Gewinn G_k		G_k	$G_k\,\dfrac{\lambda^2}{4\pi}$			$\dfrac{\sqrt{G_k\,30P}}{r}$

Abb.9.9 Übersicht über die charakteristischen Größen einiger Antennentypen [9.14]

Einsetzen von (9.72,73) in das Reziprozitätstheorem (9.71) liefert

$$\overline{P}_1\, F_1\, \frac{\overline{P}_{tD}}{R^2\,\Omega_D} = \overline{P}_{tD}\, F_D\, \frac{\overline{P}_1}{R^2\,\Omega_1}\; . \qquad (9.74)$$

Verwenden wir noch die Ergebnisse (9.66,70), so liefert (9.74) für die Wirkfläche F_1 der Antenne

$$F_1 = \frac{8\pi}{3}\,\lambda^2\,\frac{1}{\Omega_1}\,\frac{3}{8\pi} = \frac{\lambda^2}{\Omega_1} = \frac{|\vec{S}_{1\,max}|\,R^2}{\overline{P}_1}\,\lambda^2\; .$$

Diese Gleichung können wir aber auch in der Form

$$F_1\,\frac{4\pi}{\lambda^2} = \frac{4\pi R^2}{\overline{P}_1}\,|\vec{S}_{1\,max}| = G_1$$

schreiben, was uns den Zusammenhang

$$G = \frac{4\pi}{\lambda^2}\,F \qquad (9.75)$$

zwischen Gewinn und Wirkfläche einer Antenne liefert. (Der Index 1 wurde weggelassen, da er nun keine Bedeutung mehr hat.)

In Abb.9.9 ist eine Übersicht über die charakteristischen Größen verschiedener Antennentypen zu finden [9.14]. Dabei sei bezüglich der letzten Spalte 'Felstärke in Hauptstrahlrichtung' auf (10.3) im nächsten Kapitel verwiesen.

Weitere Informationen zum Thema 'Antennen' sind z.B. in den Lehrbüchern von Heilmann [9.5], Collin u. Zucker [9.7], King u. Harrison [9.8], Zuhrt [9.9], Fränz u. Lassen [9.4] sowie im Taschenbuch der Hochfrequenztechnik von Meinke und Gundlach [9.14] zu finden.

9.8 Der Radar- oder Rückstreuquerschnitt

Neben den eben behandelten Antennenbegriffen ist bei Ausbreitungsfragen auch der Radar- oder Rückstreuquerschnitt von Bedeutung. Wird ein Objekt von einer elektromagnetischen Welle getroffen, so wird ein Teil der einfallenden Energie absorbiert und in Wärme umgewandelt, der Rest wird in alle möglichen Richtungen gestreut. Dabei ist der Teil der Energie, der zurück zum Sender gestreut wird, in den meisten Fällen der interessierende Anteil. Mit diesem Anteil wollen wir uns hier beschäftigen.

Die gesamte, von einem streuenden Objekt gestreute Leistung P_{Streu} ist offenbar proportional der einfallenden Strahlungsdichte $|\vec{S}_i|$. Wir definieren deswegen als **Radar oder Rückstreuquerschnitt**

$$\sigma := \frac{P_{Streu}}{|\vec{S}_i|} . \qquad (9.76)$$

Für praktische Berechnungen gilt dann

$$\sigma = \lim_{R \to \infty} 4\pi R^2 \left| \frac{\vec{E}_r}{\vec{E}_i} \right|^2 , \qquad (9.77)$$

wobei R die Entfernung zwischen Radargerät und streuendem Objekt, $\vec{E}_r$ die vom Objekt reflektierte elektrische Feldstärke und $\vec{E}_i$ die Feldstärke des einfallenden elektrischen Feldes ist.

Bei den meisten üblichen Radarzielen wie Schiffen, Flugzeugen oder auch Geländeabschnitten besteht keine einfache Beziehung zwischen der physikalischen Oberfläche der Objekte und dem Rückstreuquerschnitt. Natürlich gilt die Tatsache, daß σ mit der Größe der Querschnittsfläche des Zieles wächst.

Um den Radarquerschnitt σ zu bestimmen, müßte man die Beugungsaufgabe für den betreffenden rückstreuenden Körper lösen und so das elektromagnetische Feld bestimmen, aus dem sich σ berechnen läßt. Diese Beugungsaufgabe ist aber nur für wenige einfache Objekte lösbar. Dabei besteht noch die zusätzliche Schwierigkeit, Lösungen zu gewinnen, die über ein größeres Frequenzband gültig sind. Eine neuere Zusammenstellung dieser Probleme ist in [9.10] zu finden.

In Abb.9.10 ist der Radarquerschnitt einer Kugel vom Radius a als Funktion ihres in Wellenlängen gemessenen Umfangs aufgetragen [9.11].

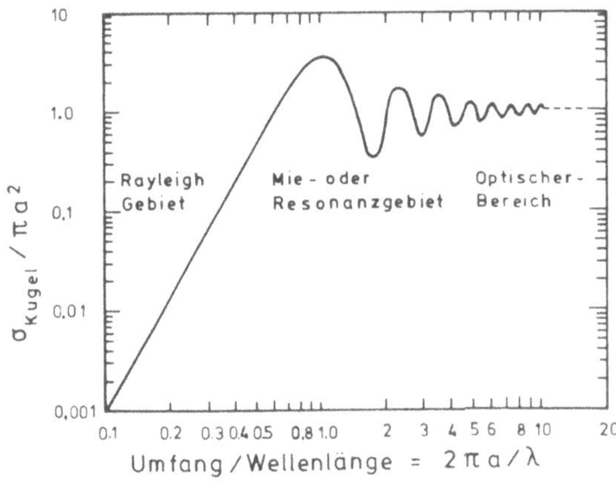

Abb.9.10 Radarquerschnitt einer Kugel vom Radius a; λ = Wellenlänge

Das Gebiet, in dem die Abmessungen der Kugel klein gegenüber der Wellenlänge sind ($2\pi a/\lambda \ll 1$) wird R a y l e i g h - G e b i e t genannt. (Nach Lord Rayleigh, der als erster die Streuung durch kleine Teilchen untersuchte.) Dieses Rayleigh-Gebiet ist für die Radarausbreitung von Bedeutung bei der Streuung elektromagnetischer Wellen an Regentropfen oder anderen meteorologischen Teilchen, die ihrer Dimension nach in dieses Gebiet fallen. Da der Radarquerschnitt von Objekten im Rayleigh-Gebiet sich wie λ^{-4} verhält, sind Regen und Wolken weitgehend unsichtbar für Radargeräte, die auf niedrigen Frequenzen (langen Wellenlängen) arbeiten. Umgekehrt verwenden die Meteorologen kurze Wellenlängen zur Beobachtung von Wettervorgängen.

Sind die Abmessungen des streuenden Objekts groß gegen die Wellenlänge ($2\pi a/\lambda \gg 1$), so kommen wir in das sogen. o p t i s c h e G e b i e t . Für große $2\pi a/\lambda$ nähert sich der Radarquerschnitt dem optischen Querschnitt $a^2\pi$ der Kugel. Zwischen optischem Gebiet und Rayleigh-Gebiet liegt das M i e ' s c h e G e b i e t oder R e s o - n a n z g e b i e t . Der Radarquerschnitt oszilliert hier mit der Frequenz. Der maximal erreichte Wert liegt um 5,7 dB über dem optischen Wert. Allgemein ist noch zu be- merken, daß sich der Radarquerschnitt von anderen einfachen reflektierenden Objekten als Funktion der Frequenz ähnlich wie der der Kugel verhält.

Ergänzend sei noch hinzugefügt, daß bei Objekten, bei denen die Krümmung der reflektierenden Fläche groß gegen die Wellenlänge ist, die Methoden der geometrischen Optik zur Berechnung des Streuquerschnitts angewandt werden können. Der g e o m e - t r i s c h - o p t i s c h e S t r e u q u e r s c h n i t t ist näherungsweise gegeben durch

$$\sigma = \pi a_1 a_2$$

wenn a_1 und a_2 die beiden wesentlichen Krümmungsradien bezüglich zweier ortho- gonaler krummliniger Koordinatenrichtungen auf der Oberfläche des Streukörpers sind. Im Fall einer Kugel ist $a_1 = a_2 = a$ und wir erhalten $\sigma = \pi a^2$.

<u>Aufgaben</u>

<u>9.1</u> Man berechne aus (9.51) bzw. (9.52) die Fernfeldnäherungen (9.55,56)).

<u>9.2</u> Man berechne den Gewinn eines $\lambda/2$-Dipols [9.12].

<u>9.3</u> Man leite das Reziprozitätstheorem in der Runge-Fränzschen Form her [9.6].

$\underline{9.4}$ Man berechne die Phasengeschwindigkeit einer Welle der Wellenlänge $\lambda = 10^3$ m in der Entfernung R = 250 m vom Sendedipol [9.13].

$\underline{9.5}$ Man berechne die effektive Antennenhöhe einer $\lambda/2$-Dipolantenne mit sehr kleinem Antennendurchmesser [9.13].

Literatur

9.1   K. Simonyi: Theoretische Elektrotechnik (VEB Deutscher Verlag der Wissenschaften, Berlin 1971)

9.2   H. Friedburg: Antennen und Ausbreitung, Vorlesungsskriptum (Lehrstuhl für Höchstfrequenztechnik und Elektronik der Universität Karlsruhe)

9.3   J.A. Dombrowski: Antennen (Verlag Technik, Berlin 1957)

9.4   K. Fränz, H. Lassen: Antennen und Ausbreitung (Springer-Verlag, Berlin, Heidelberg, New York 1956)

9.5   A. Heilmann: Antennen Band 140/140a; 534/534a; 540/540a; (B.I. Hochschultaschenbücher, Mannheim 1970)

9.6   H. Pfeifer: Elektronik für den Physiker Band IV, Leitungen und Antennen (Akademie-Verlag, Berlin 1967)

9.7   R.E. Collin, F.J. Zucker: Antenna theory Teil I und II (McGraw-Hill Book Company, New York 1969)

9.8   R.W.P. King, C.W.Jr. Harrison: Antennas and waves (The MIT Press, Massachusetts 1969)

9.9   H. Zuhrt: Elektromagnetische Strahlungsfelder (Springer-Verlag, Berlin, Heidelberg, New York 1953)

9.10 J.J. Bowman, T.B.A. Senior, P.L.E. Uslenghi: Electromagnetic and acoustic scattering by simple shapes (North-Holland Publishing Company, Amsterdam 1969)

9.11 M.J. Skolnik: Introduction to radar systems (McGraw-Hill Book Company, New York 1962)

9.12 D.S. Jones: The theory of Electromagnetism (Pergamon Press, London 1964)

9.13 G. Mierdel, S. Wagner: Aufgabensammlung zur theoretischen Elektrotechnik (Dr. Alfred Hüthig Verlag, Heidelberg 1960)

9.14 H. Meinke, F.W. Gundlach: Taschenbuch der Hochfrequenztechnik (Springer-Verlag, Berlin, Heidelberg, New York 1968)

10. Die Ausbreitung ultrakurzer Wellen

Wir betrachten das Verhalten ultrakurzer Wellen bei ihrer Ausbreitung über einer
eben und einer kugelförmig gekrümmten Erdoberfläche in homogener und inhomogener Atmosphäre. Da die Behandlung dieses allgemeinen Problems in geschlossener
Form nicht möglich ist, werden nach seiner Formulierung als Beugungsproblem vereinfachte Modelle wie die Freiraumausbreitung und die Ausbreitung auf optische Sicht
untersucht. Zur Entscheidung darüber, ob eine Erdoberfläche bei vorgegebener Wellenlänge als rauh oder glatt anzusehen ist, leiten wir das Rayleigh-Kriterium her.

Die Wellenausbreitung in der Troposphäre, die strahlenoptisch behandelt wird,
erfordert ein Eingehen auf die Struktur der Troposphäre. Wir finden als eine wesentliche Eigenschaft der Troposphäre die Möglichkeit der Totalreflexion elektromagnetischer Wellen und damit verbunden das Auftreten von Wellenleitern. Im Zusammenhang mit der strahlenoptischen Behandlung, deren Grundlagen hergeleitet werden,
besprechen wir die verschiedenen Bezeichnungsweisen des Brechungsindex und führen auch den äquivalenten Erdradius ein. Ein kurzer Abschnitt über Streuausbreitung ergänzt die Übersicht über die Ausbreitungsmechanismen. Die beugungstheoretische Behandlung der troposphärischen Wellenausbreitung wird nur in ihrer mathematischen Struktur geschildert. Ein Blick auf die Bedeutung der UKW-Ausbreitung
beschließt das Kapitel.

10.1 Einleitende Bemerkungen

Als ultrakurze Wellen (UKW), deren Ausbreitungsverhalten über der Erde uns
nun beschäftigen soll, werden elektromagnetische Wellen unter 10 m bis zu etwa 1 cm
Wellenlänge bezeichnet. Dies entspricht einem Frequenzbereich von 30 MHz bis 30 GHz.
Die ultrakurzen Wellen haben durch ihre Verwendung bei Radar und Fernsehen
und auch neuerdings in der Radiometeorologie eine überaus große technische Bedeutung. Im Gegensatz zu längeren Wellen werden sie bis auf Ausnahmen von der Iono-

sphäre nur wenig beeinflußt. Die Grenze von 30 MHz des UKW-Bereichs ist gerade deshalb gewählt worden, weil 30 MHz normalerweise die Grenzfrequenz ist, bei der es noch zu ionosphärischer Reflexion kommt. Nach der hochfrequenten Seite setzt die Absorption durch Wasserdampf (λ = 1,35 cm; λ = 1,63 cm) und Sauerstoff (λ = 0,5 cm) die Grenze [10.1,2](Abb.10.1).

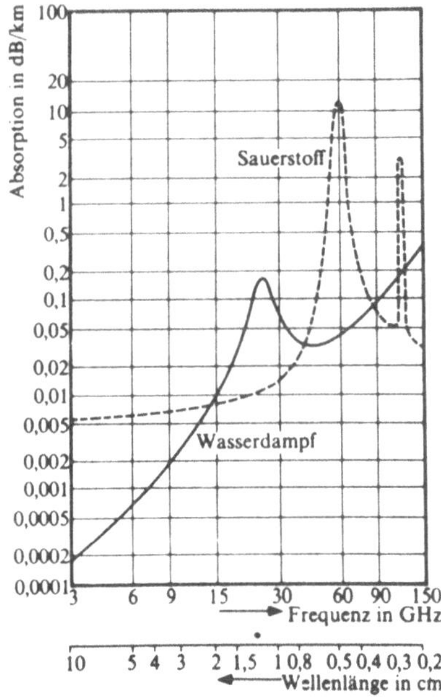

Abb.10.1 Atmosphärische Absorption [10.1]

Der fehlende Einfluß der Ionosphäre hat zur Folge, daß die Reichweite von UKW-Sendern normalerweise durch den optischen Horizont begrenzt wird. Für diese Reichweite können wir die einfache Faustformel angeben

$$d \approx (2ah)^{1/2} \approx 113(h)^{1/2}, \quad a = 6370 \text{ km}, \quad [h] = \text{km}, \quad [d] = \text{km}. \qquad (10.1)$$

Dabei ist a = 6370 km der mittlere Erdradius, h die Senderhöhe über der Erde und d die Reichweite längs der Erdoberfläche. Außerhalb der optischen Sicht haben wir durch die Beugung an der kugelförmigen Erde eine exponentielle Abnahme der elektrischen Feldstärke. Bei Berücksichtigung der Brechung durch eine sogen. Normalatmosphäre (siehe Abschnitt 10.7.2 und 10.8.3) vergrößert sich d auf

$$d \approx \left(2h \, \frac{4}{3} \, a \right)^{1/2} \approx 131(h)^{1/2}, \quad [d] = \text{km}, \quad [h] = \text{km}. \qquad (10.1a)$$

Diese Eigenschaft einer beschränkten Reichweite der Ultrakurzwellen ist i.allg. ein teil, da sich zwei geographisch weit genug auseinanderliegende Sender derselben

170

Frequenz nicht stören. Nun haben aber die Inhomogenitäten der unteren Atmosphäre ,
d.h. der sogen. Troposphäre, einen wesentlichen Einfluß auf die UKW-Ausbreitung.
So ist es z.B. auf Schichtbildungen in der Troposphäre zurückzuführen, daß wir bei
Rundfunk und Fernsehen störende Überreichweiten haben, die andererseits,
wenn sie mit einer gewissen Regelmäßigkeit auftreten, beim Radar teilweise erwünscht
und gesucht sind. Ebenso führt auch die Streuung an troposphärischen Inhomogenitäten
wie z.B. Dichte- und Temperaturschwankungen zu Feldstärkewerten, die über den errechneten Beugungsfeldstärken liegen aber immer noch weit unter denen für Freiraumausbreitung. Da diese Streuung immer beobachtet wird, eignet sie sich trotz der
erzielbaren geringen Feldstärken zur Errichtung kommerzieller Strecken, sogen.
"Scatter"-Verbindungen. Umgekehrt kann das Auftreten bestimmter spezifischer Em-
pfangsarten wie z.B. zeitlich schwankender Überreichweiten, Rückschlüsse auf die
Struktur der Übertragungsstrecke zulassen. Dies hat zur Begründung der Radiometeorologie geführt [10.3]. Die folgenden Abbildungen 10.2 bis 10.4 sollen einen Überblick über die verschiedenen Ausbreitungsmechanismen geben.

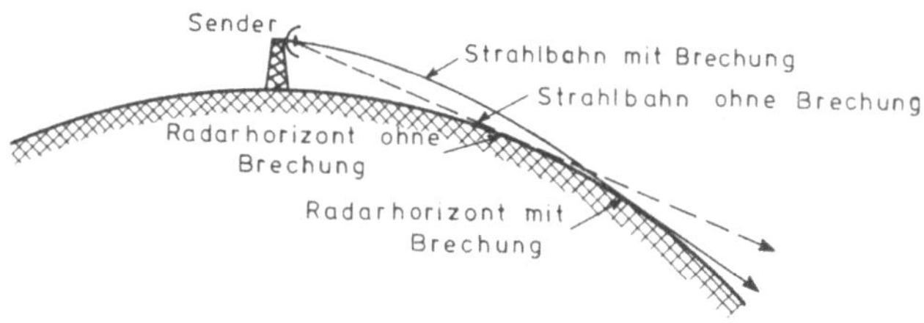

Abb.10.2 Strahlbahn bzw. Radarhorizont mit und ohne
Brechung

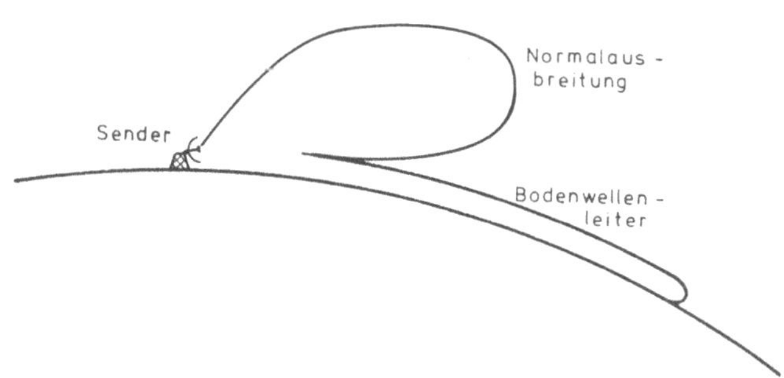

Abb.10.3 Antennendiagramme für Normalausbreitung
und Ausbreitung durch Totalreflexion
(Wellenleiter)

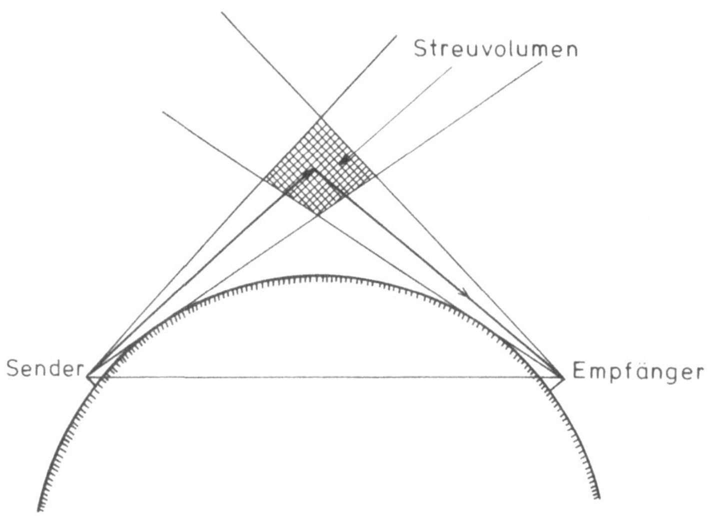

Eine brauchbare geschlossene Lösung dieses allgemeinen Problems ist nicht zu
erwarten. Deswegen zerlegen wir es unter Zugrundelegung verschiedener vereinfachen-
der Modellvorstellungen in lösbare Teilprobleme. Diese wollen wir jetzt, wenn auch
teilweise nur im Überblick, betrachten.

10.3 Die Ausbreitung im freien Raum

Die einfachste Vorstellung, die wir uns machen können, ist die der F r e i r a u m a u s -
b r e i t u n g [10.1]. Das bedeutet, daß sowohl der Einfluß der Erde als auch der der
Atmosphäre vernachlässigt wird. Hingegen bietet sie die Möglichkeit, die Eigenschaften der Sende- und Empfangsantennen zu berücksichtigen. Bei einigen Nachrichtenverbindungen wie Richtfunk, vor allem aber auf den Satellitenstrecken, gibt die Vorstellung einer Freiraumausbreitung schon eine nahezu vollständige Antwort auf die auftretenden Fragen, ebenso übrigens auch in der Radioastronomie und bei der Flusicherung
durch Radar.

Wir können z.B. bei vorgegebener Senderleistung P_s die elektrische Feldstärke
am Empfangsort leicht abschätzen. Verteilt der Sender diese Leistung gleichmäßig in
den ganzen Raum (Kugelstrahler), dann ist die Leistungsdichte in einer Entfernung R
vom Sender gegeben durch $P_s/(4\pi R^2)$. Berücksichtigen wir die Richtwirkung der realen Antenne gegenüber dem Kugelstrahler durch ihren Gewinn G_s, dann ist die Lei-
stungsdichte $|\vec{S}_e|$ am Empfangsort gegeben durch

$$|\vec{S}_e| = \frac{P_s G_s}{4\pi R^2} \ . \tag{10.2}$$

In großer Entfernung vom Sender kann das elektromagnetische Feld eines jeden Senders lokal näherungsweise als ebene Welle angesehen werden. Die von einer solchen
Welle transportierte Leistung durch eine zur Ausbreitungsrichtung senkrecht stehende
Einheitsfläche ist durch (9.63) gegeben. Durch Einsetzen von (9.63) in (10.2) erhalten wir sofort

$$|\vec{E}_{e\,eff}(R)| \approx \frac{(30\,P_s G_s)^{1/2}}{R} \ \frac{V}{m} \ , \quad [P_s] = \text{Watt}, \quad [R] = \text{m} \tag{10.3}$$

als A b s c h ä t z u n g f ü r d e n E f f e k t i v w e r t d e r e l e k t r i s c h e n F e l d s t ä r k e
am E m p f a n g s o r t.

Wird ein Radarziel vom Rückstreuquerschnitt σ angepeilt, dann ist die Leistungsdichte des Echosignals am Empfangsort, der mit dem Senderort zusammenfallen soll, nach (9.76) gegeben durch

$$|\vec{S}_r| = \frac{P_s G_s \sigma}{(4\pi R^2)^2} \; .$$

Die Empfangsantenne entnimmt nach (9.61) dieser Leistungsdichte einen ihrer Wirkfläche F_r proportionalen Anteil. Dann ist die am Radarspiegel empfangene Leistung

$$P_r = \frac{P_s G_s F_r \sigma}{(4\pi R^2)^2} \; . \tag{10.4}$$

Gl.(10.4) ist die bekannte Radargleichung [10.8].

Nun besteht zwischen Antennengewinn G und Wirkfläche F die Beziehung (9.75). Weiter ist bei den meisten Anwendungen die Empfangsantenne mit der Sendeantenne identisch. Bezeichnen wir den zugehörigen Gewinn nun einfach mit G, die Wirkfläche mit F, so liefert (10.4)

$$P_r = \frac{P_s F^2 \sigma}{4\pi R^4 \lambda^2} \tag{10.5a}$$

oder

$$P_r = \frac{P_s G^2 \lambda^2 \sigma}{(4\pi)^3 R^4} \; . \tag{10.5b}$$

Als maximale Reichweite R_{max} bezeichnen wir die Distanz zwischen Sender und Radarziel, jenseits der das Ziel nicht mehr erkannt werden kann. Sie ist erreicht, wenn die Leistung P_r des Echosignals am Empfänger gerade gleich der noch erfaßbaren Signalleistung P_{min} ist. Es gilt also

$$R_{max} = \left[\frac{P_s F^2 \sigma}{4\pi P_{min} \lambda^2} \right]^{\frac{1}{4}} \tag{10.6a}$$

oder

$$R_{max} = \left[\frac{P_s G^2 \lambda^2 \sigma}{(4\pi)^3 P_{min}} \right]^{\frac{1}{4}} \; . \tag{10.6b}$$

Für praktische Anwendungen sind (10.5,6) nur als grobe Abschätzungen geeignet. Auch muß man sich vor subtilen Interpretationen hüten. So liefern z.B. (10.6a) und (10.6b) eine Wellenlängenabhängigkeit von $\lambda^{-\frac{1}{2}}$ bzw. $\lambda^{+\frac{1}{2}}$, während (10.4) überhaupt keine Wellenlängenabhängigkeit liefert.

10.4 Die Ausbreitung auf optische Sicht

Unter Ausbreitung auf optische oder freie Sicht [10.9] verstehen wir die Ausbreitung auf einer Funkstrecke, bei der der Sender am Empfangsort optisch sichtbar ist. Diese einfache Definition ist jedoch ungenügend, da unter Umständen Beugungseffekte an Gegenständen in der Nähe des geradlinig und dünn gedachten Funkstrahls auftreten können. Unter "Ausbreitung auf optische Sicht" werden wir daher die Ausbreitung auf einer Strecke verstehen, bei der das erste Fresnelsche Ellipsoid frei von Hindernissen ist. Wenn Hindernisse in das erste Fresnelsche Ellipsoid hineinragen, so können wir die auftretenden Beugungseffekte nicht mehr vernachlässigen. Das n-te Fresnelsche Ellipsoid ist definiert als der geometrische Ort aller Punkte P, für die $\overline{SP} + \overline{PE} = \text{const} = \overline{SE} + n\frac{\lambda}{2}$, n = 1,2,3,... ist. (Abb.10.5.)

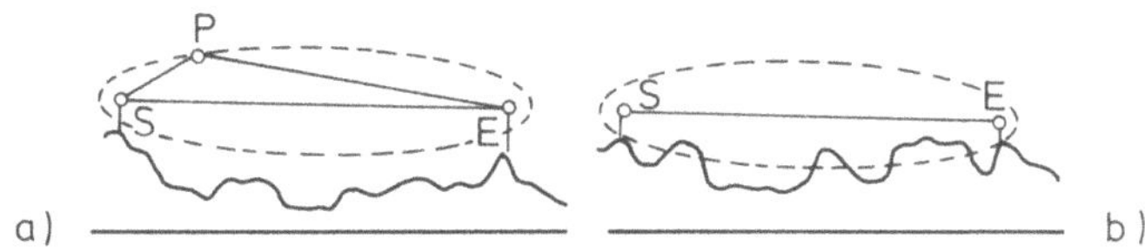

Abb.10.5 a) Ausbreitung auf freie Sicht; b) nichtoptische
Strecke

(λ ist die Betriebswellenlänge). Die Fresnelschen Ellipsoide sind also Flächen gleicher Phase. Eine Begründung für obige Definition der freien Sicht ist nicht einfach zu geben [10.10].

Für unsere weiteren Überlegungen nehmen wir nun den Erdboden als eben und glatt an [10.9,11]. (Auf die Definition einer glatten Fläche kommen wir im nächsten Abschnitt zurück.) Dann können wir die empfangene Feldstärke unter Berücksichtigung der Phasendifferenz zwischen direktem und am Erdboden reflektiertem Strahl berechnen. Der Sender mit der Leistung P_S und dem Antennengewinn G_S (gemessen in Richtung des Empfängers) befinde sich im Punkt A in der Höhe h_1 über ebener

Erde und strahle ein einem der beiden Polarisationsfälle bei der Fresnelschen Reflexion zuzuordnendes Feld ab. Der Aufpunkt B liege in der Höhe h_2 und der Boden-
entfernung d vom Sender (Abb.10.6).

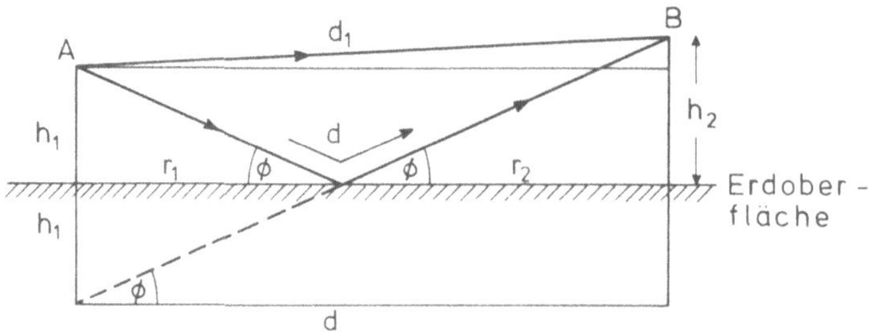

Abb.10.6 Geometrie der Ausbreitung auf freie Sicht

Im Empfangspunkt B überlagern sich dann direkter und indirekter Strahl, d.h.
es gilt

$$|\vec{E}| = |\vec{E}_0| \, | \{1 + |R| \exp[i(\vartheta_1 + \vartheta_2)]\}|, \qquad (10.7)$$

wobei $R = |R| \exp[i\vartheta_1]$ der der jeweiligen Polarisation zuzuordnende Fresnelsche
Reflexionsfaktor ist und ϑ_2 der Phasenwinkel des Wegunterschieds. Ferner ist nach
(10.3)

$$|\vec{E}_0| := |\vec{E}_{0\,eff}| = \frac{(30\,P_s G_s)^{1/2}}{d} \; \frac{V}{m}, \quad [P_s] = \text{Watt}, \quad [d] = m,$$

der Betrag der Feldstärkenamplitude des direkten Strahls im freien Raum am Empfangsort. (Da $h_1 \ll d$, $h_2 \ll d$ sein soll, haben wir hier $d_1 \approx d_2 \approx d$ gesetzt.) Der
Streifwinkel Φ, der zur Bestimmung der Fresnelschen Reflexionsfaktoren R_E und
R_H notwendig ist, bestimmt sich nach Abb.10.6 zu

$$\Phi = \arctan \frac{h_1}{r_1} \; .$$

Da in der Praxis meist $h_1 \ll d$, $h_2 \ll d$ gilt, wie wir das schon angenommen haben,
ist Φ meist ein kleiner Winkel. Aus

$$h_1/r_1 = h_2/r_2 \quad \text{und} \quad r_1 + r_2 = d$$

finden wir

$$d/r_1 = (h_1 + h_2)/h_1.$$

Weiter lesen wir aus Abb. 10.6 ab:

$$d_1 = \left[d^2 + (h_2 - h_1)^2 \right]^{1/2},$$

$$d_2 = \left[d^2 + (h_2 + h_1)^2 \right]^{1/2}.$$

Damit finden wir für den Weglängeunterschied

$$\Delta d := d_2 - d_1$$

näherungsweise

$$\Delta d = \left(d_2^2 - d_1^2 \right) / (d_1 + d_2) \approx 2h_1 h_2/d$$

und für die zugehörige Phasenänderung

$$\vartheta_2 = \Delta d\ k = \frac{2\pi}{\lambda} \Delta d = 4\pi h_1 h_2/(\lambda d).$$

Setzen wir dieses Ergebnis in (10.7) ein, so erhalten wir

$$|\vec{E}_{eff}| \approx \frac{(30\ P_s G_s)^{1/2}}{d} \left[1 + 2|R| \cos\left(\vartheta_1 + \frac{4\pi h_1 h_2}{\lambda d} \right) + |R|^2 \right]^{1/2}. \qquad (10.8)$$

Bei der Auswertung von (10.8) ist zu beachten, daß bei vertikaler Polarisation (d.h. $\vec{H}$ parallel zur Erdoberfläche) die elektrische Feldstärke $\vec{E}$ des direkten und des reflektierten Strahles einen räumlichen Winkel zueinander bilden. Bei großen Streifwinkeln Φ muß man die Feldstärke nicht nur nach ihrer Phase sondern auch räumlich vektoriell addieren. Bei horizontaler Polarisation ($\vec{E}$ parallel zur Erdoberfläche) ist das nicht der Fall.

In der Praxis haben wir meist nahezu streifenden Einfall. Dann wird $R_H \approx R_E \approx -1$ für $\Phi \approx 0$ und wir erhalten aus (10.8)

$$|\vec{E}_{eff}| \approx \frac{(60\,P_s G_s)^{1/2}}{d} \left[1 + \cos\left(\frac{4\pi h_1 h_2}{\lambda d} - \pi\right) \right]^{1/2}$$

$$= \frac{(60\,P_s G_s)^{1/2}}{d} \left[1 - \cos\left(\frac{4\pi h_1 h_2}{\lambda d}\right) \right]^{1/2} ,$$

d.h.

$$|\vec{E}_{eff}| \approx \frac{2(30\,P_s G_s)^{1/2}}{d} \left| \sin\left(\frac{2\pi h_1 h_2}{\lambda d}\right) \right| . \qquad (10.9)$$

Wenn wir schließlich bei fester Wellenlänge λ die Entfernung d so groß wählen, daß der Sinus durch sein Argument ersetzt werden kann, dann gilt

$$|\vec{E}_{eff}| \approx \frac{4\pi h_1 h_2}{\lambda d^2} (30\,P_s G_s)^{1/2}\,\frac{V}{m} , \quad [P_s] = \text{Watt}, \;\; [h_{1,2}] = m, \qquad (10.10)$$

$$[d] = m, \;\; [\lambda] = m.$$

Abb.10.7 zeigt die Entfernungsabhängigkeit des Interferenzfeldes nach (10.9,10) für $\lambda = 1$ m, $h_1 = 100$ m (Senderhöhe) und $h_2 = 10$ m (Empfängerhöhe).

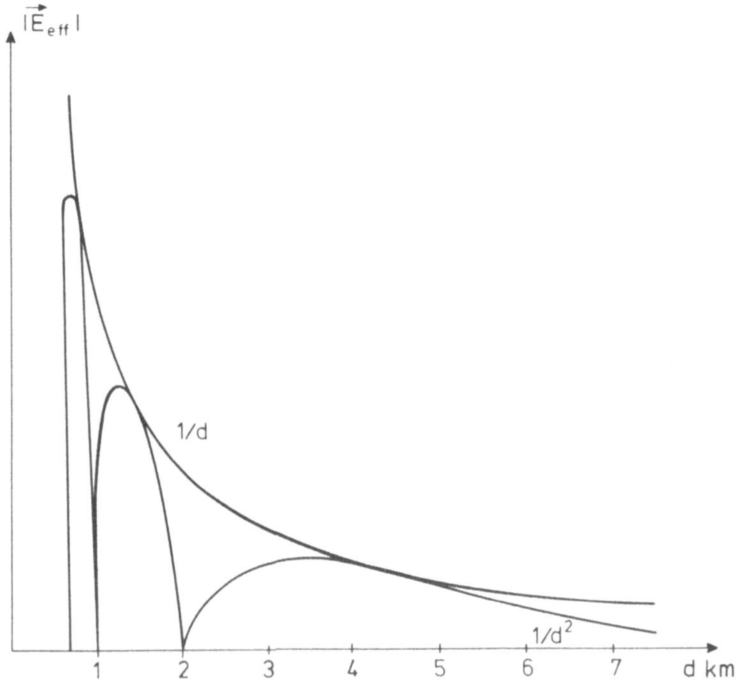

Abb.10.7 Entfernungsabhängigkeit des Interferenzfeldes

Es ist bemerkenswert, daß die Feldstärke sowohl nach (10.8) als auch nach
(10.9) mit der Entfernung d oszilliert, nicht mehr aber nach (10.10). Die Oszillationen werden durch die Phasendifferenz zwischen direktem und reflektiertem Strahl
hervorgerufen. Die Interferenzperioden werden mit zunehmender Entfernung d bei
gleichbleibenden Höhen h_1 und h_2 und gleichbleibender Wellenlänge λ immer lang-
samer durchlaufen. Wird das Argument des Sinus kleiner als π, d.h. gilt

$$d \geqslant 2h_1 h_2 / \lambda ,$$

so kann sich kein Wert wiederholen. Die Funktion oszilliert nicht mehr, sondern
nimmt nur noch monoton ab.

Liegt die Antenne mehr als $\lambda/2$ über dem Erdboden, so gibt es durch die Inter-
ferenz Nullstellen im Antennendiagramm. Das Vertikaldiagramm setzt sich aus Lap-
pen zusammen. Ihre Anzahl wächst mit der Höhe (Abb.10.8).

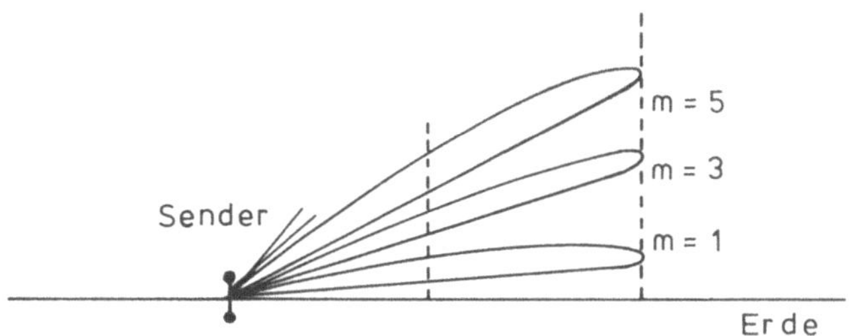

Abb.10.8 Typisches Vertikaldiagramm einer Antenne
über ebener Erde

Die Maxima und Minima treten in den Raumpunkten auf, in denen

$$h_1 h_2 = \frac{m}{4} d\lambda$$

ist, und zwar ergeben sich für m = 1,3,5,... die Maxima und für m = 0,2,4,...
die Minima.

Die hier abgeleiteten Formeln bilden die Grundlage der UKW-Ausbreitung auf
freie Sicht. Dabei wurde die nicht sehr praxisnahe Annahme einer glatten und ebenen
Erdoberfläche sowie einer brechungsfreien Atmosphäre gemacht. Da der Begriff
"glatt" nur in Beziehung zur Wellenlänge Bedeutung haben kann, wollen wir im nächsten Abschnitt die Frage diskutieren, was unter einer glatten bzw. rauhen Oberfläche
verstanden werden soll.

10.5 Das Rayleigh-Kriterium für rauhe Erdoberfläche

Antwort auf die Frage, ob ein Gelände als rauh oder als glatt angesehen werden soll,
d.h. ob es zu spiegelartiger Reflexion oder Streuung des einfallenden elektromagnetischen Feldes kommt, gibt das R a y l e i g h - K r i t e r i u m . Wir wollen es kurz herleiten [10.12].

Sei h die Höhe der Unregelmäßigkeiten des reflektierenden Geländes (Abb.10.9).
Dann ist der Wegunterschied zwischen den benachbarten Strahlen 1 und 2 gegeben durch

$$\Delta d = 2h \sin \theta .$$

Demzufolge ist die Phasendifferenz $\Delta \varphi$ zwischen den beiden Strahlen

$$\Delta \varphi = \frac{2\pi}{\lambda} \Delta d = 4\pi \frac{h}{\lambda} \sin \theta .$$

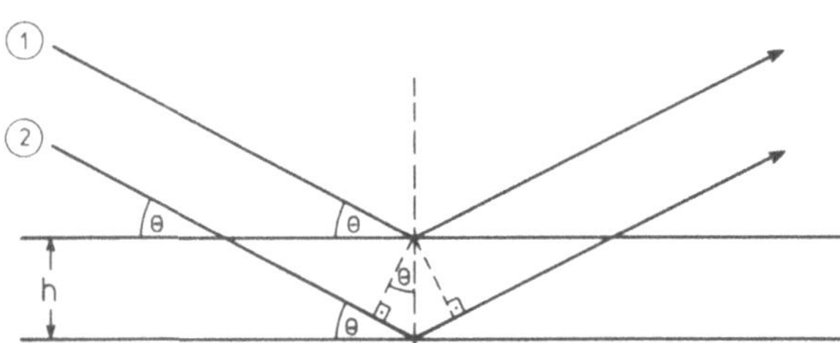

Abb.10.9 Phasendifferenz zweier Strahlen, die in
verschiedener Höhe reflektiert werden

Bei glatter Oberfläche ist h = 0 und also auch $\Delta \varphi = 0$; alle Strahlen sind in
Phase. Ist hingegen $\Delta \varphi = \pi$, so sind die Strahlen in Gegenphase und heben sich gegen-
seitig auf. Wenn also jetzt kein Energiefluß in Richtung des reflektierten Strahles
stattfindet, dann muß die Energie auf andere Richtungen verteilt worden sein. Das
bedeutet aber, daß die Oberfläche für $\Delta \varphi = \pi$ streut, während sie für $\Delta \varphi = 0$ spie-
gelartig reflektiert. Eine Oberfläche mit $\Delta \varphi = 0$ ist also glatt zu bezeichnen, eine
mit $\Delta \varphi = \pi$ sicher als rauh. Zwischen diesen beiden Extremen wählt man einen Wert
$\Delta \varphi'$ und bezeichnet willkürlich eine Oberfläche mit $\Delta \varphi \leqslant \Delta \varphi'$ als glatt, eine mit
$\Delta \varphi > \Delta \varphi'$ als rauh. Von Rayleigh wurde $\Delta \varphi' = \pi/2$ gewählt. Dann ergibt sich nach
(10.11) das sogen. R a y l e i g h - K r i t e r i u m

$$h < \frac{\lambda}{8 \sin \theta} \qquad (10.12)$$

als Kriterium für eine glatte Oberfläche. Andere Werte wie $\Delta\varphi' = \pi/4$ oder $\Delta\varphi' = \pi/8$ werden von einigen Autoren als realistischer bezeichnet [10.2].

Eine bessere Art, das Rayleigh-Kriterium zu interpretieren, liefert die Betrachtung der rechten Seite von (10.11) $4\pi h/\lambda \sin\theta$ als Maß für die effektive Rauhigkeit der Fläche. Wir sehen, daß die Fläche unter zwei Grenzbedingungen als glatt angesehen werden kann, nämlich für

$$h/\lambda \to 0 \quad \text{und für} \quad \theta \to 0.$$

Der letzte Fall entspricht streifendem Einfall, der also auch hier eine gewisse Sonderstellung einnimmt.

10.6 Die Abrahamsche Lösung

Ein nächst einfacheres Modell, das gegen Anfang dieses Jahrhunderts von M. Abraham behandelt wurde, geht von einer ideal leitenden Erde aus, über der sich in einer homogenen Atmosphäre monochromatisch strahlende vertikale oder horizontale Dipole befinden [10.13].

Die Lösung dieses Problems kann nach dem S p i e g e l u n g s p r i n z i p erfolgen, was praktisch eine Zurückführung auf die F r e i r a u m a u s b r e i t u n g bedeutet (Abb.10.10).

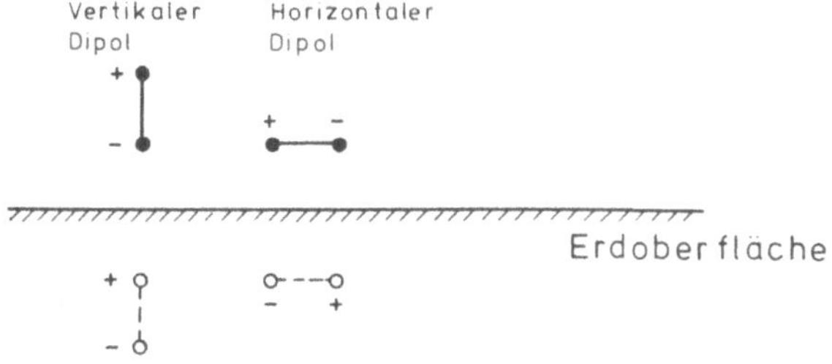

Abb.10.10 Vertikaler bzw. horizontaler elektrischer Dipol über ideal leitender Erde mit gleichphasigem bzw. gegenphasigem Spiegelbild

Trotz seiner Einfachheit erklärt es schon die Auflappung des Antennendiagramms als Folge der Überlagerung des primären Dipolfeldes mit dem Feld des spiegelbildlichen Dipols. Es hat auch heute noch seine Bedeutung für die Untersuchung der Ausbreitung über See. Da für lange Wellen die Erde näherungsweise als sehr gut leitend angesehen werden kann, kann auch das von Blitzen erzeugte elektromagnetische Feld, das einen großen langwelligen Anteil enthält, nach dem Abrahamschen Modell betrachtet werden [10.14].

Lassen wir eine nicht ideal leitende Erde zu, so versagt das Spiegelungsprinzip, und wir müssen zu allgemeineren Methoden greifen, die dann die Abrahamsche Lösung als Spezialfall liefern. Da diese Methoden, mutatis mutandis, auch bei Anwesenheit einer inhomogenen Atmosphäre anwendbar bleiben, wollen wir zunächst auf die Troposphäre und ihre Eigenschaften eingehen. Wir bemerken noch, daß bei homogener Atmosphäre über dielektrischer Erde asymptotisch unabhängig von der Polarisation des Feldes eine Spiegelung am Boden eintritt, da der Fresnelsche Reflexionsfaktor in jedem Fall bei streifendem Einfall den Wert - 1 annimmt.

10.7 Erde und Atmosphäre

10.7.1 Allgemeine Bemerkungen

Fast alle Radiosignale werden in unmittelbarer Nähe der Erdoberfläche empfangen. Deswegen ist es wichtig, den Einfluß der Erde auf die Ausbreitung elektromagnetischer Wellen zu kennen. Da dieses Problem, wie wir schon früher bemerkt haben, wegen seiner Kompliziertheit nicht zu lösen ist, müssen vereinfachende Annahmen gemacht werden.

Die Erde besteht aus Felsen, trockenem Sand, Moor, Süßwasser, Eis und Salzwasser, um nur einige Möglichkeiten aufzuzählen. Sie ist also weit davon entfernt, ein homogenes Medium zu sein. Hinzu kommt noch, daß Bewuchs, Bebauung und natürlich auch Berge vorhanden sind. Eine erste vereinfachende Annahme besteht nun darin, die Erde als kugelförmig anzusehen. Die auf dieser Vorstellung erstellten Vorhersagen für die Ausbreitung elektromagnetischer Wellen müssen bei Anwesenheit von Bergen usw. korrigiert werden. Dazu ist eine spezielle Theorie notwendig, auf die wir hier nicht eingehen werden. Eine weitere Annahme besteht darin, die Erde als homogen anzusehen. Man denkt sie sich dabei aus einem Material bestehend, das einen Mittelwert der bei der Ausbreitung beteiligten Bodenarten darstellt. Die Gültigkeit dieser Näherung hängt von der in Betracht gezogenen Reichweite der elek-

tromagnetischen Signale ab, denn die relative Dielektrizitätskonstante der Erde kann
sich von etwa 5 für eine bebaute Umgebung über 14 für einen felsigen Boden bis zu
80 für Wasser ändern, und die Leitfähigkeit von $10^{-5}\frac{S}{m}$ für trockenen Boden bis zu
etwa $5\frac{S}{m}$ für Seewasser (Abb.10.11)[*].

Art der Oberfläche	ε_{rel}	σ S/m	Mittlere Werte ε_{rel}	σ S/m
Meerwasser	80	$1...4,3$	80	4
Süßwasser der Seen und Flüsse	80	$10^{-3}...2,4\ 10^{-2}$	80	10^{-3}
Feuchter Boden	$10...30$	$3\ 10^{-3}...3\ 10^{-2}$	10	10^{-2}
Trockener Boden	$3...4$	$1,1\ 10^{-5}...2\ 10^{-4}$	4	

Abb.10.11 Elektrische Daten des Erdbodens bei verschiedener Beschaffenheit

Die Gültigkeit der Annahme einer mittleren Bodendielektrizitätskonstanten hängt
also davon ab, ob die Ausbreitung über Land oder über See stattfindet. Bei Ausbreitungs-
wegen, die über Land und See führen, kann die Annahme einer einheitlichen Leitfähigkeit
und Dielektrizitätskonstanten zu Fehlern führen. Die Werte, die für die Materialkonstanten der Erde gewählt werden, müssen nun nicht nur einen Mittelwert bezüglich der verschiedenen Werte längs der Erdoberfläche bilden, sondern auch bezüglich der Werte,
die wir beim Eindringen in die Erde antreffen. Die zu berücksichtigende Bodentiefe
hängt von der frequenzabhängigen Eindringtiefe (5.36) der elektromagnetischen Wellen
ab. Weiter wird noch angenommen, daß die Materialkonstanten der Erde unabhängig
vom Wetter sind. Alle diese Eigenschaften sollen auch noch in einem größeren Frequenzband gelten.

Das Problem wird noch komplizierter dadurch, daß sich die Wellen in Erdnähe
durch die Atmosphäre ausbreiten. Diese Atmosphäre wird gewöhnlich in verschiedene Gebiete unterteilt [10.15]: Die intensive Sonneneinstrahlung bewirkt eine teilweise Ionisierung der Luft in der oberen Atmosphäre. Aus physikalischen Gründen
ist es sinnvoll, für den ionisierten Anteil und den Neutralgasanteil unterschiedliche
Einteilungen zu verwenden. Für die Einteilung und Benennung der Neutralgasschich-
ten werden zwei Systeme nebeneinander benutzt. Nach dem Temperaturverlauf mit
der Höhe unterscheiden wir: Troposphäre, Stratosphäre, Mesosphäre und Thermo-

---

[*] S = Siemens = $(Ohm)^{-1}$

sphäre, Die oberen Schichtgrenzen erhalten jeweils den Namen der Schicht mit dem Zusatz -pause. Die Troposphäre ist der Schauplatz des Wettergeschehens. Die Dynamik und Thermodynamik der Troposphäre wird wesentlich durch die nahe Erdoberfläche und die Erdrotation beeinflußt. Das Wasser in allen seinen Aggregatzuständen ist in der Troposphäre von großer Bedeutung.

Die darüber liegende Stratosphäre ist dagegen trocken. Sie zeigt eine geringe vertikale Durchmischung und enthält die Ozonschicht. Die Strahlungsabsorption des Ozons bewirkt eine Temperaturzunahme bis etwa 50 km Höhe. In der nächsten Schicht, der Mesosphäre, die sich von 50 km bis 80 km erstreckt, nimmt die Temperatur mit der Höhe wieder ab. Die Thermosphäre ist das Gebiet wieder ansteigender Temperatur.

Beim zweiten Einteilungssystem unterscheiden wir zwischen Homo- und Heterosphäre. In den unteren 100 km ist das Neutralgas gut durchmischt als Folge der Turbulenz. Man spricht deswegen auch von der Turbosphäre. In der darüber liegenden Heterosphäre sind die einzelnen Neutralgasanteile im Schwerefeld der Erde sortiert.

Auch für die ionisierte Komponente gibt es zwei Einteilungssysteme. Das eine beruht auf dem Verlauf der Elektronenkonzentration mit der Höhe, das zweite auf dem Einfluß des Erdmagnetfeldes auf die ionisierte Komponente der Luft. Wir werden darauf im Zusammenhang mit der Ionosphäre zurückkommen.

Wenn man von der Ausbreitung elektromagnetischer Wellen in der Troposphäre spricht, denkt man zunächst an die Ausbreitung der Frequenzen im UKW-Bereich. Grundsätzlich aber beeinflußt die inhomogene Troposphäre - und nur diese Inhomogenitäten sind verantwortlich für die Einflußnahme der Troposphäre - die Ausbreitung der elektromagnetischen Wellen im gesamten technischen Frequenzbereich quantitativ etwa in gleicher Weise. Jedoch erscheint der Einfluß auf höhere Frequenzen stärker betont. Das ist zunächst eine Folge der mit steigender Frequenz stark anwachsenden Dämpfung der Bodenwelle sowie der ebenfalls wachsenden Beugungsdämpfung an Hindernissen und an der Erdkrümmung. Infolgedessen haben die relativ kleinen troposphärischen Inhomogenitäten erst bei hohen Frequenzen eine deutliche Wirkung auf die bodennahen Restfeldstärken. Weitere Gründe für einen stärkeren Einfluß der Troposphäre auf hohe Frequenzen sind das Anwachsen der Phasendifferenzen bei Mehrwegausbreitung [10.16] und damit der Interferenzeffekte, sowie die stärkere Bündelung der verwendeten Antennen. Unter 30 MHz überwiegt bei weitem der Einfluß der Ionosphäre den der Troposhäre.

Da die Troposphäre den entscheidenden Einfluß auf die Ausbreitung der Ultrakurzwellen hat, wollen wir uns mit ihr noch etwas näher beschäftigen.

10.7.2 <u>Der Brechungsindex der Troposphäre</u>

Die Troposphäre kann für den hier betrachteten Frequenzbereich als ein Medium mit vernachlässigbarer Leitfähigkeit angenommen werden. Damit ist sie als ein nicht-absorbierendes Medium anzusprechen, das durch einen reellen Brechungsindex n charakterisiert wird. Eine B r e c h u n g s i n d e x f o r m e l für feuchte Luft wurde 1953 von S m i t h und W e i n t r a u b angegeben [10.17,18]:

$$(n - 1)\, 10^6 = \frac{77,6}{T}\left[\, p + 4810\,\frac{e}{T}\,\right]. \tag{10.13}$$

Sie leitet sich aus der Clausius-Mosottischen Formel her und wurde in dieser Form z.B. schon von Eckart und Plendl 1938 [10.3] benutzt.

Darin sind Druck p in mb, Temperatur T in K und Wasserdampfdruck e in mb die wesentlichen Zustandsparameter des Gas- Wasserdampfgemisches, als das die Luft angesehen wird. Da ein mittlerer Bodenwert des Brechungsindex

$$n = 1,00320$$

ist, wurde der B r e c h w e r t N eingeführt, um bequemere Zahlwerte zu haben:

$$N := (n - 1)\, 10^6. \tag{10.14}$$

Der Brechwert N ist, entsprechend der Höhenverteilung der Grundparameter, eine Funktion der Höhe h über dem Erdboden. Ein Mittel über alle zeitlichen und räumlichen beobachteten N(h)-Profile ist die Bezugsatmosphäre (N o r m a l a t m o s p h ä r e)

$$N(h) = 289\,\exp[-\,0,136h], \quad [h] = km. \tag{10.15}$$

Bis zu etwa 1 km Höhe kann N(h) in guter Näherung als linear angesehen werden. Die Veränderlichkeit von N in horizontaler Richtung kann i.allg. für die Wellenausbreitung vernachlässigt werden. Wir nehmen im folgenden also nur eine vertikale Abhängigkeit von N an.

Experimentell wird das N(h)-Profil durch Radiosonden und durch Refraktometer bestimmt [10.18,19]. Dabei zeigt es sich, daß im Einzelfall kein glatter Verlauf von N(h) auftritt. Er wird gestört durch streckenweise Änderung der Steilheit, durch Sprünge und durch allgemeine statistische Unruhe (Abb.11.12). Die Sprünge sind Spuren von Schichten geringer Dicke und unterschiedlicher horizontaler Ausdehnung, den Inversionsschichten. (Sprünge bei Schichtdicken von 10 m bis 100 m

und horizontaler Ausdehnung von 1 km bis 10 km in der Größenordnung von 10 N-Ein-
heiten.) Diese Schichten können bei genügend flachem Einfall sogar Totalreflexion hervorrufen. Mit ihnen können Ausbreitungsmechanismen im Entfernungsbereich von 100 km
bis 400 km vom Sender beschrieben werden. Die überlagerte statistische Unruhe ist Aus-
gangspunkt von Streustrahlung, welche zur Übertragung von Information bis 1000 km geeignet ist.

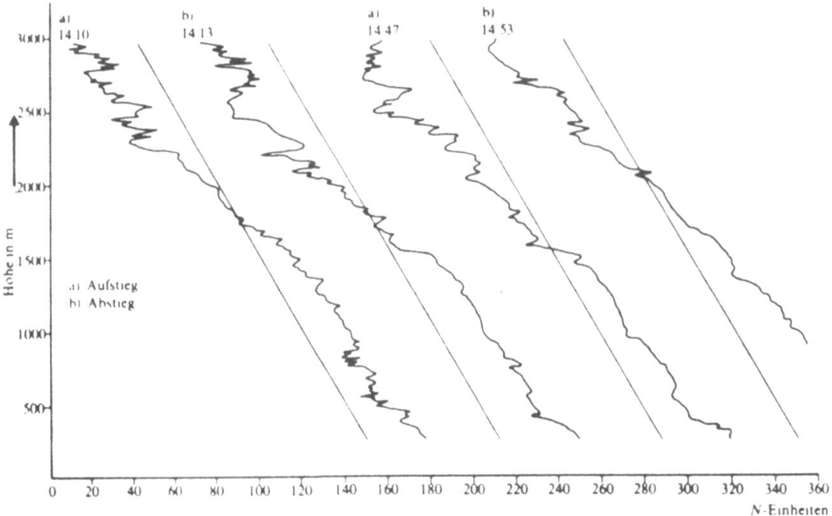

Abb.10.12 Höhenprofile des Brechwertes [10.1]

10.8   Geometrisch-optische Betrachtungen

10.8.1 Zusammenhang zwischen Strahlkrümmung und Brechungsindexgradient

Wir nehmen eine stetige Schichtung des Brechungsindex in Abhängigkeit von der Höhe h
über dem Erdboden an. Die Funkstrahlen terrestrischer Nachrichtenverbindungen pas-
sieren die Troposphäre nahezu horizontal. Unter normalen Verhältnissen, d.h. mit der
Höhe abnehmendem Brechungsindex, schreitet die zu den Strahlen gehörige Wellenfront
in der Höhe wegen der größeren Phasengeschwindigkeit $v_p(h) = c/n(h)$ schneller fort
als am Boden. Die Folge ist eine Krümmung der Strahlbahn zum Boden hin. Bei sphä-
risch gekrümmter Erde und sphärischer Schichtung des Brechungsindex n kann ein
einfacher Zusammenhang zwischen dem Krümmungsradius $\rho(h)$ der Strahlbahn und
dem Gradienten des Brechungsindex hergeleitet werden. Dazu nehmen wir an, daß in

186

einer Höhe $h \ll a$ (a = Erdradius) der Krümmungsradius des Strahls $\rho(h)$ sei und daß er in dieser Höhe die Geschwindigkeit $v_p(h)$ habe. Dann gilt nach Abb.10.13

$$\rho \, d\theta = v_p \, dt,$$

und in einer etwas größeren Höhe gilt

$$(\rho + dh)d\theta = (v_p + dv_p)\, dt.$$

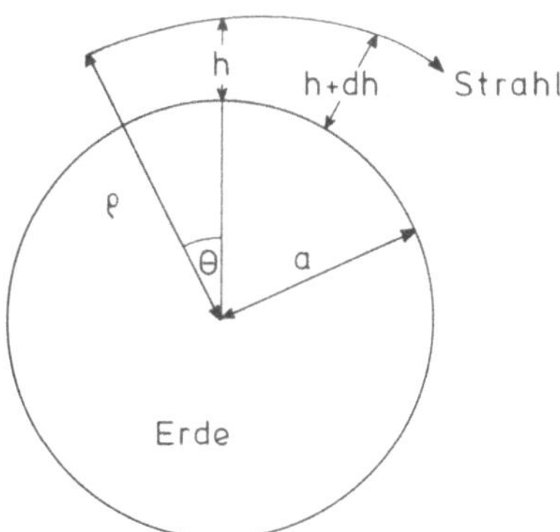

Abb.10.13 Gekrümmter Strahl über kugelförmiger Erde

Aus diesen beiden Gleichungen ergibt sich

$$d\theta/dt = dv_p/dh.$$

Ist der Brechungsindex in der Höhe h gleich n, so gilt

$$v_p(h) = c/n(h)$$

und damit

$$\frac{dv_p(h)}{dh} = \frac{d}{dh}\left[\frac{c}{n(h)}\right] = -\frac{c}{n^2(h)}\frac{dn(h)}{dh} = -\frac{v_p(h)}{n(h)}\frac{dn(h)}{dh}\,.$$

Im Nenner dieses Ausdrucks können wir $n \approx 1$ setzen und erhalten

$$\frac{dv_p(h)}{dh} = -v_p(h)\frac{dn(h)}{dh}\,.$$

Nun ist aber

$$\rho(h) = v_p(h)\,\frac{dt}{d\theta} = \frac{v_p(h)}{d\theta/dt} = \frac{v_p(h)}{dv_p/dh}$$

und damit

$$\frac{1}{\rho(h)} = -\,\frac{dn(h)}{dh}\,. \tag{10.16}$$

Ein mit wachsender Höhe h negativer Gradient von n(h) liefert ein positives $\rho(h)$ und eine zur Erde zugewandte Krümmung. Ein positiver Gradient von n(h) bedeutet negatives $\rho(h)$ und damit eine Krümmung von der Erde weg. Geometrisch-optisch gesehen stellt also (10.16) die Differentialgleichung der Strahlbahn dar.

10.8.2 Modifizierter Brechungsindex und Brechungsmodul

Wollen wir es vermeiden, gekrümmte Strahlen über gekrümmter Erde zu behandeln, so können wir, wieder unter der Voraussetzung nahezu horizontaler Ausbreitung, einen modifizierten Brechungsindex $\tilde{n}(h)$ durch

$$\tilde{n}(h) := n(h)[1 + h/a] \approx n(h) + h/a, \quad a = \text{Erdradius}, \tag{10.17}$$

einführen, durch den die Erdkrümmung in einer zusätzlichen Höhenabhängigkeit des Brechungsindex berücksichtigt wird. Ersetzen wir also n durch $\tilde{n}$, so können wir die Ausbreitung in einer wirklichen Atmosphäre mit dem Brechungsindex n(h) über kugelförmiger Erde durch die Ausbreitung in einer fiktiven Atmosphäre mit dem Brechungsindex $\tilde{n}(h)$ über ebener Erde ersetzen.

Zur Herleitung von (10.17) führen wir Kugelkoordinaten (R,θ,φ) ein, deren Ursprung mit dem Erdmittelpunkt zusammenfallen soll. Dann ist die Erdoberfläche durch R = a gegeben. Im Punkt $Q = \{a + h_1,0,0\}$ befinde sich ein Sender, der horizontal strahle (Abb. 10.14). Wir können nun annehmen, daß schon unweit dieses Senders die ausgestrahlten Kugelwellen lokal durch ebene Wellen ersetzt werden können und daß die Wellenflächen in dem Gebiet, das uns bei der Ausbreitung interessiert (vom Sender einige hundert Kilometer hinter dem Horizont) senkrecht zur

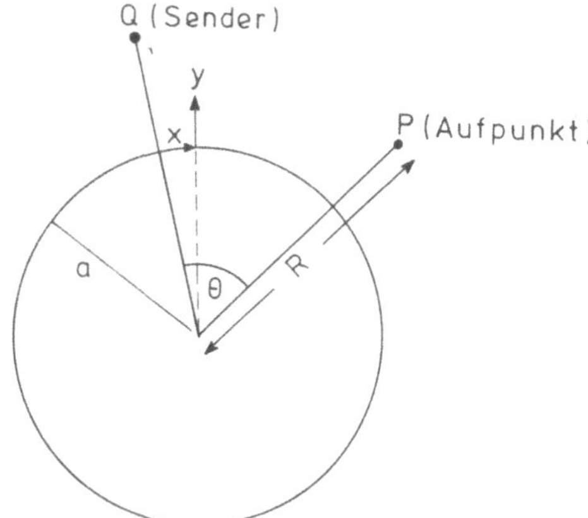

Abb.10.14 Transformation zur Ableitung
des modifizierten Brechungsindex

Erdoberfläche stehen. Diese Annahme können wir ausdrücken durch

$$\frac{\partial}{\partial\varphi} = 0, \quad \frac{\partial}{\partial R} = 0, \quad H_R = H_\theta = 0, \quad E_\varphi = E_\theta = 0, \quad H_\varphi \neq 0, \quad E_R \neq 0,$$

wenn $\vec{E} = \{E_R, E_\theta, E_\varphi\}$, $\vec{H} = \{H_R, H_\theta, H_\varphi\}$ das elektromagnetische Feld des Senders ist. Wie ersichtlich haben wir vertikale Polarisation ($E_R \neq 0$) des Senderfeldes an- genommen. Bei horizontaler Polarisation genügt es, die Indizes φ und R bei den Komponenten von $\vec{E}$ und $\vec{H}$ zu vertauschen. Unter diesen Annahmen lauten die Max- wellschen Gleichungen in Kugelkoordinaten

$$-\frac{1}{R} \frac{\partial}{\partial\theta} E_R + \mu \frac{\partial}{\partial t} H_\varphi = 0,$$

$$\frac{1}{R} \frac{\partial}{\partial\theta} H_\varphi - \varepsilon \frac{\partial}{\partial t} E_R = 0. \qquad (10.18)$$

Wir führen nun die Transformation

$$x = a\theta, \quad y = R - a, \quad z = a\varphi$$

durch. Dann ist x die Entfernung längs der Erdoberfläche und y die Höhe über der Erde. Es gilt dann

$$E_R = E_y, \quad H_\varphi = H_z, \quad \frac{\partial}{\partial\theta} = a \frac{\partial}{\partial x}.$$

Damit können wir (10.18) in der Form schreiben

$$-\frac{a}{y+a}\,\frac{\partial}{\partial x}\,E_y + \mu\,\frac{\partial}{\partial t}\,H_z = 0,$$

$$\frac{a}{y+a}\,\frac{\partial}{\partial x}\,H_z - \varepsilon\,\frac{\partial}{\partial t}\,E_y = 0,$$

oder

$$-\frac{\partial}{\partial x}\,E_y + \tilde{\mu}\,\frac{\partial}{\partial t}\,H_z = 0,$$

$$\frac{\partial}{\partial x}\,H_z - \tilde{\varepsilon}\,\frac{\partial}{\partial t}\,E_y = 0.$$

Das sind aber die Maxwellschen Gleichungen (5.13) für eine ebene Welle über einer ebenen Fläche $y = 0$ und zwar für ein Medium, dessen Materialkonstanten durch

$$\tilde{\varepsilon} := \varepsilon\,\frac{y+a}{a}\,, \qquad \tilde{\mu} := \mu\,\frac{y+a}{a}$$

gegeben sind. Bezeichnen wir den hierzu gehörigen Brechungsindex mit $\tilde{n}$, dann gilt, wenn n der ursprüngliche Brechungsindex ist:

$$\frac{\tilde{n}}{n} = \left[\frac{\varepsilon\mu\left(\dfrac{y+a}{a}\right)^2}{\varepsilon\mu}\right]^{1/2} = \frac{y+a}{a}$$

oder

$$\tilde{n}(y) = n(y)[1 + y/a] \approx n(y) + y/a,$$

was mit (10.17) übereinstimmt.

Auch hier führen wir, um bequeme Zahlwerte zu haben, den modifizierten B r e c h w e r t   o d e r   B r e c h u n g s m o d u l

$$M(h) := [\tilde{n}(h) - 1]\,10^6 \qquad\qquad (10.19)$$

ein. Es ist nun zu beachten, daß i m   G e g e n s a t z   z u $n(h)$, d a s   n o r m a l e r - w e i s e   m i t   d e r   H ö h e   h   f ä l l t, $\tilde{n}(h)$ b z w.   M (h)   m i t   d e r   H ö h e   z u - n i m m t, da die Zunahme des Terms h/a überwiegt. Dadurch sind im Bild mit der ebenen Erde alle Strahlen von der E rde weggekrümmt. In Abb.10.15 ist als Beispiel der Strahlverlauf bei linearem $M(h)$, dessen Nullpunkt willkürlich gewählt wurde, für verschiedene Abstrahlwinkel vom Sender aufgetragen.

Wenn die Temperatur mit der Höhe rasch zunimmt (starke Inversion) oder die Feuchtigkeit rasch abnimmt, kann $M(h)$ mit zunehmender Höhe abnehmen. Dieser Fall tritt gelegentlich in einem gewissen Höhenintervall ein. Dort sind dann die Strahlen im Bild mit der ebenen Erde nach unten gekrümmt, im Bild mit der kugelförmigen Erde also stärker gekrümmt als die Erde (Abb.10.16). Genügend schwach aufsteigende Strahlen werden dadurch zu absteigenden, d.h., sie werden t o t a l r e f l e k t i e r t . Bei den Abbildungen 10.16 liegt das Höhenintervall mit abnehmendem $M(h)$ in Abb.10.16a auf der Erde auf. Eine Sendeantenne in diesem Höhenintervall liefert dann Strahlen zu jedem Punkt der Erdoberfläche. Überall ist somit Empfang möglich, vorausgesetzt, daß der $M(h)$-Verlauf an allen Orten tatsächlich der angegebene ist. Allgemein können wir sagen: Wenn $M(h)$ in irgendeiner Höhe niedriger ist als am Erdboden, werden Strahlen, deren Anfangsneigung unter einem gewissen Grenzwinkel liegt, reflektiert und erreichen den Erdboden wieder. Der Grenzwinkel ist aber stets klein ($< 0,5^\circ$), da die gesamte Abnahme von M immer klein ist. Die eben beschriebene t r o p o s p h ä r i s c h e T o t a l r e f l e x i o n ist wohl die häufigste Ursache von gelegentlich gutem Empfang auf UKW außerhalb des optischen Sichtbereichs.

Bei Abnahme von $M(h)$ mit der Höhe (Abb.10.16) gibt es immer ein Höhenintervall, aus dem genügend flach laufende Strahlen nicht mehr austreten können sondern zwischen einer oberen und unteren Reflexionshöhe hin- und herpendeln müssen. Dieses Höhenintervall heißt "a t m o s p h ä r i s c h e r W e l l e n l e i t e r" (d u c t), vorausgesetzt, daß es über einer größeren Strecke existiert. Wir unterscheiden ei-

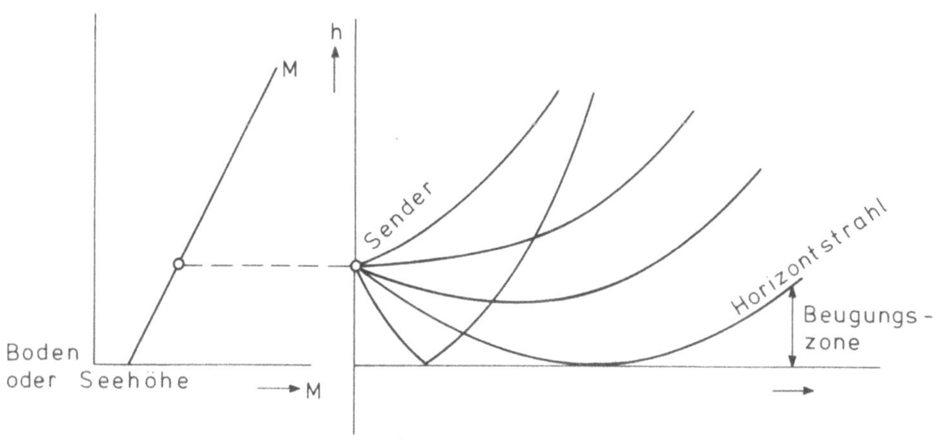

Abb.10.15 Strahlverlauf bei linearem M (Standardatmosphäre)

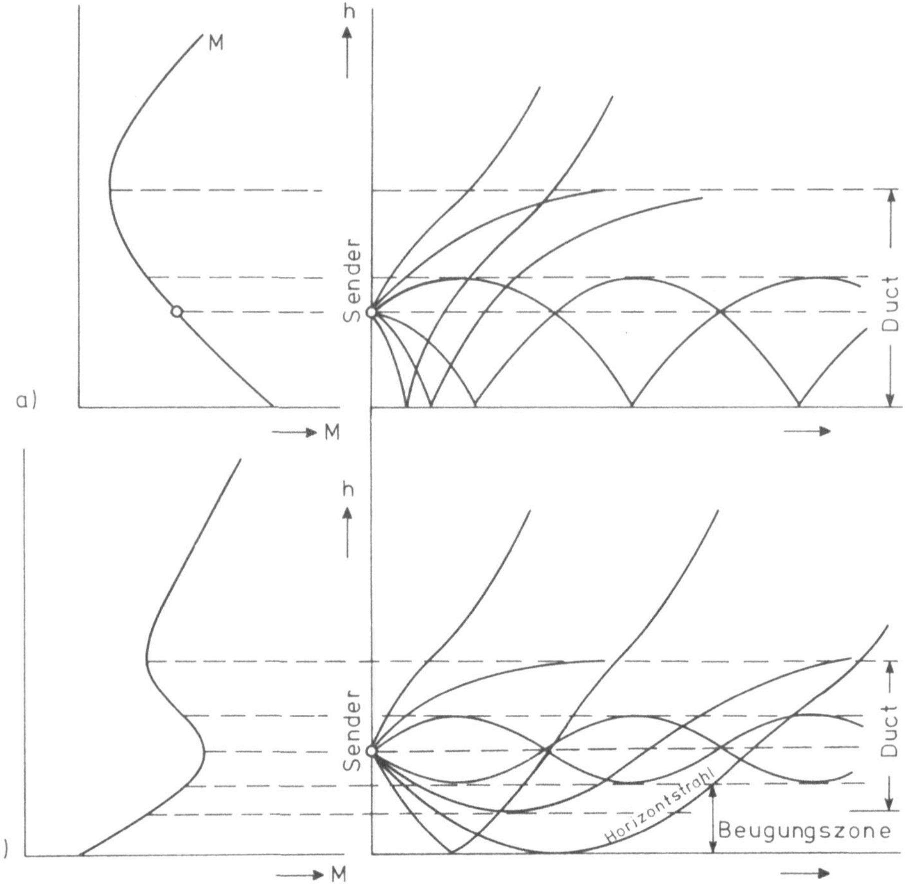

Abb.10.16 Strahlbahn bei a) Bodenwellenleiter und b) hochliegendem Wellenleiter

nen gehobenen Wellenleiter (elevated duct) und einen Oberflächenwellenleiter (surface duct). Im letzten Fall tritt die untere Reflexion an der Erdoberfläche ein.

Die Wellenausbreitung in einem Duct geht ähnlich wie in einem metallischen Hohlleiter vor sich [10.20]. Es gibt viele Modes, und es gibt eine obere Grenzwellenlänge. Die Grenzwellenlänge entspricht aber jetzt nicht dem Fall, in dem die Wellen vertikal hin- und herreflektiert wird, sondern dem Fall, in dem die hin- und hergehenden Teilwellen so steil werden, daß sie am Rand des Ducts nicht mehr total reflektiert werden können. Wenn die Reflexion der hin- und rücklaufenden Wellen nur partiell ist, bedeutet das Energieverlust der Duct-Welle, also Dämpfung (leaky duct).

10.8.3 Der äquivalente Erdradius

Nehmen wir an, daß $n(h)$ linear mit der Höhe fällt - das ist sicher bis zu etwa 1 km
Höhe gut erfüllt - und daß weiter

$$h\left|\frac{dn(h)}{dh}\right| \ll n_0 a$$

gilt, wobei $n_0 = n(0)$ der Bodenwert des Brechungsindex ist. Dann gilt nach (10.17)

$$\tilde{n}(h) = [n_0 + h\, dn/dh]\left[1 + \frac{h}{a}\right] \approx n_0\left[1 + h\left(\frac{1}{a} + \frac{1}{n_0}\frac{dn}{dh}\right)\right].$$

Da nach Voraussetzung $dn/dh = const$ ist, können wir auch schreiben

$$\tilde{n}(h) = n_0\left[1 + \frac{h}{a_{\ddot{a}}}\right] \quad \text{mit} \quad \frac{1}{a_{\ddot{a}}} = \frac{1}{a} + \frac{1}{n_0}\frac{dn}{dh}. \tag{10.20}$$

Man nennt $a_{\ddot{a}}$ den **äquivalenten Erdradius**. Aus Messungen hat sich ergeben,
daß für die Standardatmosphäre (10.15) zufällig

$$a_{\ddot{a}} = \frac{4}{3}\, a \tag{10.21}$$

gilt. Das Ergebnis (10.20) besagt: Ist $n = n(h)$ eine lineare Funktion
der Höhe h, dann können wir die Ausbreitung in dieser inhomogenen Atmosphäre über der wirklichen Erdkugel durch die Ausbreitung in einer homogenen Atmosphäre mit $n = n_0 = const$ ersetzen, wenn wir den wirklichen Erdradius a durch den äquivalenten Erdradius $a_{\ddot{a}}$ ersetzen. Die relative Krümmung zwischen Strahl
und Erde bleibt dabei erhalten.

10.8.4 Die Strahlenoptik als Hochfrequenznäherung

Wir haben in den letzten Abschnitten Begriffe wie Strahl, Wellenfront usw. verwendet, ohne näher darauf einzugehen, was wir genau darunter zu verstehen haben. Das
soll nun nachgeholt werden [10.21]. Dazu gehen wir wieder von den Maxwellschen
Gleichungen

$$\text{rot}\,\vec{E}(\vec{r}) - i\omega\mu(\vec{r})\vec{H}(\vec{r}) = \vec{0},$$

$$\text{rot}\,\vec{H}(\vec{r}) + i\omega\varepsilon(\vec{r})\vec{E}(\vec{r}) = \vec{0}, \tag{10.22}$$

$$\text{div}[\varepsilon(\vec{r})\vec{E}(\vec{r})] = 0, \quad \text{div}[\mu(\vec{r})\vec{H}(\vec{r})] = 0$$

für ein quellenfreies Medium aus. In ihm möge die Dielektrizitätskonstante vom Ort abhängig sein, ebenso die Permeabilität. Nun läßt sich nach (5.26) eine ebene Welle in einem homogenen Medium der Wellenzahl k in der Form

$$\vec{E}(\vec{r}) = \vec{e}\,\exp[i\,\vec{k}\cdot\vec{r}], \quad \vec{H}(\vec{r}) = \vec{h}\,\exp[i\,\vec{k}\cdot\vec{r}]$$

darstellen. Dabei sind $\vec{e}$ und $\vec{h}$ konstante komplexe Vektoren und $\vec{k}$ ist der Wellenzahlvektor. Weiter wissen wir nach (9.25), daß ein monochromatisches Dipolfeld im Vakuum in der Form

$$\vec{E}(\vec{r}) = \vec{e}(\vec{r})\exp[i\,k_0 R], \quad \vec{H}(\vec{r}) = \vec{h}(\vec{r})\exp[i\,k_0 R]$$

angegeben werden kann, wobei R die Entfernung vom Dipol ist. In dieser Darstellung sind $\vec{e}$ und $\vec{h}$ nicht mehr konstante sondern ortsabhängige Vektoren. Diese beiden Beispiele legen es nahe, in großen Entfernungen von der Quelle als Lösung der Maxwellschen Gleichungen (10.22) Feldtypen der Form

$$\vec{E}(\vec{r}) = \vec{e}(\vec{r})\exp[i\,k_0 \Phi(\vec{r})], \quad \vec{H}(\vec{r}) = \vec{h}(\vec{r})\exp[i\,k_0 \Phi(\vec{r})] \qquad (10.23)$$

anzusetzen. In diesem Ansatz ist der "optische Weg" $\Phi(\vec{r})$ eine reelle skalare Funktion des Ortes; $\vec{e}(\vec{r})$ und $\vec{h}(\vec{r})$ sind ortsabhängige Vektoren, die bei nichtlinearer Polarisation als komplex anzusehen sind.

Mit dem Ansatz (10.23) führen die Maxwellschen Gleichungen zu einem Gleichungssystem für $\vec{e}(\vec{r})$, $\vec{h}(\vec{r})$ und $\Phi(\vec{r})$. Wir werden dann zeigen, daß für große k_0, d.h. für kleine Wellenlängen bzw. hohe Frequenzen, diese Beziehungen eine bestimmte Differentialgleichung für $\Phi(\vec{r})$ fordern, die unabhängig von $\vec{e}(\vec{r})$ und $\vec{h}(\vec{r})$ ist.

Nach (10.23) gilt

$$\operatorname{rot}\vec{H}(\vec{r}) = \exp[ik_0\Phi(\vec{r})][\operatorname{rot}\vec{h}(\vec{r}) + ik_0\operatorname{grad}\Phi(\vec{r})\times\vec{h}(\vec{r})],$$

$$\operatorname{rot}\vec{E}(\vec{r}) = \exp[ik_0\Phi(\vec{r})][\operatorname{rot}\vec{e}(\vec{r}) + ik_0\operatorname{grad}\Phi(\vec{r})\times\vec{e}(\vec{r})] \qquad (10.24)$$

und

$$\operatorname{div}[\mu(\vec{r})\vec{H}(\vec{r})] = \exp[ik_0\Phi(\vec{r})][\mu(\vec{r})\operatorname{div}\vec{h}(\vec{r}) + \vec{h}(\vec{r})\cdot\operatorname{grad}\mu(\vec{r}) +$$

$$ik_0\,\mu(\vec{r})\vec{h}(\vec{r})\cdot\operatorname{grad}\Phi(\vec{r})],$$

$$\text{div}[\varepsilon(\vec{r})\vec{E}(\vec{r})] = \exp[ik_0 \Phi(\vec{r})][\varepsilon(\vec{r})\text{div } \vec{e}(\vec{r}) + \vec{e}(\vec{r})\cdot\text{grad } \varepsilon(\vec{r}) +$$

$$ik_0 \varepsilon(\vec{r})\vec{e}(\vec{r})\cdot\text{grad } \Phi(\vec{r})]. \tag{10.25}$$

Einsetzen von (10.24,25) in (10.22) liefert

$$\text{rot } \vec{e}(\vec{r}) + ik_0 \text{ grad } \Phi(\vec{r}) \times \vec{e}(\vec{r}) = i\, k(\vec{r})\left(\frac{\mu(\vec{r})}{\varepsilon(\vec{r})}\right)^{1/2} \vec{h}(\vec{r}),$$

$$\text{rot } \vec{h}(\vec{r}) + ik_0 \text{ grad } \Phi(\vec{r}) \times \vec{h}(\vec{r}) = - i\, k(\vec{r})\left(\frac{\varepsilon(\vec{r})}{\mu(\vec{r})}\right)^{1/2} \vec{e}(\vec{r}) \tag{10.26}$$

und

$$ik_0 \mu(\vec{r})\vec{h}(\vec{r})\cdot\text{grad } \Phi(\vec{r}) = - \mu(\vec{r})\text{div } \vec{h}(\vec{r}) - \vec{h}(\vec{r})\cdot\text{grad } \mu(\vec{r}),$$

$$ik_0 \varepsilon(\vec{r})\vec{e}(\vec{r})\cdot\text{grad } \Phi(\vec{r}) = - \varepsilon(\vec{r})\text{div } \vec{e}(\vec{r}) - \vec{e}(\vec{r})\cdot\text{grad } \varepsilon(\vec{r}). \tag{10.27}$$

Wir interessieren uns nun für Lösungen von (10.26,27), die für $k_0 \rightarrow \infty$, d.h. für kleine Wellenlängen gültig sein sollen. Führen wir den Grenzübergang $k_0 \rightarrow \infty$ (d.h. auch $|k(\vec{r})| \rightarrow \infty$) in (10.26,27)) aus, so erhalten wir

$$\text{grad } \Phi(\vec{r}) \times \vec{e}(\vec{r}) = \frac{k(\vec{r})}{k_0}\left(\frac{\mu(\vec{r})}{\varepsilon(\vec{r})}\right)^{1/2} \vec{h}(\vec{r}) \ , \qquad \text{a)}$$

$$\text{grad } \Phi(\vec{r}) \times \vec{h}(\vec{r}) = - \frac{k(\vec{r})}{k_0}\left(\frac{\varepsilon(\vec{r})}{\mu(\vec{r})}\right)^{1/2} \vec{e}(\vec{r}), \qquad \text{b)}$$

$$\vec{h}(\vec{r})\cdot\text{grad } \Phi(\vec{r}) = 0, \qquad \text{c)} \tag{10.28}$$

$$\vec{e}(\vec{r})\cdot\text{grad } \Phi(\vec{r}) = 0. \qquad \text{d)}$$

Wegen

$$[\text{grad } \Phi(\vec{r}) \times \vec{e}(\vec{r})]\cdot\text{grad } \Phi(\vec{r}) = 0$$

sind die beiden letzten Gleichungen aus den beiden ersten zu erhalten. Diese beiden ersten Gleichungen können in kartesischen Koordinaten als ein homogenes System von 6 Gleichungen für die Komponenten von $\vec{e}(\vec{r})$ und $\vec{h}(\vec{r})$ betrachtet werden. Es hat nur dann eine nichttriviale Lösung, wenn die zugehörige Koeffizientendeterminante verschwindet. Diese Bedingung kann aber auch einfach durch Einsetzen von $\vec{e}(\vec{r})$ oder $\vec{h}(\vec{r})$ gefunden werden. Setzen wir z.B. $\vec{h}(\vec{r})$ ein, so finden wir

$$\frac{k_0}{k(\vec{r})} \left(\frac{\varepsilon(\vec{r})}{\mu(\vec{r})}\right)^{1/2} [\operatorname{grad} \Phi(\vec{r}) \times \vec{e}(\vec{r})] \times \operatorname{grad} \Phi(\vec{r}) =$$

$$\frac{k(\vec{r})}{k_0} \left(\frac{\varepsilon(\vec{r})}{\mu(\vec{r})}\right)^{1/2} \vec{e}(\vec{r}),$$

woraus

$$\frac{k^2(\vec{r})}{k_0^2} \vec{e}(\vec{r}) = - [\operatorname{grad} \Phi(\vec{r}) \cdot \vec{e}(\vec{r})] \operatorname{grad} \Phi(\vec{r}) +$$

$$[\operatorname{grad} \Phi(\vec{r}) \cdot \operatorname{grad} \Phi(\vec{r})] \vec{e}(\vec{r})$$

folgt. Der erste Term verschwindet wegen (10.28d). Es bleibt also

$$\vec{e}(\vec{r}) \left[\frac{k^2(\vec{r})}{k_0^2} - (\operatorname{grad} \Phi(\vec{r}))^2\right] = \vec{0} ,$$

oder, da $\vec{e}(\vec{r}) \neq \vec{0}$ sein soll und $k_0 n(\vec{r}) = k(\vec{r})$ gilt ($n(r) = $ Brechungsindex),

$$[\operatorname{grad} \Phi(\vec{r})]^2 = n^2(\vec{r}). \tag{10.29}$$

Diese Gleichung, die in kartesischen Koordinaten

$$\left(\frac{\partial \Phi(x,y,z)}{\partial x}\right)^2 + \left(\frac{\partial \Phi(x,y,z)}{\partial y}\right)^2 \left(\frac{\partial \Phi(x,y,z)}{\partial z}\right)^2 = n^2(x,y,z) \tag{10.29a}$$

lautet, wird als E i k o n a l g l e i c h u n g bezeichnet. Sie ist die f u n d a m e n t a l e G l e i c h u n g   d e r   g e o m e t r i s c h e n   O p t i k. Die Flächen

$$\Phi(\vec{r}) = \text{const} \tag{10.30}$$

werden die g e o m e t r i s c h e n   W e l l e n f l ä c h e n oder W e l l e n f r o n t e n genannt. Wir wollen nun zeigen, daß der zeitlich gemittelte Poyntingvektor $\vec{S}(\vec{r})$ in Richtung der Normalen der geometrischen Wellenfront weist. Dazu bilden wir nach (2.66) und (10.28a)

$$\vec{\bar{S}}(\vec{r}) = 1/2 \; \mathrm{Re}\{\vec{E}(\vec{r}) \times \vec{H}^*(\vec{r})\} = 1/2 \; \mathrm{Re}\{\vec{e}(\vec{r}) \times \vec{h}^*(\vec{r})\}$$

$$= 1/2 \left(\frac{\varepsilon(\vec{r})}{\mu(\vec{r})}\right)^{1/2} \frac{k_0}{k(\vec{r})} \; \mathrm{Re}\{\vec{e}(\vec{r}) \times [\mathrm{grad}\,\Phi(\vec{r}) \times \vec{e}^*(\vec{r})]\}$$

$$= 1/2 \left(\frac{\varepsilon(\vec{r})}{\mu(\vec{r})}\right)^{1/2} \frac{k_0}{k(\vec{r})} \; [\vec{e}(\vec{r}) \cdot \vec{e}^*(\vec{r})]\mathrm{grad}\,\Phi(\vec{r}).$$

Bezeichnen wir mit $\bar{w}_e$ das zeitliche Mittel der elektrischen und mit $\bar{w}_m$ das zeitliche Mittel der magnetischen Energiedichte, so gilt mit (5.4)

$$\vec{\bar{S}}(\vec{r}) = 2 \frac{\bar{w}_e}{n^2(r)} \; \mathrm{grad}\,\Phi(\vec{r}).$$

Das zeitliche Mittel des Energieflusses $\vec{\bar{S}}(\vec{r})$ hat also die Richtung von $\mathrm{grad}\,\Phi(\vec{r})$, d.h. die Richtung der Normalen zur geometrischen Wellenfront. Weiter ist wegen

$$\bar{w}_{em} = \bar{w}_e = \bar{w}_m \quad \text{und} \quad n(\vec{r}) = |\mathrm{grad}\,\Phi(\vec{r})|$$

$$\vec{\bar{S}}(\vec{r}) = \frac{\bar{w}_{em}}{n(\vec{r})} \; \frac{\mathrm{grad}\,\Phi(\vec{r})}{|\mathrm{grad}\,\Phi(\vec{r})|} := \frac{\bar{w}_{em}}{n(\vec{r})} \; \vec{t}. \tag{10.31}$$

Dabei ist

$$\vec{t} := \frac{\mathrm{grad}\,\Phi(\vec{r})}{|\mathrm{grad}\,\Phi(\vec{r})|}$$

der Tangentenvektor an die Strahlen und $\bar{w}_{em}$ das zeitliche Mittel der elektromagnetischen Energiedichte. Die geometrischen Funkstrahlen (Lichtstrahlen) sind also die Orthogonaltrajektorien zu den Wellenfronten $\Phi(x,y,z) = \mathrm{const}$.

Aus (10.28c,28d) folgt weiter, daß $\vec{E}(\vec{r})$ und $\vec{H}(\vec{r})$ in jedem Punkt des Strahles senkrecht zum Strahl stehen. Ferner ist aus (10.28a) ersichtlich, daß $\vec{e}(\vec{r})$ und $\vec{h}(\vec{r})$ und damit auch $\vec{E}(\vec{r})$ und $\vec{H}(\vec{r})$ senkrecht aufeinander stehen. Demnach hat das elektromagnetische Feld lokal alle Eigenschaften einer ebenen Welle.

10.9 Die troposphärische Streuung

Bis zu Entfernungen von 1000 km von einem Sender werden permanent rasch schwankende Feldstärken beobachtet, die über den errechneten Beugungswerten liegen. Sie lassen sich als Streustrahlung an räumlichen Inhomogenitäten der Troposphäre im sogen. gemeinsamen Volumen V der Antennenkeulen erklären [10.22] (Abb.10.17).

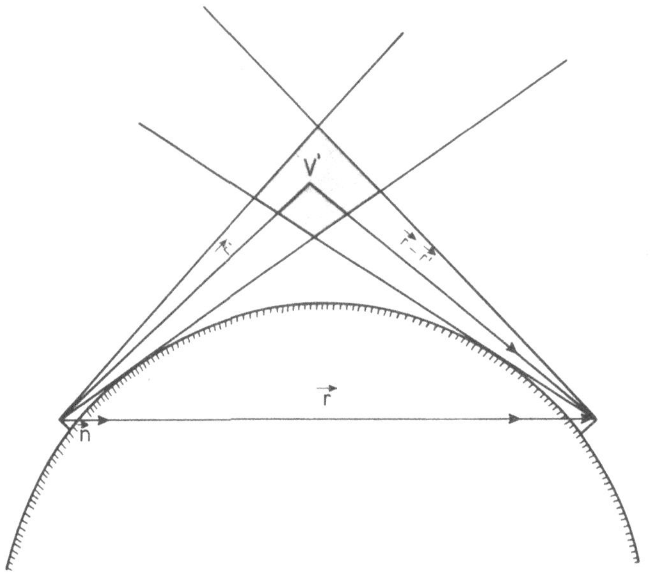

Abb.10.17 Geometrie der Streuausbreitung (Zahlwerte:
$|\vec{r}| \approx$ 300 km bis 1000 km, Höhe des Streu-
volumes V' über der Erde 1,5 km bis 10 km)

Die raschen Schwankungen sind zu verstehen durch die Überlagerung der Streuung von vielen Streuzentren.

Wir nehmen an, daß sich die räumliche Inhomogenität in V' nur wenig von ε_0 unterscheidet, etwa in der Form

$$\varepsilon(\vec{r}') = \varepsilon_0 + \delta\varepsilon(\vec{r}') \quad \text{mit} \quad \frac{\delta\varepsilon(\vec{r}')}{\varepsilon_0} \ll 1 .$$

Dann können wir die Maxwellschen Gleichungen in V' in folgender Form schreiben:

$$\text{rot } \vec{E}(\vec{r}) - i\omega\mu_0 \vec{H}(\vec{r}) = \vec{0} \quad .$$

$$\text{rot } \vec{H}(\vec{r}) + i\omega\varepsilon_0 \vec{E}(\vec{r}) = - i\omega[\varepsilon(\vec{r}) - \varepsilon_0]\vec{E}(\vec{r}) . \tag{10.32}$$

In dieser Form sehen sie so aus wie bei einem homogenen Medium, das eine einge-
prägte Stromdichte $- i\omega[\varepsilon(\vec{r}) - \varepsilon_0]\vec{E}(\vec{r})$ enthält. Bei einer solchen Interpretation
der rechten Seite können wir nach den Ergebnissen von Abschnitt 5.5.1 und Kapitel 9
die Lösung der Maxwellschen Gleichungen in Form einer Integralgleichung angeben:

$$\vec{E}(\vec{r}) = \vec{E}_0(\vec{r}) + \left[\text{grad div} + k_0^2\right] \frac{1}{4\pi\varepsilon_0} \iiint_{V'} [\varepsilon(\vec{r}') - \varepsilon_0]\vec{E}(\vec{r}')g(\vec{r},\vec{r}')dV'$$

$$(10.33)$$

$$\vec{H}(\vec{r}) = \vec{H}_0(\vec{r}) - i\omega \, \text{rot} \, \frac{1}{4\pi} \iiint_{V'} [\varepsilon(\vec{r}') - \varepsilon_0]\vec{E}(\vec{r}')g(\vec{r},\vec{r}')dV',$$

wobei

$$g(\vec{r},\vec{r}') = \frac{\exp[ik_0|\vec{r} - \vec{r}'|]}{|\vec{r} - \vec{r}'|} \qquad (10.34)$$

die Greensche Funktion des freien Raumes ist. Die Größen $\vec{r}$ bzw. $\vec{r}'$
sind die Ortsvektoren zu Aufpunkt bzw. Quellpunkt. $\vec{E}_0(\vec{r})$, $\vec{H}_0(\vec{r})$ ist irgendein elektromagnetisches Feld, das im homogenen Medium mit $\varepsilon = \varepsilon_0$, $\mu = \mu_0$ existieren kann.
Nehmen wir dieses Feld als Strahlungsfeld der Senderantenne als bekannt an, so haben
wir in (10.33) eine Integralgleichung für das gesuchte Feld $\vec{E}(\vec{r})$, $\vec{H}(\vec{r})$. Diese Inte-
gralgleichung kann iterativ gelöst werden. Bei unserer Voraussetzung $|\varepsilon(\vec{r})/\varepsilon_0| \ll 1$
können wir uns auf das erste Glied der sogen. Neumannschen Reihe beschränken
[10.22]:

$$\vec{E}(\vec{r}) \approx \vec{E}_1(\vec{r}) = \vec{E}_0(\vec{r}) +$$

$$\left[\text{grad div} + k_0^2\right] \frac{1}{4\pi\varepsilon_0} \iiint_{V'} [\varepsilon(\vec{r}') - \varepsilon_0]\vec{E}_0(\vec{r}')g(\vec{r},\vec{r}')dV'. \qquad (10.35)$$

Die nächste Näherung kann dadurch erhalten werden, daß $\vec{E}_1(\vec{r})$ wieder unter dem
Integral eingesetzt wird usw. In fast allen praktischen Fällen wird man sich aber,
schon wegen der mathematischen Schwierigkeiten, mit der hier angegebenen Näherung (10.35) begnügen, die als Rayleigh-Gans oder auch B o r n s c h e   N ä h e r u n g
bezeichnet wird. Sie ist der A u s g a n g s p u n k t   f ü r   d i e   t h e o r e t i s c h e   B e -
h a n d l u n g   d e r   S t r e u a u s b r e i t u n g .

Für große Entfernungen $r = |\vec{r}|$ in Richtung des E i n h e i t s v e k t o r s

$$\vec{b} := \vec{r}/|\vec{r}|,$$

der auf den Aufpunkt (Empfänger) hinweist, gilt

$$g(\vec{r},\vec{r}\,') \approx \frac{\exp[ik_0(r - \vec{b}\cdot\vec{r}\,')]}{r}.$$

Verwenden wir nun noch die Fernfeldnäherung für die elektrische Felstärke, so erhalten wir aus (10.35) für das Streufeld $\vec{E}_s(\vec{r})$:

$$\vec{E}_s(\vec{r}) := \vec{E}(\vec{r}) - \vec{E}_0(\vec{r}) \approx$$

$$\frac{k_0^2}{4\pi\varepsilon_0}\frac{\exp[ik_0 r]}{r}\iiint\limits_{V'}[\vec{E}_0(\vec{r}\,') - (\vec{b}\cdot\vec{E}_0(\vec{r}))\vec{b}]\delta\varepsilon(\vec{r}\,')\exp[-ik_0\vec{b}\cdot\vec{r}\,']dV',$$

$$\vec{H}_s(\vec{r}) = \frac{k_0}{\omega\mu_0}\vec{b}\times\vec{E}_s(\vec{r}).$$

Fällt z.B. eine ebene Welle

$$\vec{E}_0(\vec{r}) = \vec{e}_0\exp[ik_0\vec{b}_0\cdot\vec{r}], \quad |\vec{b}_0| = 1,$$

auf das Volumen V', so gilt für das Streufeld

$$\vec{E}_s(\vec{r}) \simeq \frac{k_0^2}{4\pi\varepsilon_0}\frac{\exp[ik_0 r]}{r}[\vec{e}_0 - (\vec{b}\cdot\vec{e}_0)\vec{b}]\iiint\limits_{V'}\delta\varepsilon(\vec{r}\,')\exp[-ik_0\vec{r}\,'\cdot(\vec{b} - \vec{b}_0)]dV'.$$

Der Term $\vec{e}_0 - (\vec{b}\cdot\vec{e}_0)\vec{b}$ kann jetzt vor das Integral gezogen werden, da bei einer einfallenden ebenen Welle alle Dipole im Volumen V', die zu Streustrahlung angeregt werden, unabhängig vom Quellpunkt die gleiche Ausrichtung haben.

Das Streufeld kann aus (10.36) bzw. (10.37) berechnet werden, wenn Messungen oder Annahmen über $\delta\varepsilon(\vec{r})$ vorliegen [10.24,25]. Dies hat zu einer Vielzahl von Vorschlägen über das Verhalten von $\delta\varepsilon(\vec{r})$ geführt. Es sei noch bemerkt, daß es sich bei der Bornschen Näherung um Einfachstreuung handelt.

Wir wenden uns nun der beugungstheoretischen Seite unseres Problemkreises zu. Allerdings können wir hier nur allgemeine Gedankengänge wiedergeben, da eine ausführliche Darlegung sicher ein mehrbändiges Werk liefern würde. Wir betrachten zuerst die Ausbreitung über ebener Erde in homogener und inhomogener Atmosphäre.

Die Behandlung der Ausbreitung elektromagnetischer Wellen über einer ebenen Erde endlicher Leitfähigkeit bei homogener Atmosphäre ist an ihrem Anfang mit den Namen Sommerfeld, Hörschelmann und Weyl verbunden [10.13,26].

Wir denken uns hier und im folgenden Abschnitt Dipole als Quellen des elektromagnetischen Feldes, die in beliebiger Höhe über der Erde in inhomogener oder homogener Atmosphäre liegen dürfen und monochromatisch strahlen sollen. Die zur Lösung des Problems, das Strahlungsfeld dieser Dipole in Erde und Atmosphäre zu bestimmen, verwendete Vorgehensweise, die wir im folgenden beschreiben, bleibt auch bei einer vertikal geschichteten Atmosphäre erhalten. Sie kann formal auf allgemeine Quellen ausgedehnt werden.

In den beiden Teilräumen Luft und Erde werden die Maxwellschen Gleichungen je nach Art der Polarisation des Senderfeldes nach der Methode von Bromwich (Abschnitt 4.2) auf eine oder zwei modifizierte Schwingungsgleichungen für ein oder zwei skalare Potentiale reduziert. Diese Wellengleichungen werden dann mit Hilfe einer der Geometrie des Problems angepaßten Funktionaltransformation $\mathcal{J}$ (meist Hankel- oder Fourier-Transformation) in den zugehörigen Bildraum transformiert. Im Bildraum der Funktionaltransformation ist dann die Schwingungsgleichung unter Beachtung der Ausstrahlungsbedingung zu lösen. Die Lösung ist im Fall einer inhomogenen Atmosphäre nur für wenige Brechungsindexprofile $n = n(h)$ (h = Höhe über dem Erdboden) durch bekannte Funktionen angebbar. Sonst ist zu Näherungslösungen zu greifen. Zur Anpassung der Lösung an der Grenzfläche Erde - Luft werden die Übergangsbedingungen ebenfalls in den Bildraum der Funktionaltransformation transformiert. Sie dienen dort praktisch zur Festlegung der noch verbleibenden Integrationskonstanten bei der Lösung der Schwingungsgleichung. Damit ist eine Lösung für die Potentiale im Bildraum der Transformation gefunden, die rücktransformiert werden kann und so eine Integraldarstellung der gesuchten Potentiale liefert. Aus ihnen ergeben sich die zugehörigen elektromagnetischen Felder über die Differentiationsvorschriften der Bromwich-Methode.

Um sich von der Notwendigkeit zu befreien, jeden dieser Schritte einzeln auf seine Zulässigkeit überprüfen zu müssen, macht man sinnvoll von dem Fortsetzungsprinzip von Doetsch [10.27] Gebrauch. Nach ihm muß die eindeutige Zuordnung von gefundener "Lösung" und Problemstellung mit Hilfe der Eindeutigkeitssätze überprüft werden. Dabei ist es gleichgültig, wie man zur Lösung gekommen ist; sie könnte auch geraten worden sein. Die obigen Überlegungen lassen sich durch das in Abb.10.18 angegebene Schema wiedergeben.

Das Schema (10.18) gilt auch für den Fall einer ideal leitenden Erde. Dann sind die Übergangsbedingungen durch Randbedingungen zu ersetzen.

Bei einer unstetig geschichteten Atmosphäre sind zusätzliche Übergangsbedingungen an den Sprungstellen des Brechungsindexprofils $n = n(h)$ zu berücksichtigen. Das bringt zwar keine prinzipiellen Schwierigkeiten, erweist sich aber für die Durchführung der praktischen Rechnungen als recht unangenehm.

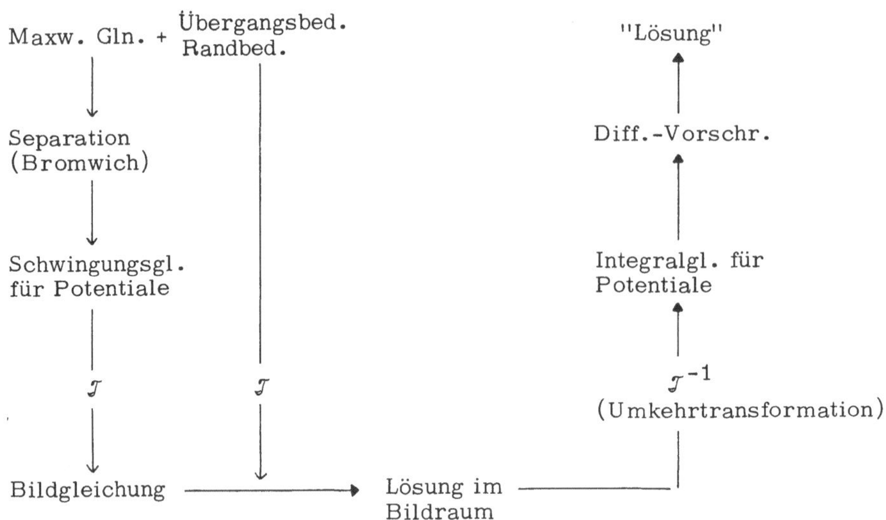

Abb.10.18 Schematische Darstellung der Lösungskonstruktion

Ein einfaches Modell troposphärischer Schichtbildung wurde von Kahan und Eckart [10.28] sehr eingehend diskutiert. Es besteht aus einer homogenen Schicht, die auf einer ideal leitenden Erde aufliegt, und in der sich der Sender befindet (Abb. 10.19).

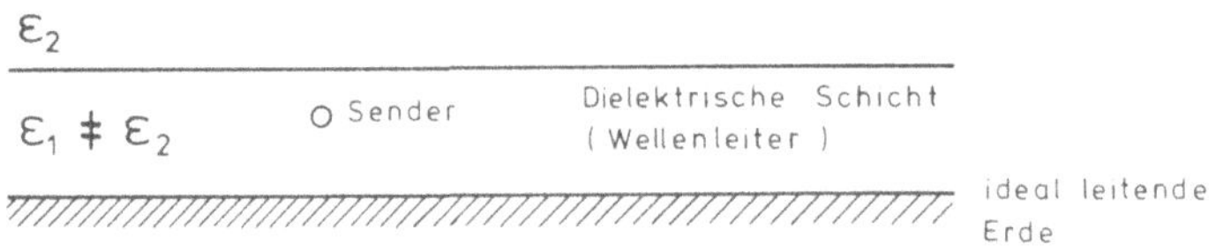

Abb.10.19 Einfaches Modell troposphärischer Schichtbildung

An diesem Modell lassen sich alle wesentlichen Eigenschaften eines atmosphärischen Wellenleiters wie Hochpaßcharakter, Auftreten von Eigenwellen (modes) und Dämpfungsverhalten zeigen.

Die Ausbreitung über kugelförmiger Erde in homogener und radial inhomogener Atmosphäre läßt sich formal ebenfalls einheitlich nach dem vorangegangenen Schema bei ebener Erde behandeln [10.29,30]. An die Stelle der Integraldarstellung beim ebenen Problem tritt jetzt eine Reihenentwicklung nach Kugelfunktionen. Die Reihe konvergiert jedoch im bei UKW-Ausbreitung vorliegenden Fall $\lambda \ll a$ (a = Erdradius, λ = Wellenlänge) äußerst schlecht und muß daher mit Hilfe der Watson-Transformation [10.31] in eine Residuenreihe umgeformt werden, die gut konvergiert. Die Watson-Transformation besteht anschaulich aus einem Übergang von in radialer Richtung laufenden und in tangentialer Richtung (zur Erdkugel) stehenden Wellen zu einem anderen System von in tangentialer Richtung laufenden Wellen ("Kriechwellen") und asymptotisch in radialer Richtung stehenden Wellen. Die Möglichkeit dieses Übergangs liegt in der Mehrdimensionalität des Raumes und hat im Eindimensionalen deswegen keine Analogie.

Die praktische Bedeutung der Rechnungen mit dem Kugelmodell liegt hinter der des "Ebene-Erde-Modells". Es dient im wesentlichen nur zur Berechnung des Beugungsfeldes bei homogener Atmosphäre, um ein Bezugsfeld zur Ermittlung des atmosphärischen Einflusses zu haben. Ferner eignet es sich zur Felststärkeberechnung bei linear inhomogener Atmosphäre, weil dann die Möglichkeit der Einführung des äquivalenten Erdradius (10.20) besteht.

Die Abbildungen 10.20 und 10.21 zeigen Berechnungen der effektiven Feldstärke (dB über 1 V/m) [10.33] in Abhängigkeit von der Entfernung für Boden mittlerer Beschaffenheit (Abb.10.20) und Seewasser (Abb.10.21). Als Antenne wird ein kurzer senkrechter Stab, dessen Höhe kleiner als $\lambda/4$ ist, verwendet. Die abgestrahlte Leistung ist 1 kW; Sender und Empfänger befinden sich am Boden. Es wird ein vertikal polarisiertes Feld abgestrahlt. Die gestrichelten Kurven gelten für ideal leitenden Boden.

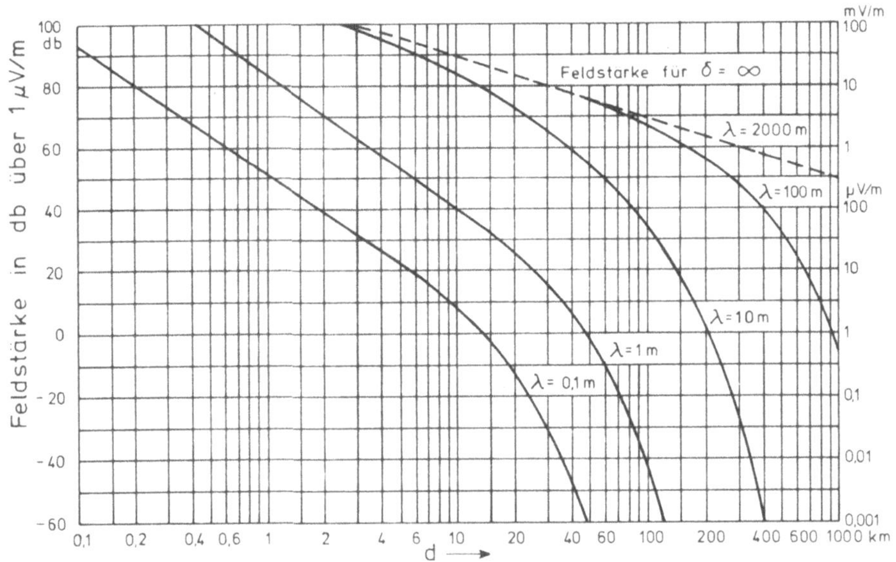

Abb.10.20 Effektive Feldstärke in Abhängigkeit von der Entfernung für
Boden mittlerer Beschaffenheit

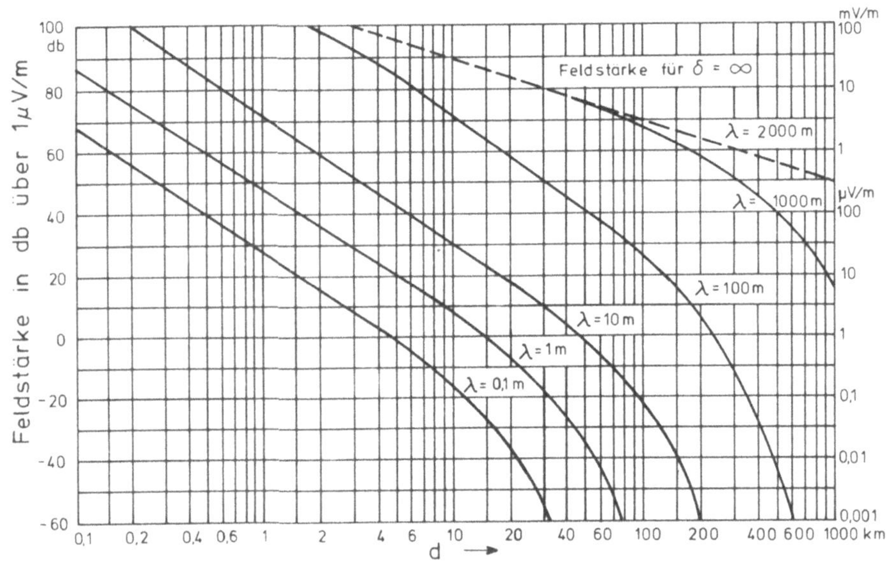

Abb.10.21 Effektive Feldstärke in Abhängigkeit von der Entfernung für
Seewasser

10.12 Die Bedeutung der Theorie der UKW-Ausbreitung

Mit Hilfe der Theorie der UKW-Ausbreitung werden heute z.B. Vorhersagen für Ra-
darreichweiten gemacht, was für den Kollisionsschutz auf See und bei der Flugüber-
wachung von großer Bedeutung ist. Weiter spielen Korrekturen bei der Satellitenpei-
lung in der heutigen Navigation eine große Rolle. Es ist auch wichtig, die Fehler in
der Radiotelemetrie zu kennnen, die von dielektrischer Turbulenz etc. in der Troposphäre herrühren [10.32]. Auch bei der Planung eines Netzes von Fernsehsendern
und Umsetzern zur Versorgung der Bevölkerung sind die Besonderheiten der UKW-
Ausbreitung zu beachten.

Aber auch die Umkehrung obiger Vorgehensweise hat zunehmend an Bedeutung
gewonnen. Die Aufgabe der modernen Radiometeorologie besteht in der Ermittlung
von Aussagen über das Ausbreitungsmedium aus den Empfangsdaten von Richtfunk-
strecken. Die Ausdehnung auf optische Frequenzen erlaubt die Überwachung von Luft-
verschmutzung und erfährt unter der Bezeichnung "remote sensing" eine zunehmende
Anwendung.

Wir wollen uns nun noch kurz mit der ionosphärischen Ausbreitung befassen,
die im Wellenbereich $\lambda > 10$ m zum Tragen kommt.

Aufgaben

10.1 Man leite Gl.(10.1) her.

10.2 Man berechne das Strahlungsfeld a) eines vertikalen und b) eines horizontalen
elektrischen und magnetischen Dipols über ideal leitender ebener Erde [10.13].

10.3 Man berechne das Strahlungsfeld eines verikalen elektrischen Dipols über dielektrischer ebener Erde [10.13].

10.4 Wie weit dringt eine senkrecht auf die als eben gedachte Erde einfallende Welle
der Wellenlänge $\lambda = 1$ m ($\lambda = 10$ m) ein, bis sie auf e^{-1} ihres Oberflächenwertes
abgefallen ist. Die Erde bestehe einmal aus Meerwasser und zum anderen aus trockenem Boden.

10.5   Man leite die Brechungsindexformel (10.13) in der Form

$$(n - 1)10^6 = \frac{A}{T}\left[B + \frac{C}{T}\right]$$

aus der Lorenz-Lorentz-Beziehung und der Gasgleichung her unter Verwendung der Tatsache, daß die Polarisation von Wasserdampf $\sim 1/(kT)$ ist. (k = Boltzmannkonstante) A, B, C sind Konstanten [10.9].

10.6   Man leite aus (10.15) durch Taylorentwicklung einen linearen Ausdruck für die Normalatmosphäre in Erdnähe her.

10.7   Man führe die Rechnungen von Abschnitt 10.8.2 für ein horizontal polarisiertes $\vec{E}$-Feld durch.

10.8   Man berechne das Strahlungsfeld eines vertikalen elektrischen Dipols in homogener Atmosphäre über ideal leitender und dielektrischer kugelförmiger Erde [10.13].

10.9   Man zeige, daß bei der Einführung des äquivalenten Erdradius die relative Krümmung zwischen Strahl und Erde erhalten bleibt.

10.10 Man leite das Ergebnis (10.33) und (10.37) her.

Literatur

10.1 J. Grosskopf: Wellenausbreitung Bd. 141/141a (BI Hochschultaschenbücher, Mannheim 1970)

10.2 D.E. Kerr: Propagation of short radio waves (Dover Publications, New York 1965)

10.3 G. Eckart, H. Plendl: Hochfrequenztechnik und Elektroakustik (früher Jahrbuch der drahtlosen Telegraphie und Telephonie) 52 (1938) 44-58

10.4 A.W. Maue: Z. Phys. 126 (1949) 601-618

10.5 A.W. Maue: Z. Naturforschung 7a (6) (1952) 387-389

10.6 J. Meixner: Ann. Phys. $\underline{6}$ (1949) 1-9

10.7 J. Meixner: IEEE Trans. Antennas and Propag. $\underline{AP-20}$ No. 4 (1972) 442-446

10.8 M.J. Skolnik: Introduction to Radar Systems (McGraw-Hill Book Company, New York 1962)

10.9 P. Beckmann: Die Ausbreitung der ultrakurzen Wellen (Akademische Verlagsgesellschaft Geest u. Portig, Leipzig 1963)

10.10 A. Sommerfeld: Vorlesungen über theoretische Physik, Bd. V, Optik (Akademische Verlagsgesellschaft Geest u. Portig, Leipzig 1964)

10.11 P. David, J. Voge: Propagation of Waves (Pergamon Press, Oxford, Braunschweig 1969)

10.12 P. Beckmann, A. Spizzichino: The scattering of electromagnetic waves from rough surfaces (Pergamon Press, Oxford 1963)

10.13 A. Sommerfeld: Vorlesungen über theoretische Physik, Bd. VI, Partielle Differentialgleichungen der Physik (Akad. Verlagsges, Leipzig 1958)

10.14 H. Bremmer: Propagation of electromagnetic waves. In: Handbuch der Physik, Bd. XVI, Elektrische Felder und Wellen, S. 423-639 (Springer Verlag, Berlin, Heidelberg, New York 1958)

10.15 W. Kertz: Einführung in die Geophysik Bd. 275/275a und 535a/535b (BI Hochschultaschenbücher, Mannheim 1969, 1971)

10.16 L. Fehlhaber: Zweigwegausbreitung in Richtfunk auf Funkfeldern mit direkter Sicht und freier erster Fresnelzone Teil I (Technischer Bericht des Forschungsinstituts des FTZ, FTZ A 455, TBr 27 Juni 1970)

10.17 E.K. Smith, S. Weintraub: Proc. IRE $\underline{41}$ (1953) 1035-1037

10.18 B.R. Bean, E.J. Dutton: Radio Meteorology (Dover Publications, New York 1968)

10.19 K. Brocks: Ausgewählte Schriften über Terrestrische Refraktion, Wechselwirkung Ozean-Atmosphäre und Radiometeorologie (Hamburger Geophysikalische Einzelschriften Heft 17 Hamburg 1973)

10.20 K.G. Budden: The wave-guide mode theory of wave propagation (Logos Press, London 1961)

10.21 M. Born, E. Wolf: Principles of Optics (Pergamon Press. Oxford 1970)

10.22 V.J. Tatarski: Wave propagation in a turbulent medium (Dover Publications, New York 1967)

10.23 A. Lichnerowicz: Lineare Algebra und lineare Analysis (VEB Deutscher Verlag der Wissenschaften, Berlin 1956)

10.24 H.G. Booker, W.E. Gordon: Proc. IRE $\underline{38}$ (1950) 401-412

10.25 L. Fehlhaber: Die räumliche Autokorrelationsfunktion des Brechwertes in der Troposphäre bei kleinem Argument (Techn. Bericht des Forschungsinstituts des FTZ, FTZ A 455 TBr. 11. Mai 1969)

10.26 A. Baños: Dipole radiation in the presence of a conducting half-space (Pergamon Press, Oxford 1966)

10.27 G. Doetsch: Einführung in Theorie und Anwendung der Laplace-Transformation
(Birkhäuser Verlag, Basel und Stuttgart 1958)

10.28 T. Kahan, G. Eckart: Ann. Phys. (F) $\underline{5}$ (1950) 641-705

10.29 B. Friedman: Commun. Pure Appl. Math. $\underline{4}$ (1951) 317-350

10.30 K.D. Becker: Die Ausbreitung elektromagnetischer Wellen über kugelförmiger
Erde in homogener und inhomogener Atmosphäre (Technische Mitteilungen aus
dem Institut für Radiometeorologie und maritime Meteorologie an der Universität Hamburg, Institut der Fraunhofer Gesellschaft, und dem Meteorologischen
Institut der Universität Hamburg Nr. 3 Hamburg 1967)

10.31 H. Bremmer: Terrestrial radio waves (Elsevier Publishing Company, New
York-Houston 1949)

10.32 G. Eckart: Z. Flugwiss. $\underline{5}$ (1957) 69-72

10.33 H. Zuhrt: Elektromagnetische Strahlungsfelder (Springer Verlag, Berlin, Heidelberg, New York 1953)

10.34 Comité consultatif international des radiocommunications (C.C.I.R.) XIIe
Assemblée plénière New Dehli 1970 Volume II Partie 1, Propagation dans
les milieux non ionisés (Commission d'études 5). Publié par L'union inter-
nationale des télécommunications, Genève 1970

11. Die Ausbreitung von Langwellen

Die Ausbreitung von Wellen im Bereich $\lambda > 10$ m wird hauptsächlich von der Ionosphäre beeinflußt. Diese kann unter vereinfachenden Annahmen (Vernachlässigung
des Erdmagnetfeldes, neutrales Plasma) formal wie ein Dielektrikum mit Verlusten
behandelt werden. Die Herleitung der zugehörigen Dielektrizitätskonstanten erfolgt
über die Bewegungsgleichung der Elektronen in Verbindung mit den Maxwellschen
Gleichungen. Bei der Behandlung der Wellenausbreitung in der Ionosphäre beschränken wir uns auf ebene Wellen. Wir erkennen, daß eine Welle in Abhängigkeit von der
Frequenz entweder in die Ionosphäre eindringt oder an ihr total reflektiert wird.

11.1 Die Ionosphäre

Während die Troposphäre praktisch ein neutrales Gas mit sehr schwacher Ionisation
und einer wenig von eins abweichenden Brechzahl ist, ist die Ionosphäre dagegen ein
viel stärker ionisiertes Plasma äußerst geringen Druckes mit Brechzahlen,
die jeden Wert zwischen 0 und 1 annehmen können [11.1,2]. Als Ionisator wirk-
sam sind besonders die UV-Strahlung der Sonne und eine von der Sonne ausgehende
Korpuskularstrahlung. Die wesentlichen Ionisierungsvorgänge sind die Abspaltung
von Elektronen aus neutralen Atomen und die Dissoziation von Molekülen in Atome
und nachfolgende Ionisierung.

Die Intensität der einfallenden Sonnenstrahlung wird mit wachsender Annähe-
rung an die Erdoberfläche exponentiell gedämpft, wird also mit abnehmender Höhe
abnehmen. Die Zahl der ionisierbaren Moleküle dagegen nimmt mit dem Druck mit
abnehmender Höhe zu. Die Folge dieses gegensätzlichen Verhaltens wird die Aus-
bildung eines schichtartigen Verlaufs der Ionisierungsdichte sein. Berücksichtigen
wir ferner, daß durch Entmischung und Dissoziation die Zusammensetzung der Luft
in verschiedenen Höhenbereichen sehr verschieden sein kann, so ist die Wahrschein-

lichkeit gegeben, daß sich v e r s c h i e d e n e S c h i c h t e n ausbilden. Das E xperiment
hat diese Vermutung bestätigt. Hauptsächlich wurden vier Schichten beobachtet:

a) In 70 km bis 90 km Höhe finden wir die D - S c h i c h t . Sie ist wegen des
bei relativ großer Dichte zu erwartenden Wiedervereinigungskoeffizienten praktisch
nur am Tage vorhanden und hat im wesentlichen absorbierende Eigenschaften. Die
Elektronendichte N ist gering. Sie liegt bei $N \approx 10^3/cm^3$. Die Molekülzahldichte M
hat Werte um $M \approx 10^{16}/cm^3$.

b) D i e E - S c h i c h t liegt in Höhen von 90 km bis 125 km. Auch diese Schicht
besteht nur am Tage. Ihre Elektronendichte N ist wie bei der D-Schicht eine Funktion des Sonnenstandswinkels und zeigt daher einen deutlichen täglichen und jahreszeitlichen Gang. Es ist $N \approx 10^5/cm^3$ und $M \approx 1,8 \cdot 10^{13}/cm^3$.

c) D i e F_1 - S c h i c h t in Höhen von etwa 200 km verhält sich ähnlich wie die
E -Schicht, verschmilzt aber nachts mit der darüberliegenden F_2-Schicht. Es ist
$N \approx$ einige $10^5/cm^3$, $M \approx 3,5 \cdot 10^9/cm^3$.

d) D i e F_2 - S c h i c h t liegt in Höhen von 200 km bis 400 km. Sie ist Tag und
Nacht vorhanden. Ihr tages- und jahreszeitlicher Gang ist jedoch nicht so einfach
mit dem Sonnenstand gekoppelt wie bei der D-Schicht und E -Schicht. Der E influß von
solaren Störungen ist besonders groß. Es ist $N \approx 10^6/cm^3$, $M \approx 10^9/cm^3$.

Wir erkennen aus dieser Übersicht, daß die Ionisation im allgemeinen relativ
schwach ist. Selbst in günstigsten Fällen wird nur ein Tausendstel der neutralen
Moleküle wirklich ionisiert. Die Ionisierung der Ionosphäre läßt sich in eine regelmäßige und eine unregelmäßige Komponente zerlegen. Die regelmäßige Komponente
wird wesentlich durch die Strahlung der ruhigen Sonne hervorgerufen. Sie zeigt die
bereits erwähnten tages- und jahreszeitlichen Gänge, die durch den Sonnenstands-
winkel bedingt sind. Darüber lagern sich eine Vielzahl unregelmäßig auftretender
E ffekte, hervorgerufen durch anormale Vorgänge auf der Sonne. Sie sind alle mehr
oder weniger verbunden mit den periodisch in einem elfjährigen Zyklus auftretenden
S o n n e n f l e c k e n . (Sonnenflecken sind Stellen tieferer Temperatur auf der Sonnen-
oberfläche, deren Ursache weitgehend unbekannt ist.) Als Beispiel für unregelmäßige
Vorgänge in der Ionosphäre und ihre Auswirkung auf die Ausbreitung elektromagnetischer Wellen sei der M ö g e l - D e l l i n g e r - E f f e k t erwähnt. Es handelt sich
hier um eine relativ kurzzeitige Unterbrechung (einige Minuten bis mehrere Stun-
den) aller Kurzwellen Langstreckenverbindungen auf der von der Sonne beschiene-
nen Hälfte der E rdkugel, die durch eine plötzliche starke Absorption in der D-Schicht
hervorgerufen wird.

Neben dieser E inteilung der Ionosphäre über den Verlauf der E lektronenkon-
zentration mit der Höhe gibt es, wie schon früher erwähnt, eine weitere Möglichkeit

der Einteilung nach dem Einfluß des Erdmagnetfeldes: Auf geladene Teilchen, die
sich quer zum Magnetfeld bewegen, wirkt eine ablenkende Kraft senkrecht zu Magnetfeld und Teilchengeschwindigkeit (Lorentzkraft). Elektronen werden ihrer geringen
Masse wegen stärker von der Lorentzkraft beeinflußt als Ionen gleicher Geschwindigkeit. Die Ionisation nimmt nach oben hin zu. Bis 70 km Höhe ist sie noch so gering,
daß bei Luftbewegungen der ionisierte Anteil einfach vom Neutralgas mitgenommen
wird. Von einem Einfluß des Magnetfeldes ist nichts zu merken. Darüber liegt ein
Bereich, in dem bei Bewegungen quer zum Magnetfeld die Elektronen behindert
werden, die Ionen aber noch völlig der Bewegung des Neutralgases folgen. Dadurch
entstehen elektrische Felder; man spricht deswegen von der D y n a m o s c h i c h t .
Oberhalb 130 km ist die Dichte des Neutralgases so weit abgesunken, daß auch die
Zusammenstöße zwischen Ionen und Neutralgas nicht mehr ins Gewicht fallen. Die
Bewegungen aller ionisierten Teilchen werden im wesentlichen vom Magnetfeld der
Erde abgelenkt. Diesen Bereich nennt man M a g n e t o s p h ä r e . Sie erstreckt sich
über viele Erdradien.

Die Ionosphäre ist also ein Gebiet, in dem die Atmosphäre ionisiert ist. Die
Elektronen und Ionen können durch die Radiowellen in Bewegung gesetzt werden und
erzeugen so einen Konvektionsstrom (2.16), der die elektrische Welle beeinflussen
wird. Ein Elektron wird von Zeit zu Zeit mit einem Gasmolekül zusammenstoßen.
Bei einem derartigen Zusammenstoß wird die von der Radiowelle erhaltene Energie
teilweise auf das Molekül übertragen und teilweise wieder abgestrahlt werden. Als
Folge dieses Vorgangs wird der Welle Energie entzogen.

Die A u s b r e i t u n g   e l e k t r o m a g n e t i s c h e r   W e l l e n   i n   e i n e m   i o n i -
s i e r t e n   M e d i u m , das zu gleichen Teilen aus positiven und negativen Ladungen
besteht (n e u t r a l e s   P l a s m a) gehorcht den Maxwellschen Gleichungen solange
die mittlere Entfernung zwischen Elektronen und Ionen klein gegen die Wellenlänge
der elektromagnetischen Strahlung ist. Wir nehmen an, daß dieses Plasma aus Elektronen und Ionen besteht, wobei die Ionen auf Grund ihrer größeren Masse relativ
unbeweglich sind. Dann müssen die Maxwellschen Gleichungen in ihrer zeitabhängi-
gen Form kombiniert werden mit der Bewegungsgleichung der Elektronen, um die
möglichen Schwingungen zu untersuchen. Die Elektronenbewegung geht über die Elektronenstromdichte $\vec{J}_{el}(\vec{r},t)$ und die Elektronenladungsdichte $\rho_{el}(\vec{r},t)$ in die Maxwellschen Gleichungen ein. Es ist

$$\vec{J}_{el}(\vec{r},t) = N(\vec{r},t)\,e\,\vec{v}(\vec{r},t), \qquad (11.1)$$

$$\rho_{el}(\vec{r},t) = e\,N(\vec{r},t). \qquad (11.2)$$

Die Größen $N(\vec{r},t)$ und $\vec{v}(\vec{r},t)$ sind die zeitlich und räumlich veränderliche Elektronendichte bzw. Elektronengeschwindigkeit; $e = 1,6 \cdot 10^{-19}$ As ist die Elementarladung.

Wir nehmen an, daß die Oszillationen der Elektronen klein in ihrer Amplitude und harmonisch in der Zeit sind. Dann können wir schreiben

$$N(\vec{r},t) = N_s(\vec{r}) + \mathrm{Re}\{N_0(\vec{r})\exp[-i\omega t]\}, \qquad (11.3)$$

$$\vec{v}(\vec{r},t) = \mathrm{Re}\{\vec{v}_0(\vec{r})\exp[-i\omega t]\}. \qquad (11.4)$$

Dabei ist $N_s(\vec{r})$ die statische Elektronendichte und $N_0(\vec{r})$ die Amplitude der Elektronendichteschwankungen, $\vec{v}_0(\vec{r})$ die Amplitude der Geschwindigkeitsschwankungen. Nach Voraussetzung sollen diese beiden letzten Größen klein sein. Weiter wurde in (11.4) keine Driftgeschwindigkeit der Elektronen angenommen. Damit ergibt sich für die Elektronenstromdichte (11.1) bei Vernachlässigung kleiner Größen zweiter Ordnung

$$\vec{J}_{el}(\vec{r},t) \approx e\, N_s(\vec{r})\mathrm{Re}\{\vec{v}_0(\vec{r})\exp[-i\omega t]\}. \qquad (11.5)$$

Die Bewegungsgleichung der als frei angesehenen Elektronen lautet

$$m\frac{d}{dt}\vec{v}(\vec{r},t) + m\nu\vec{v}(\vec{r},t) = e\vec{E}(\vec{r},t) + e\vec{v}(\vec{r},t)\times\vec{B}(\vec{r},t), \qquad (11.6)$$

wobei m die Elektronenmasse, ν die Stoßfrequenz ist und $\vec{E}(\vec{r},t)$, $\vec{B}(\vec{r},t)$ die Feldgrößen der einfallenden elektromagnetischen Welle sind. Vernachlässigen wir den Einfluß des Magnetfeldes und nehmen auch für $\vec{E}(\vec{r},t)$ eine harmonische Zeitabhängigkeit der Form

$$\vec{E}(\vec{r},t) = \vec{E}(\vec{r})\exp[-i\omega t]$$

an, so lautet die Bewegungsgleichung der Elektronen

$$-i\omega m\vec{v}_0(\vec{r}) + m\nu\vec{v}_0(\vec{r}) = e\vec{E}(\vec{r}). \qquad (11.6a)$$

Hieraus ergibt sich

$$\vec{v}_0(\vec{r}) = \frac{e}{m} \frac{\vec{E}(\vec{r})}{\nu - i\omega} , \qquad\qquad (11.7)$$

und die Elektronenstromdichte (Konvektionsstromdichte) $\vec{J}_{el}$ ist gegeben durch

$$\vec{J}_{el}(\vec{r}) = \frac{e^2}{m} N_s(\vec{r}) \frac{\vec{E}(\vec{r})}{\nu - i\omega} . \qquad\qquad (11.8)$$

Die zu betrachtenden Maxwellschen Gleichungen lauten

$$\mathrm{rot}\,\vec{E}(\vec{r}) - i\omega\mu_0 \vec{H}(\vec{r}) = \vec{0},$$

$$\mathrm{rot}\,\vec{H}(\vec{r}) + i\omega\varepsilon_0 \vec{E}(\vec{r}) = \vec{J}_{el}(\vec{r}) = \frac{e^2}{m} N_s(\vec{r}) \frac{\vec{E}(\vec{r})}{\nu - i\omega} . \qquad (11.9)$$

Vergleichen wir die zweite Maxwellsche Gleichung (11.9) mit der entsprechenden Maxwellschen Gleichung

$$\mathrm{rot}\,\vec{H}(\vec{r}) = (\sigma - i\omega\varepsilon)\vec{E}(\vec{r})$$

für ein allgemeines Medium der Dielektrizitätskonstanten $\varepsilon = \varepsilon_0\varepsilon_{rel}$ und der Leitfähigkeit σ, so finden wir

$$\varepsilon_{rel} = 1 - \frac{N_s(\vec{r})e^2}{m\,\varepsilon_0} \frac{1}{\nu^2 + \omega^2} \qquad\qquad (11.10)$$

$$\sigma = \frac{N_s(\vec{r})e^2}{m\,\varepsilon_0} \frac{\varepsilon_0\nu}{\nu^2 + \omega^2} . \qquad\qquad (11.11)$$

D i e A u s b r e i t u n g i n e i n e m n e u t r a l e n P l a s m a k a n n a l s o u n t e r d e n
g e t r o f f e n e n V o r a u s s e t z u n g e n f o r m a l d u r c h d i e A u s b r e i t u n g i n
e i n e m M e d i u m m i t d e n M a t e r i a l g r ö ß e n (1 1 . 1 0 , 1 1) b e s c h r i e b e n
w e r d e n und so auf die Ausbreitung in einem Dielektrikum, das Verluste haben
kann, zurückgeführt werden. A l s w e s e n t l i c h e n U n t e r s c h i e d zum Dielektrikum bemerken wir, daß nach (11.10) ε_{rel} f ü r b e s t i m m t e F r e q u e n z e n
N u l l w e r d e n k a n n .

Die Ausdrücke (11.10,11) werden meist mit Hilfe der kritischen Frequenz
(Plasmafrequenz) ω_P angegeben, die bei der später zu diskutierenden Ausbreitung
in der Ionosphäre eine wichtige Rolle spielt und durch

$$\omega_P^2 := \frac{N_s e^2}{m\,\varepsilon_0} \tag{11.12}$$

definiert ist. Sie erhalten dann die Form

$$\varepsilon_{rel} = 1 - \frac{\omega_P^2}{\nu^2 + \omega^2}\,, \tag{11.13}$$

$$\sigma = \frac{\varepsilon_0\,\nu\,\omega_P^2}{\nu^2 + \omega^2}\,. \tag{11.14}$$

Eine Diskussion der Formeln (11.10,11) zeigt nun: Für eine gegebene Frequenz
wird σ maximal, wenn die Stoßfrequenz ν gleich ω wird. In größeren Höhen, wo ν
klein ist und $\omega \gg \nu$ gilt, verschwindet die Leitfähigkeit, und ε_{rel} ist durch

$$\varepsilon_{rel} = 1 - \frac{N_s(\vec{r})e^2}{m\,\varepsilon_0\,\omega^2} = 1 - \frac{\omega_P^2}{\omega^2} \tag{11.15}$$

gegeben. Andererseits wird bei niedrigen Höhen mit $\nu \gg \omega$ die Leitfähigkeit ebenfalls klein und ε_{rel} nähert sich dem Wert 1. Diese Effekte, die mit fallender Höhe
auftreten, werden durch den Umstand verstärkt, daß die Elektronendichte $N_s(\vec{r})$ unter etwa 80 km Höhe rasch abnimmt. Das Ergebnis davon ist, daß das Gebiet hoher
Leitfähigkeit (und damit hoher Absorption, wenn es eine Welle durchdringt) auf eine
relativ dünne Schicht am unteren Ende der E-Region und des oberen Teils der D-Re-
gion beschränkt ist.

Im Fall (11.15) ist der Brechungsindex n einfach über $n^2 = \varepsilon_{rel}$ durch

$$n^2 = 1 - \frac{\omega_P^2}{\omega^2}$$

gegeben. Vernachlässigen wir in der Bewegungsgleichung (11.6) das Magnetfeld
nicht, so finden wir bei Betrachtung ebener Wellen zwei verschiedene Werte für
den Brechungsindex. Das hat z.B. zur Folge, daß eine linear polarisierte ebene
Welle beim Durchgang durch die Ionosphäre in eine rechts und eine links drehende
zirkular polarisierte Welle aufgespalten wird, von denen jede ein eigenes Dämpfungsverhalten und eine eingene Laufzeit hat (F a r a d a y - E f f e k t) [11.2]. Das Plasma
wird doppelbrechend. Wir werden diesen Fall hier nicht weiter behandeln.

11.2 <u>Wellenausbreitung in der Ionosphäre</u>

Der große Vorteil der Beschreibung eines Plasmas, d.h. der Ionosphäre, durch eine
relative Dielektrizitätskonstante (11.10) und eine Leitfähigkeit (11.11) liegt darin,
daß die existierenden Lösungen der Wellenausbreitung in einem Dielektrikum für das
Studium der Ausbreitung in der Ionosphäre benutzt werden können. So hat z.B. die
Wellengleichung für den Fall $\sigma = 0$,

$$\frac{\partial^2}{\partial x^2} E_y(x) = - \omega^2 \mu_0 \varepsilon_0 \varepsilon_{rel} E_y(x)$$

die Lösung

$$E_y(x) = C_1 \exp\left[- i\omega(\varepsilon_0 \mu_0)^{1/2}(1 - \omega_P/\omega)^{1/2}x\right] + C_2 \exp\left[+ i\omega(\varepsilon_0 \mu_0)^{1/2}(1 - \omega_P/\omega)^{1/2}x\right].$$

$$(11.16)$$

Gl.(11.16) zeigt, daß sich für $\omega > \omega_P$ die Ausbreitung wie in einem Dielektrikum voll-
zieht. Ist hingegen $\omega < \omega_P$, dann werden die elektromagnetischen Wellen durch die
Ionosphäre exponentiell gedämpft. Aus diesem Grund wird ω_P in Analogie zur Ausbreitung in einem Hohlleiter als G r e n z f r e q u e n z der Ionosphäre bezeichnet.

Wir müssen beachten, daß die Dämpfung für $\omega < \omega_P$ nicht durch Leistungsab-
sorption mit anschließender Umwandlung in Wärme geschieht. Die Ionosphäre verhält sich vielmehr wie ein Wellenleiter unterhalb der Grenzfrequenz. Läuft also eine
Welle mit $\omega < \omega_P$ aus dem freien Raum auf die Ionosphäre, so wird sie weder absorbiert noch durchgelassen sondern reflektiert. Das ist genau die Art von Reflexion,
die Radiowellen an der Ionosphäre 'abprallen' läßt und so eine Übertragung über große
Entfernungen über der Erdkugel möglich macht [11.5] (Abb.11.1).

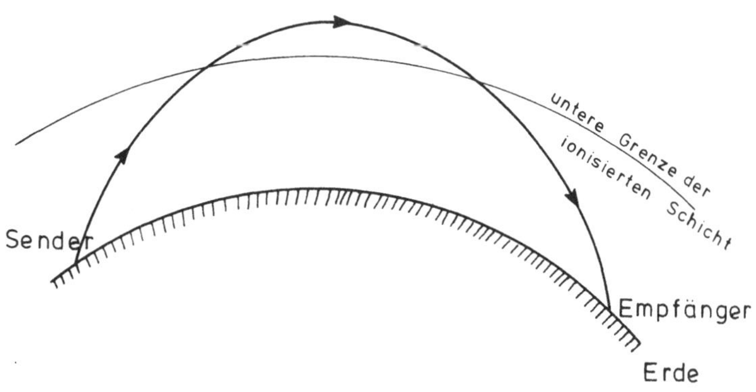

Abb.11.1 Ionosphärische Reflexion

Natürlich ist auch ein gewisser Leistungsverlust in der Ionosphäre immer vorhanden, der auf Zusammenstöße von Elektronen mit Gasmolekülen und Ionen oder auch anderen Elektronen zurückzuführen ist. Solche Stöße bewirken eine Umwandlung eines Teils der Wellenenergie in Wärme. Bei Frequenzen $\omega > \omega_p$ verursachen diese Stoßverluste eine Dämpfung der sich ausbreitenden Welle, bei $\omega < \omega_p$ machen sie aus der Totalreflexion eine partielle Reflexion.

11.3 Reflexion und Brechung elektromagnetischer Wellen an der Ionosphäre

Wir wollen auf die Reflexion und Brechung elektromagnetischer Wellen an der Ionosphäre noch etwas näher eingehen. Der Mechanismus der Reflexion und Brechung von Radiowellen an der Ionosphäre ist in starkem Maß eine Funktion der Frequenz. Bei niedrigen Frequenzen, etwas bei 100 kHz, ist die Änderung der Elektronen- und Ionendichte über die Strecke von einer Wellenlänge so groß, daß eine Schichtgrenze der Ionosphäre eine abrupte Unstetigkeit des Mediums darstellt. In diesem Fall kann die Reflexion in der gleichen Weise behandelt werden wie die an der Oberfläche eines Dielektrikums mit oder ohne Verluste. Andererseits ist im Hochfrequenzband die Wellenlänge der Strahlung so klein, daß sich die Ionisierungsdichte nur wenig über die Wellenlänge ändert. In diesem Fall kann die Ionosphäre behandelt werden (z.B. nach Methoden der geometrischen Optik) wie ein Dielektrikum mit einem stetig veränderlichen Brechungsindex. Für Frequenzen, die zwischen diesen angesprochenen Bereichen liegen, kann das Gebiet, in dem die Reflexion erfolgt, als aus Schichten aufgebaut angesehen werden, wobei in jeder Schicht die Elektronendichte als konstant angenommen wird und als verschieden von angrenzenden Schichten. Dann werden einfallende Wellen partiell reflektiert und partiell gebrochen u.s.w. und das resultierende Signal kann als die Summe der Reflexionen von verschiedenen Teilen des ionisierten Gebiets angesehen werden. Da Wellen dieser Frequenzen des Zwischenbereichs stark gedämpft werden, sind sie von geringerem praktischen Interesse. Wir behandeln also nur die beiden ersten Fälle.

11.3.1 Reflexion bei niedrigen Frequenzen

In diesem Fall kann die Grenze der ionosphärischen Schicht als eine reflektierende Fläche angesehen werden, für die nach (8.12,19) folgende Reflexionsfaktoren angegeben werden können:

$$R_E = \frac{\cos\theta_e - \left[\left(\varepsilon_{rel} - \dfrac{\sigma}{i\omega\varepsilon_0}\right) - \sin^2\theta_e\right]^{1/2}}{\cos\theta_e + \left[\left(\varepsilon_{rel} - \dfrac{\sigma}{i\omega\varepsilon_0}\right) - \sin^2\theta_e\right]^{1/2}} \ , \tag{11.17}$$

$$R_H = \frac{\left(\varepsilon_{rel} - \dfrac{\sigma}{i\omega\varepsilon_0}\right)\cos\theta_e - \left[\left(\varepsilon_{rel} - \dfrac{\sigma}{i\omega\varepsilon_0}\right) - \sin^2\theta_e\right]^{1/2}}{\left(\varepsilon_{rel} - \dfrac{\sigma}{i\omega\varepsilon_0}\right)\cos\theta_e + \left[\left(\varepsilon_{rel} - \dfrac{\sigma}{i\omega\varepsilon_0}\right) - \sin^2\theta_e\right]^{1/2}} \ . \tag{11.18}$$

Dabei sind ε_{rel} und σ nach $(11.10,11)$ gegeben. Es ist sofort zu sehen, daß für diese Art Reflexion der Reflexionsfaktor von der Frequenz, der Polarisation und dem Einfallswinkel der Welle abhängt. Können wir σ vernachlässigen, so erhalten wir wegen $\varepsilon_{rel} < 1$ und damit $n < 1$ Reflexionsfaktoren, die der Reflexion am optisch dünneren Medium entsprechen. Ab einem kritischen Einfallswinkel werden wir also Totalreflexion beobachten können.

11.3.2 Reflexion bei hohen Frequenzen

Dies ist der praktisch wichtige Fall. Er kann nach den Methoden der Strahlenoptik behandelt werden. Dabei ist i.allgem. σ nicht zu vernachlässigen, aber bei den höheren Frequenzen, die wir hier behandeln, findet die Reflexion in der F-Schicht statt, wo die Stoßfrequenz ν sehr klein ist und σ entsprechend niedrig liegt. Deswegen vernachlässigen wir in einer ersten Näherung den Einfluß von σ und verwenden den einfachen Ausdruck

$$n = (\varepsilon_{rel})^{1/2} \ .$$

Für $\omega^2 \gg \nu^2$ ist dann ε_{rel} durch (11.15) gegeben. Für ein Elektron ist nun $e = 1{,}59\ 10^{-19}$ As, $m = 9\ 10^{-31}$ kg, so daß aus (11.15) folgt

$$\varepsilon_{rel} = 1 - \frac{81\ N_s(\vec{r})}{f^2} \quad \text{oder} \quad n = 1 - \frac{81\ N_s(\vec{r})}{f^2} \ , \tag{11.19}$$

wobei f die Frequenz in kHz ist und $N_s(\vec{r})$ die Anzahl der Elektronen pro cm^3. Der Brechungsindex nimmt ab, wenn die Welle in Gebiete höherer Elektronendichte eindringt. In jedem Punkt der Strahlbahn ist nun der Zusammenhang zwischen dem Winkel Φ zwischen Bahnelement und Normale zur Schicht und dem Einfallswinkel θ_e nach dem Snelliusschen Gesetz (8.7) gegeben (Abb.11.2):

$$\sin\theta_e = n\sin\Phi \quad \text{oder} \quad \sin\Phi = \frac{1}{n}\sin\theta_e \ .$$

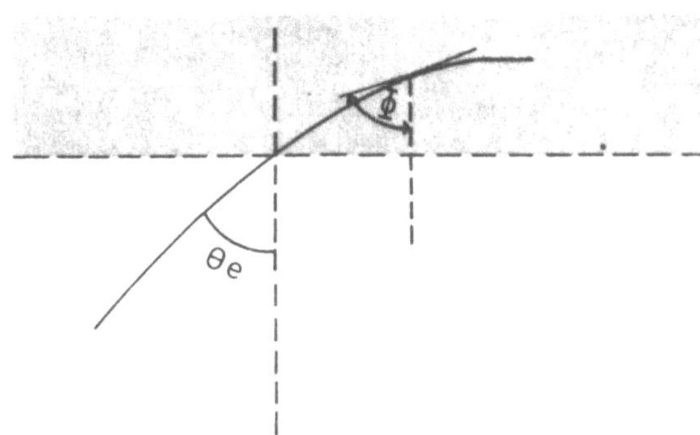

Abb.11.2 Zum Snelliusschen Gesetz bei ionosphärischer Reflexion

Ist n bis auf $n = \sin \theta_e$ abgefallen, so ist $\Phi = \pi/2$ und die Welle bewegt sich
horizontal. Der höchste von der Welle erreichte Punkt ist daher der, in dem die Elektronendichte $N_s(\vec{r})$ die Bedingung

$$\left[1 - \frac{81\, N'_s}{f^2} \right]^{1/2} = \sin \theta_e \quad \text{oder} \quad N'_s = \frac{f^2 \cos^2 \theta_e}{81} \qquad (11.20)$$

erfüllt. Ist die Elektronendichte in irgendeiner Höhe der Ionosphärenschicht genügend
groß, diese Bedingung zu erfüllen, so wird die Welle von dieser Höhe an zur Erde zu-
rückkehren. Ist die maximale Elektronendichte einer Schicht kleiner als der in (11.20)
geforderte Wert, so wird die Welle die Schicht durchdringen.

Die größte zu fordernde Elektronendichte tritt bei senkrechtem Einfall ($\theta_e = 0$)
auf. Für jede vorliegende Schicht ist die höchste Frequenz, für die eine vertikal einfallende Welle noch reflektiert wird, durch

$$f_{cr} = [81\, N_{max}]^{1/2}\,\text{kHz}$$

gegeben, wobei N_{max} (Elektronen/cm^3) die maximale Elektronendichte und f_{cr} die
kritische Frequenz der Schicht ist. Dies ist allerdings nicht die höchste Frequenz, die von der Schicht reflektiert werden kann. Diese hängt vielmehr vom Einfallswinkel θ_e und demzufolge von der Höhe der Schicht über dem Erdboden ab und
von der Entfernung zwischen Sender und Empfänger. Die höchste Frequenz, die bei
gegebener Geometrie reflektiert werden kann, wird MUF (maximum usuable frequency) genannt. Sie liegt im MHz-Bereich.

Zur weiteren Information über die Ionosphäre und die Ausbreitung elektromagnetischer Wellen in ihr sei z.B. auf Rawer [11.1], Großkopf [11.2] oder Budden

[11.5] verwiesen. Für die weniger an Einzelfragen interessierten Leser empfehlen
wir die Festschrift [11.6] des Max-Planck-Instituts für Aeronomie in Lindau im Harz.

<u>Aufgaben</u>

<u>11.1</u> Ein Elektronenstrahl der Energie 120 eV tritt in ein homogenes Gegenfeld
$|E|$ = 2000 V/m unter dem Winkel $\alpha = 45^\circ$ gegen Feldrichtung ein. Wie groß sind
Scheitelhöhe und Schußweite der Parabelbahn?

<u>11.2</u> Man zeige, daß Ladungsträger mit der Geschwindigkeit $\vec{v}$ in einem konstanten
Magnetfeld Kreise beschreiben, wenn der Vektor der Geschwindigkeit und der der
magnetischen Induktion senkrecht aufeinander stehen.

<u>11.3</u> Wie groß muß die magnetische Induktion eines homogenen Magnetfeldes sein,
damit die von einem Punkt aus unter kleinem Winkel gegen die Feldrichtung starten-
den Elektronen der Geschwindigkeit $\vec{v}$ nach der Flugstrecke d wieder zusammen-
treffen?

<u>11.4</u> Man zeige, daß $\mathrm{div}(\varepsilon \vec{E}) = 0$ gilt, falls ε_{rel} nach (11.10) gegeben und $\mathrm{div}\,\vec{E} = (e\,N_s)/\varepsilon_0$ ist.

<u>11.5</u> Man leite das Snelliussche Brechungsgesetz

$$\sin\theta_e = n\sin\Phi$$

für eine ebene Schichtung her (Abb. 11.2).

Literatur

11.1 K. Rawer: Die Ionosphäre (P. Noordhoff N.V., Groningen - Holland 1953)

11.2 J. Grosskopf: Wellenausbreitung Bd. 539/539a (BI Hochschultaschenbücher, Mannheim 1970)

11.3 C.H. Papas: Theory of electromagnetic wave propagation (McGraw-Hill Book Company, New York 1965)

11.4 V.L. Ginzburg: The propagation of electromagnetic waves in plasmas (Pergamon Press, London 1964)

11.5 K.G. Budden: Radio waves in the ionosphere (Cambridge, At the University Press 1961)

11.6 W. Dieminger: 1946-1971 Festschrift zum 25 jährigen Bestehen des Instituts für Ionosphärenphysik in Lindau im Harz, herausgegeben vom Max-Planck-Institut für Aeronomie Institut für Ionosphärenphysik Lindau/Harz 1972

12. Oberflächenwellen und Leckwellen

Unter Oberflächenwellen verstehen wir inhomogene elektromagnetische Wellen, die sich längs der Grenzfläche zweier Medien ohne Strahlung ausbreiten. Dabei soll der Begriff Strahlung nicht die Deckung der Verluste durch Leitfähigkeit der Medien umfassen. Es handelt sich also um den Typ einer geführten Welle.

Als Beispiel für derartige Oberflächenwellen betrachten wir die Zenneck-Welle, die an der ebenen Trennfläche zweier Halbräume existenzfähig ist. Dabei ergibt sich eine Bedingung für das Auftreten von Oberflächenwellen, die eingehend diskutiert wird. Abschließend betrachten wir den Einfluß der Oberfläche auf die Existenzfähigkeit und Führung von Oberflächenwellen sowie Möglichkeiten ihrer Anregung.

Die nachfolgend beschriebenen Leckwellen (leaky waves) sind elektromagnetische Wellen, die sich längs der Grenzfläche eines verlustlosen Mediums mit einer komplexen Wellenzahl ausbreiten. Ihre Existenzfähigkeit wird an einem einfachen Beispiel demonstriert, wobei ihre Eigenschaften erläutert werden.

12.1 <u>Einleitende Bemerkungen</u>

Wir wollen uns nun mit dem Verhalten elektromagnetischer Wellen an Grenzflächen und dabei zuerst mit den sogen. Oberflächenwellen beschäftigen. Unter O b e r - f l ä c h e n w e l l e n wollen wir hier inhomogene Wellen verstehen, die sich längs der Grenzfläche zweier Medien ohne Strahlung ausbreiten. Wir schließen uns damit der Definition von Barlow und Brown [12.1] an. (Siehe auch [12.2].) Bei den Oberflächenwellen handelt es sich also um den T y p e i n e r g e f ü h r t e n W e l l e. Der Begriff "Strahlung" in obiger Definition soll nicht die Deckung der Verluste durch Leitfähigkeit der Medien umfassen. Unter einer Grenzfläche wollen wir die Sprungfläche der Materialkonstanten zweier homogener und isotroper Medien verstehen. Sie muß in Ausbreitungsrichtung der Welle gerade und unendlich ausgedehnt sein,

kann aber transversal zur Ausbreitungsrichtung beliebig geformt sein. (Man denke
z.B. an zylindrische Strukturen.) Nehmen wir speziell an, daß es sich bei der zu
betrachtenden Grenzfläche um die ebene Trennfläche zweier Halbräume handelt, die
homogen und isotrop mit verschiedenen Medien erfüllt sind, so sollen die Amplituden
der Feldkomponenten der Oberflächenwelle mit dem Abstand zur Trennfläche exponentiell abfallen. Sind beide Medien verlustfrei, so soll sich die Oberflächenwelle
längs der Grenzfläche ohne Dämpfung ausbreiten.

Dieses einfache Modell zweier durch eine ebene Trennfläche geteilter Halbräume wird uns im folgenden beschäftigen, da sich an ihm die wesentlichen Eigenschaften der Oberflächenwellen ohne großen mathematischen Aufwand untersuchen
lassen, was bei anderen Strukturen nicht möglich ist [12.1,3]. Es läßt zwei Typen
von Oberflächenwellen zu, die Zenneck-Welle und die radial-zylindrische Oberflächenwelle [12.4].

12.2 Die Zenneck-Welle als Beispiel einer Oberflächenwelle

12.2.1 Die normale Zenneck-Welle

In Übereinstimmung mit den meisten praktischen Anwendungen nehmen wir an, daß
eines der betrachteten Medien verlustlos, also z.B. Luft (d.h. Vakuum) sei. Weiter
führen wir die in Abb.12.1 angegebene Geometrie ein.

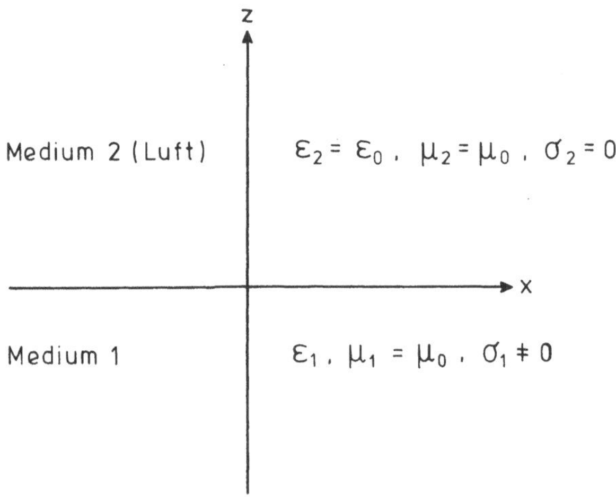

Abb.12.1 Geometrie des Problems

Nun fragen wir uns, ob die Maxwellschen Gleichungen

$$\mathrm{rot}\,\vec{E}(\vec{r}) - i\omega\mu\,\vec{H}(\vec{r}) = \vec{0},$$
$$\mathrm{rot}\,\vec{H}(\vec{r}) - (\sigma - i\omega\varepsilon)\vec{E}(\vec{r}) = \vec{0} \tag{12.1}$$

unter Beachtung der Übergangsbedingungen $\vec{E}_{tang}$ und $\vec{H}_{tang}$ stetig durch $z = 0$ einen Wellentyp als Lösung zulassen, der sich längs der Trennfläche $z = 0$ der beiden Medien in $+$ x-Richtung ausbreitet und zwar so, daß von der Trennfläche keine Energie ins verlustlose Medium 2 abgestrahlt wird. Sind beide Medien verlustlos, so ist nach Abschnitt 8.4 ein solcher Wellentyp bekannt. Es handelt sich um eine ebene Welle, die aus dem Medium 2 kommend unter dem reellen Brewsterwinkel θ_B auf die Grenzfläche fällt. θ_B ist nach (8.27) gegeben durch

$$\tan\theta_B = k_1/k_2. \tag{12.2}$$

(Man beachte, daß die Welle im Gegensatz zu Kapitel 8 aus dem Medium 2 auf die Trennfläche fällt!) Lassen wir in Medium 1 Verluste zu, d.h. $\sigma_1 \neq 0$, so wird θ_B komplex, da k_1 komplex wird. Auf die Bedeutung dieser Tatsache werden wir im folgenden zurückkommen. Da für $\mu_1 = \mu_2 = \mu_0$ nur für den Fall einer ebenen TM-Welle ein Brewsterwinkel existiert, machen wir zur Lösung der Maxwellschen Gleichungen (12.1) den (8.14) entsprechenden Ansatz:

$$\vec{E}(x,z) = \{E_x(x,z), 0, E_z(x,z)\},$$
$$\vec{H}(x,z) = \{0, H_y(x,z), 0\}. \tag{12.3}$$

Die nicht verschwindende Komponente $H_y(x,z)$ des Magnetfeldes kann als Potential aufgefaßt werden, das nach (3.2) der Schwingungsgleichung

$$\left[\frac{\partial^2}{\partial x^2} + \frac{\partial^2}{\partial y^2} + k^2\right] H_y(x,z) = 0 \tag{12.4}$$

genügt. Eine Lösung von (12.4) läßt sich in der Form

$$H_y(x,z) = A\,\exp[i\gamma x + iuz], \quad \gamma \text{ und } u \text{ komplex},$$

angeben, wobei

$$\gamma^2 + u^2 = k^2 \tag{12.5}$$

gelten muß; γ ist die Wellenzahl in x-Richtung, u die in z-Richtung. Zur Gewinnung des zu $H_y(x,z)$ gehörigen elektrischen Feldanteils liefert (12.1) die Differentiationsvorschriften

$$E_x(x,z) = -\frac{1}{\sigma - i\omega\varepsilon}\frac{\partial}{\partial z}H_y(x,z), \quad E_z(x,z) = \frac{1}{\sigma - i\omega\varepsilon}\frac{\partial}{\partial x}H_y(x,z).$$

Damit ist die in den Maxwellschen Gleichungen vorgeschriebene Kopplung zwischen $\vec{E}$ und $\vec{H}$ erreicht. (Siehe die Bemerkungen von Abschnitt 3.1).

Für $z > 0$ wollen wir eine Welle haben, die auf die Trennfläche zuläuft und deren Amplitude mit dem Abstand von ihr exponentiell abfällt. Deswegen setzen wir dort an (unter Beachtung der Zeitabhängigkeit $\exp[-i\omega t]$)

$$\begin{aligned}
H_y^{(2)}(x,z) &= A_2\,\exp[i\gamma_2 x + iu_2 z] \\
&= A_2\,\exp[i\gamma_2 x - ia_2 z - b_2 z]
\end{aligned} \tag{12.6}$$

mit

$$u_2 = -a_2 + ib_2, \quad a_2, b_2 > 0.$$

Die Indizes 1 und 2 beziehen sich jeweils auf Medium 1 bzw. 2. Die Tangentialkomponente des zugehörigen elektrischen Feldes lautet

$$E_x^{(2)}(x,z) = \frac{-iu_2}{\sigma_2 - i\omega\varepsilon_2}\,H_y^{(2)}(x,z). \tag{12.6a}$$

Dabei ist u_2 die Wellenzahl in $+$ z-Richtung.

Für Medium 1, d.h. für $z < 0$, setzen wir eine Welle an, die von der Trennfläche $z = 0$ wegläuft und wegen der Verluste in Medium 1 mit dem Abstand von der Trennfläche exponentiell gedämpft ist, also

$$\begin{aligned}
H_y^{(1)}(x,z) &= A_1\,\exp[i\gamma_1 x - iu_1 z] \\
&= A_1\,\exp[i\gamma_1 x - ia_1 z + b_1 z]
\end{aligned}$$

mit

$$u_1 = a_1 + ib_1, \quad a_1, b_1 > 0.$$

224

Die Tangentialkomponente des zugehörigen elektrischen Feldes lautet:

$$E_x^{(1)}(x,z) = + \frac{iu_1}{\sigma_1 - i\omega\varepsilon_1}\, H_y^{(1)}(x,z).$$

Aus der Forderung nach Stetigkeit von $\vec{H}_{tang}$ bei $z = 0$ folgt

$$A_1 = A_2, \quad \gamma_1 = \gamma_2 = \gamma.$$

Die Stetigkeitsforderung für $\vec{E}_{tang}$ liefert nun eine einschränkende Bedingung für die Wellenzahlen in Querrichtung:

$$\frac{iu_1}{\sigma_1 - i\omega\varepsilon_1} = - \frac{iu_2}{\sigma_2 - i\omega\varepsilon_2} \qquad \begin{array}{l} (\text{mit } \sigma_2 = 0 \text{ nach} \\ \text{Voraussetzung}). \end{array}$$

Sie kann unter Verwendung von (12.5), d.h.

$$u_i^2 = k_i^2 - \gamma^2, \quad i = 1,2,$$

in die symmetrische Beziehung

$$1/\gamma^2 = 1/k_1^2 + 1/k_2^2 \tag{12.7}$$

für die Wellenzahl γ umgeformt werden. Sie ist maßgebend für die Ausbreitung der Welle in x-Richtung (Längsrichtung). Damit sind alle Forderungen, die wir eingangs an eine Oberflächenwelle gestellt haben, erfüllt. Die so gefundene Oberflächenwelle wird normale Zenneck-Welle genannt.

12.2.2 Die radial-zylindrische Zenneck-Welle

Ein weiterer Wellentyp, der die Bedingungen einer Oberflächenwelle erfüllt, ist die radial-zylindrische Form der Zenneck-Welle. Wir führen Zylinderkoordinaten (ρ,φ,z) ein (siehe Abb.12.2) und setzen wieder ein TM-Feld an:

$$\vec{E}(\rho,z) = \{E_\rho(\rho,z),0,E_z(\rho,z)\},$$

$$\vec{H}(\rho,z) = \{0,H_\varphi(\rho,z),0\}.$$

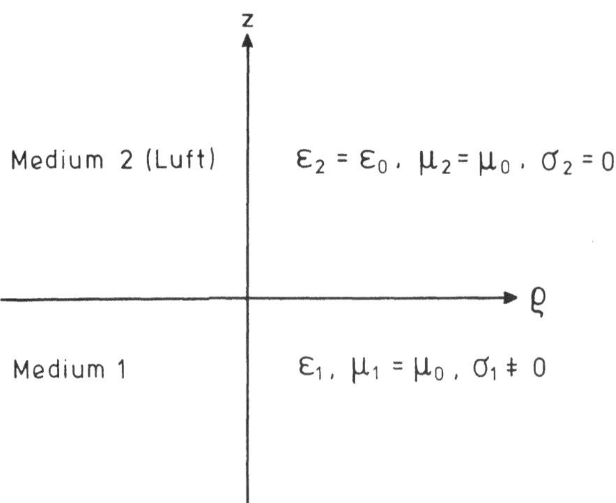

Abb.12.2 Zur Geometrie der radial-zylindrischen
Zenneck-Welle

Dann erhalten wir nach genau den gleichen Überlegungen wie bei der ebenen Zenneck-Welle:

In $z > 0$ (Medium 2)

$$H_\varphi^{(2)}(\rho,z) = A \exp[-ia_2z - b_2z]\mathcal{H}_1^{(1)}(\gamma\rho)$$

$$= A \exp[iu_2z]\mathcal{H}_1^{(1)}(\gamma\rho),$$

$$E_\rho^{(2)}(\rho,z) = A\,\frac{b_2 + ia_2}{\sigma_2 - i\omega\varepsilon_2}\,\exp[-ia_2z - b_2z]\mathcal{H}_1^{(1)}(\gamma\rho)$$

$$= -\frac{A\,iu_2}{\sigma_2 - i\omega\varepsilon_2}\,\exp[iu_2z]\mathcal{H}_1^{(1)}(\gamma\rho),$$

$$E_z^{(2)}(\rho,z) = \frac{A\gamma}{\sigma_2 - i\omega\varepsilon_2}\,\exp[-ia_2z - b_2z]\mathcal{H}_0^{(1)}(\gamma\rho) = \frac{A\gamma}{\sigma_2 - i\omega\varepsilon_2}\,\exp[iu_2z]\mathcal{H}_0^{(1)}(\gamma\rho),$$

mit

$$\sigma_2 = 0 \quad \text{und} \quad a_2,\ b_2 > 0.$$

226

In $z < 0$ (Medium 1)

$$H_\varphi^{(1)}(\rho,z) = A \exp[- ia_1 z + b_1 z] \mathcal{H}_1^{(1)}(\gamma\rho)$$

$$= A \exp[- iu_1 z] \mathcal{H}_1^{(1)}(\gamma\rho),$$

$$E_\rho^{(1)}(\rho,z) = - A \frac{b_1 - ia_1}{\sigma_1 - i\omega\varepsilon_1} \exp[- ia_1 z + b_1 z] \mathcal{H}_1^{(1)}(\gamma\rho)$$

$$= A \frac{iu_1}{\sigma_1 - i\omega\varepsilon_1} \exp[- iu_1 z] \mathcal{H}_1^{(1)}(\gamma\rho),$$

$$E_z^{(1)}(\rho,z) = \frac{A\gamma}{\sigma_1 - i\omega\varepsilon_1} \exp[- ia_1 z + b_1 z] \mathcal{H}_0^{(1)}(\gamma\rho)$$

$$= \frac{A\gamma}{\sigma_1 - i\omega\varepsilon_1} \exp[- iu_1 z] \mathcal{H}_0^{(1)}(\gamma\rho),$$

mit

$$\sigma_1 \neq 0 \quad \text{und} \quad a_1,\ b_1 > 0.$$

$\mathcal{H}_{0,1}^{(1)}(\gamma\rho)$ sind die Hankel-Funktionen erster Art der Ordnung 0 bzw. 1. Sie treten bei zylindrischen Koordinaten an die Stelle der Exponentialfunktion in kartesischen Koordinaten. Die Hankel-Funktion erster Art entspricht bei einer Zeitabhängigkeit $\exp[- i\omega t]$ einer auslaufenden Welle, was aus ihrer Asymptotik [12.5]

$$\mathcal{H}_n^{(1)}(\gamma\rho) \simeq \left(\frac{2}{\pi\gamma\rho}\right)^{1/2} \exp\left[i \left\{ \gamma\rho - \left(n + \frac{1}{2}\right)\frac{\pi}{2}\right\}\right] \tag{12.8}$$

$$\text{für} \quad \rho \to \infty$$

ersichtlich ist. Die Übergangsbedingungen bei $z = 0$ liefern wieder die Bedingung (12.7) für γ wie bei der ebenen Zenneck-Welle. Damit haben wir eine weitere Lösung der Maxwellschen Gleichungen gefunden, die die Forderungen für eine Oberflächenwelle erfüllt. Sie wird radial-zylindrische Zenneck-Welle genannt.

Wir wollen nun untersuchen, welche Bedeutung die beiden Wellentypen gemeinsame Bedingung (12.7) für die Wellenzahl in + x-Richtung hat.

12.2.3 Diskussion der Oberflächenwellenbedingung

Die Bedingung (12.7) wollen wir Oberflächenwellenbedingung nennen. Zu
ihrer Diskussion setzen wir

$$\gamma := \beta + i\alpha. \qquad (12.9)$$

Dann ist $\alpha = 0$, d.h. γ reell, wenn k_1 und k_2 reell sind. k_1 und k_2 sind aber nur
für verlustlose Medien reell. Das bedeutet, daß sich die Wellen nur in diesem Fall
ungedämpft längs der Grenzfläche ausbreiten, wie das eingangs gefordert wurde.
Bei der radial-zylindrischen Form der Oberflächenwelle ist das aus der Asymptotik
(12.8) der Hankelfunktion ersichtlich.

Nehmen wir Medium 1 als verlustbehaftet, d.h. k_1 als komplex an, so wird
auch γ komplex. Es läßt sich dann zeigen, daß γ in der komplexen Ebene auf das
in Abb.12.3 schraffiert angegebene Gebiet eingeschränkt wird.

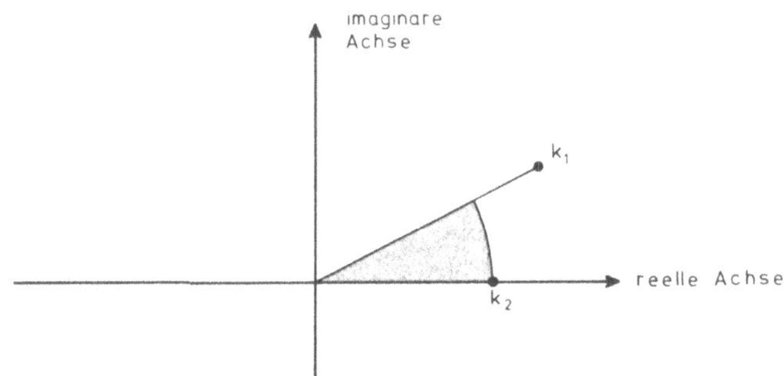

Abb.12.3 Zulässiges Gebiet für die Wellenzahl γ in
der komplexen Ebene

Das bedeutet

$$\gamma = \beta + i\alpha, \quad \text{mit} \quad \beta > 0 \quad \text{und} \quad \alpha \geqslant 0. \qquad (12.10)$$

Die auftretende Dämpfung $\alpha \neq 0$ in x-Richtung ist also keine Strahlungsdämpfung
sondern allein durch die Jouleschen Verluste in Medium 1 hervorgerufen.

Nun wollen wir untersuchen, was es bedeutet, daß γ in der Form (12.10) komplex sein kann und der Bedingung (12.7) genügt. Dazu erinnern wir uns, daß nach
(8.2) eine von y unabhängige ebene Welle, die von $z > 0$ unter dem Winkel θ_e auf
die Trennfläche $z = 0$ fällt, auch in der Form

$$H_y^{(2)}(x,z) = A \exp[ik_2(x \sin \theta_e - z \cos \theta_e)] \qquad (12.11)$$

dargestellt werden kann. Durch Vergleich mit (12.6) finden wir

$$k_2 \sin \theta_e = \gamma .$$

Setzen wir diese Beziehung in (12.7) ein, so erhalten wir als Bedingung für den Einfallswinkel θ_e:

$$\tan \theta_e = k_1/k_2 .$$

Vergleichen wir mit (12.2), so sehen wir, daß wir es mit einer W e l l e zu tun haben, die u n t e r e i n e m k o m p l e x e n B r e w s t e r w i n k e l a u f d i e Trennfläche f ä l l t . Dabei sei bemerkt, daß der komplexe Brewsterwinkel in der Theorie der Oberflächenwellen nicht mit dem Pseudobrewsterwinkel bei Einfall einer ebenen Welle auf ein verlustbehaftetes Medium zu verwechseln ist. Der P s e u d o b r e w s t e r w i n k e l ist immer reell und gibt das Minimum des Reflexionsfaktors an.

Die physikalische Bedeutung des komplexen Einfallswinkels einer ebenen Welle wird deutlich, wenn wir in (12.11) θ_e in der Form

$$\theta_e = \Psi + i\chi , \quad \chi \geqslant 0,$$

einsetzen. Dann gilt ähnlich wie bei der Diskussion der Totalreflexion in Abschnitt 8.4

$$H_y^{(2)}(x,z) = A \exp[ik_2 \cosh \chi (x \sin \Psi - z \cos \Psi)$$
$$- k_2 \sinh \chi (x \cos \Psi + z \sin \Psi)] . \qquad (12.12)$$

Die Flächen gleicher Amplitude sind durch

$$x \cos \Psi + z \sin \Psi = const,$$

die Flächen gleicher Phase durch

$$x \sin \Psi - z \cos \Psi = const$$

gegeben. Diese Flächen fallen nicht mehr zusammen; wir haben es mit einer inhomogenen Welle zu tun. Führen wir durch

$$x' = x \sin \psi - z \cos \psi,$$

$$z' = x \cos \psi + z \sin \psi,$$

neue Koordinaten x', z' ein, so geht (12.12) über in

$$H_y^{(2)}(x',z') = A \exp[ik_2 x' \cosh \chi - k_2 z' \sinh \chi]. \qquad (12.13)$$

Gl.(12.13) stellt offenbar eine Welle dar, die in x'-Richtung ungedämpft läuft, während sie in z'-Richtung exponentiell gedämpft ist (Abb.12.4.). Wir haben es mit einer inhomogenen Welle von längs einer Phasenfläche verschwindenden Amplitude zu tun. Diese Eigenschaft der Oberflächenwelle wird auch zu ihrer Definition herangezogen.

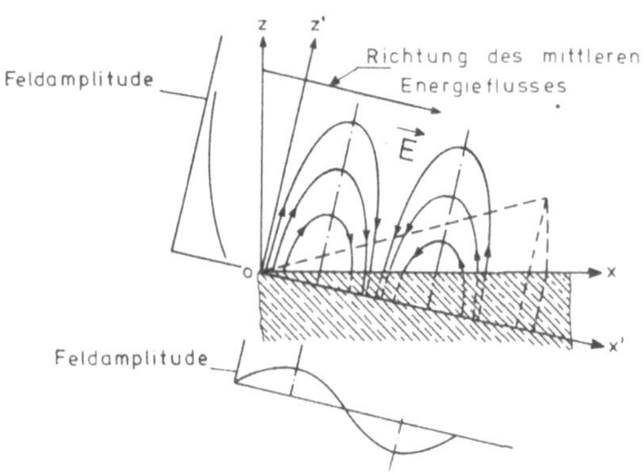

Abb.12.4 Einsinken der Oberflächenwelle in das sie führende Medium

12.3 Der Einfluß der Oberfläche auf die Oberflächenwelle

Wir wollen nun untersuchen, welche Eigenschaften der Oberfläche die Oberflächenwelle beeinflussen [12.6,7]. Dazu führen wir den Begriff der Oberflächenimpedanz ein. Die Oberflächenimpedanz ist das Verhältnis der tangentialen Komponente der elektrischen Feldstärke zu der dazu senkrechten tangentialen Komponente der magnetischen Feldstärke an der Grenzfläche. Sie hängt im allgemeinen nicht nur von den physikalischen Eigenschaften der Oberfläche ab sondern auch von der Art des elektromagnetischen Feldes. In vielen Fällen kann sie jedoch näherungsweise als vom Feld unabhängig angenommen werden. Die Kenntnis der Oberflächenimpedanz erlaubt es, über das Verhalten der Oberflächenwelle im Raum oberhalb der Trennfläche Aussagen zu machen ohne genaue Kenntnis der tatsächlichen Oberflächenbeschaffenheit.

Die Oberflächenimpedanz Z_s der Zenneck-Welle ist z.B. nach (12.6) gegeben durch

$$Z_s = - \frac{E_x^{(2)}(x,0)}{H_y^{(2)}(x,0)} : = R_s + iX_s = Z_s(x)$$

$$= - \frac{u_2}{\omega\varepsilon_2} = - \frac{1}{\omega\varepsilon_2}(-a_2 + ib_2) \qquad (12.14)$$

oder, in Real- und Imaginärteil zerlegt,

$$R_s = \frac{a_2}{\omega\varepsilon_2} \quad , \quad X_s = - \frac{b_2}{\omega\varepsilon_2} . \qquad (12.15)$$

Der Abfall der Feldstärke mit dem Abstand von der Trennfläche ist also über

$$b_2 = - X_s \omega\varepsilon_2 \qquad (12.16)$$

bestimmt durch X_s, während die Phasenkonstante der senkrecht in die Trennfläche einlaufenden Wellenkomponente nach

$$a_2 = R_s \omega\varepsilon_2 \qquad (12.17)$$

proportional zu R_s ist. Nach (12.16) muß wegen der Forderung $b_2 > 0$ für eine Oberflächenwelle $X_s < 0$ sein. Je größer $|X_s|$ ist, um so stärker konzentriert sich das Feld der Oberflächenwelle auf die unmittelbare Umgebung der Trennfläche, desto enger ist die Oberflächenwelle an die Trennfläche gebunden.

Leider nimmt aber die Phasengeschwindigkeit der Welle längs der Trennfläche mit X_s ab. Dies kann aus

$$\gamma^2 = (\beta + i\alpha)^2 = k_2^2 - u_2^2$$

durch eine etwas umständliche Berechnung von β gezeigt werden. (Phasengeschwindigkeit $v_p = \omega/\beta$). Der Erhöhung von X_s zur besseren Führung der Welle ist also eine Grenze gesetzt.

Die einfachste Möglichkeit, den Blindanteil X_s der Oberflächenimpedanz für praktische Anwendungen zu vergrößern, besteht in der Anbringung von periodischen Vertiefungen quer zur Ausbreitungsrichtung der Welle (Abb.12.5).

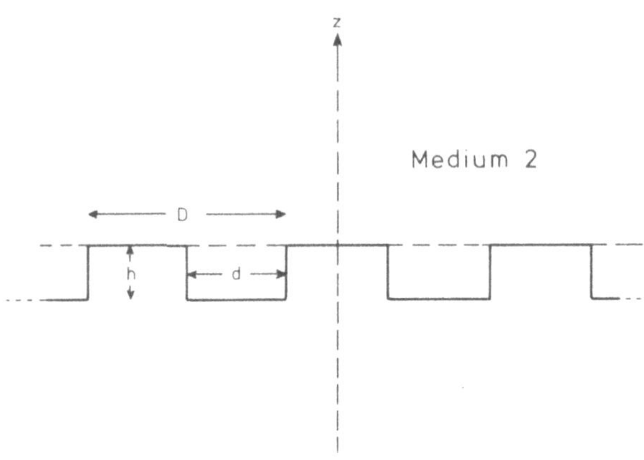

Abb.12.5 Aufrauhung der Oberfläche zur Er
höhung der Oberflächenimpedanz

Wenn die geriffelte Fläche genügend Vertiefungen pro Wellenlänge enthält, kann sie näherungsweise wie eine homogene Fläche mit gleichem X_s behandelt werden. Um den Einfluß geriffelter Strukturen ohne unverhältnismäßig großen mathematischen Aufwand zu untersuchen, betrachten wir den Fall einer ideal leitenden geriffelten Fläche. Auf sie falle senkrecht eine ebene Welle

$$\vec{E}(z) = \{E_x(z),0,0\}, \quad \vec{H}(z) = \{0,H_y(z),0\}$$

ein. Dann ist die tangentiale elektrische Gesamtfeldstärke, die aus einfallendem und reflektiertem Feld besteht, auf dem metallischen Teil $(D - d)$ der Trennfläche (Zahnoberkante) näherungsweise gleich Null und über den Vertiefungen näherungsweise gleich $E_x(0)\{1 - \exp[-2ihk_2]\}$. Die magnetische Feldstärke ist dann dort nach (5.23) und Aufgabe 8.5

$$\frac{E_x(0)}{Z_2}\{1 + \exp[-2ihk_2]\} \text{ mit } Z_2 = Z_0 \approx 120\,\pi \text{ Ohm.}$$

Demnach ist die Oberflächenimpedanz über den Rillen gleich

$$Z_s = - Z_2 \frac{1 - \exp[-2ihk_2]}{1 + \exp[-2ihk_2]} = - iZ_2 \tan(hk_2)$$

und über den Zahnkanten gleich Null. Die gesamte Oberflächenimpedanz ist dann angenähert

$$Z_s \approx - \left(\frac{d}{D}\right) iZ_2 \tan\left(\frac{2\pi}{\lambda} h\right) = iX_s. \qquad (12.18)$$

Sie kann durch geeignete Wahl von Breite d und Tiefe h der Rillen auf den gewünschten Betrag gebracht werden. Setzen wir (12.18) in (12.16) ein, so erhalten wir

$$b_2 = - X_s \omega\varepsilon_2 = \frac{d}{D} k_2 \tan(hk_2).$$

Abb. 12.6 zeigt den Verlauf von $(b_2 D)/(k_2 d)$ in Abhängigkeit von hk_2.

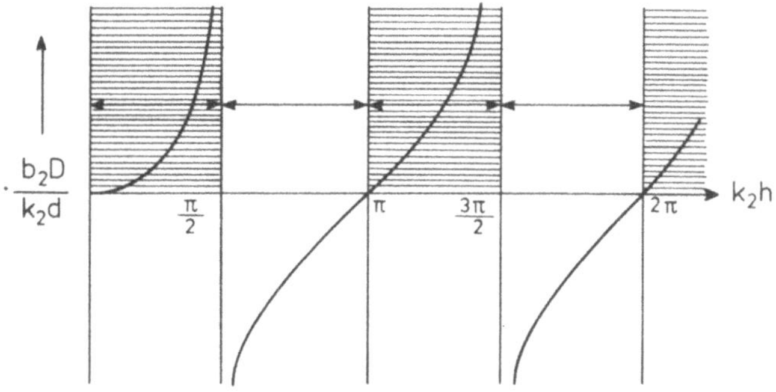

Abb. 12.6 Verlauf von $(b_2 D)/(k_2 d)$ als Funktion
von hk_2

Erinnern wir uns nun an die Forderung $b_2 > 0$ für die Existenz einer Oberflächenwelle, so sehen wir, daß b_2 nur für bestimmte, in Abb. 12.6 schraffiert gezeichnete Gebiete der Werte von hk_2 positiv ist und damit eine Oberflächenwelle möglich ist.

Wenn sich die Oberfläche in der Ausbreitungsrichtung gerade ins Unendliche erstreckt, so strahlt die Oberflächenwelle keine Energie ab. Eine Abstrahlung wird erst ausgelöst durch Inhomogenitäten längs des Wellenleiters oder bei einer endlichen Länge des Wellenleiters oder durch Auskoppeln von Energie durch im Feld des Wellenleiters angeordnete Sekundärstrahler. Als Inhomogenitäten des Oberflächenwellenleiters kommen Änderungen der Oberflächenimpedanz, Knicke und Krümmungen in Frage, bei zylindrischen Wellenleitern auch Querschnittsänderungen. Man kann

so z.B. eine gezielte Abstrahlung von Energie erreichen, was bei der Konstruktion
von Antennen von Bedeutung ist [12.7,8] (Oberflächenwellenantennen).

12.4 Die Anregung von Oberflächenwellen

Die Anregung der Oberflächenwellen muß durch ein geeignetes Ankoppelungssystem
geschehen. Dabei bleibt der Ankopplungsgrad immer unter 100 %, da theoretisch zur
Erreichung einer Oberflächenwellenstruktur in irgendeiner Apertur diese unendlich
ausgedehnt sein müßte. Gebräuchlich sind Ankopplungssysteme in Form von Trich-
tern, die als Anpassungsleitungen zwischen dem speisenden Hohlleiter und dem Oberflächenwellenleiter zylindrischer Struktur anzusehen sind. Sie sollen so beschaffen
sein, daß sie in ihrer Öffnungsebene (Apertur) eine Feldverteilung erzeugen, die
der Feldverteilung der Oberflächenwelle möglichst nahe kommt. Es kommen aber
auch Schlitzstrahler in Frage, die parallel zur Oberfläche in geeigneter Höhe über
dieser angebracht sind. Eine wirksame Anregung ist aber nur in einem engen Frequenzbereich möglich. Für die Anregung von inhomogenen ebenen Oberflächenwellen
eignen sich rechteckige Aperturen. Im Detail ist die Anregung von Oberflächenwellen experimentell und auch von der Theorie her aufwendig. Der interessierte Leser
sei daher auf die umfangreiche Literatur verwiesen, insbesondere auf die Monographie
von Barlow und Brown [12.1] und den Artikel von Zucker in [12.8], der ein umfang-
reiches Literaturverzeichnis enthält.

12.5 Leckwellen

Bei der Lösung der charakteristischen Gleichung (12.7) haben wir uns für Wellen
interessiert, die bei verlustlosen Medien eine reelle Wellenzahl γ für die
x-Richtung (Längsrichtung) haben und deren Felder mit $\mathrm{Re}\{u_i\} = b_i > 0$, $i = 1,2$,
mit dem Abstand von der Trennfläche (Querrichtung) exponentiell abfallen.

Es sind aber auch noch Wellen existenzfähig, die sich längs der Grenzfläche
eines verlustlosen Mediums mit einer komplexen Wellenzahl γ ausbreiten und
dabei Energie von der Trennfläche in den Raum abstrahlen. Die so definierten Wellen
[12.9] nennen wir mit Unger [12.10] Leckwellen (Leaky waves).

Leckwellen erfüllen unter bestimmten Umständen nicht die Ausstrahlungsbedingung in Querrichtung, da sie in dieser Richtung exponentiell anwachsen [12.9,
12,13], und können deswegen in Querrichtung auch nur in einem beschränkten Gebiet existieren. Wir wollen uns diesen Sachverhalt an einem einfachen Modell klar
machen (Abb.12.7).

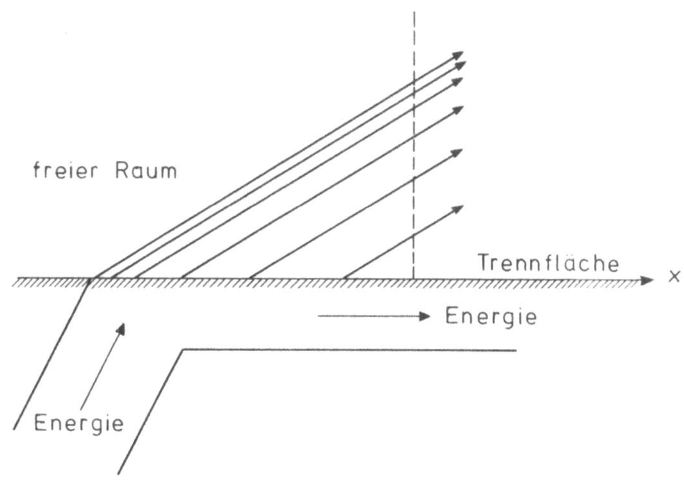

Abb.12.7 Entstehung einer Leckwelle

Einer Trennfläche wird an einer Speisestelle Energie zugeführt, die dann längs
der Trennfläche abgegeben wird. Die Strahlen stellen die Abstrahlung der Energie
von der Trennfläche dar. Die Dichte der Strahlen ist ein Maß für die abgestrahlte
Energiedichte. Die Leckwelle ist nun charakterisiert durch eine positive Dämpfungs-
konstante α und Phasenkonstante β längs der Trennfläche, d.h.

$$\gamma = \beta + i\alpha, \quad \beta > 0, \quad \alpha > 0.$$

Je näher wir an der Speisestelle sind, um so mehr Energie wird abgestrahlt. Weiter
sehen wir, wenn wir uns längs der gestrichelten Linie (Abb.12.7) in Querrichtung
bewegen, daß die Feldintensität wächst bis zu einem maximalen Wert, der von der
Lage der Speisestelle abhängt, und dann null ist. Das Feld existiert also nur in einem Winkelraum, d.h. in einem beschränkten Gebiet bezüglich der Querrichtung.
Es hat in der Querrichtung keinen Wellencharakter mehr [12.9], weswegen es nicht
mehr als Eigenwelle angesprochen wird. Die Unterscheidungen und Terminologien
sind jedoch nicht einheitlich. Auch erfordert die Theorie einen nicht unerheblichen
mathematischen Aufwand. Wir verweisen daher exemplarisch auf die Literatur [12.8,9
und 12.11-13].

Oberflächenwellen und Leckwellen haben praktische Bedeutung zur Anregung
von Strahlungsfeldern. Die entsprechenden Anordnungen sind Oberflächenwellenantennen und Leckwellenantennen. Während die Oberflächenwellenantenne -
wie schon erwähnt - nur an Inhomogenitäten des Wellenleiters strahlt, strahlt die
Leckwellenantenne kontinuierlich entlang des Wellenleiters. Für beide Antennen-
arten sind eine Vielzahl praktischer Formen entwickelt worden. Der Leser sei hierzu auf die Monographie von Collin und Zucker [12.8] verwiesen.

Aufgaben

12.1 Man führe die Rechnungen zu Abschnitt 12.2.2 (radialzylindrische Zenneck-
Welle) im Detail durch.

12.2 Man zeige, daß γ in der komplexen Ebene auf das in Abb.12.3 schraffiert angegebene Gebiet eingeschränkt ist.

12.3 Man berechne aus $\gamma^2 = (\beta + id)^2 = k_2^2 - u_2^2$ die Phasengeschwindigkeit $v_p = \omega/\beta$
der Zenneck-Welle.

Literatur

12.1 H.M. Barlow, J. Brown: Radio surface waves (Oxford, At the Clarendon
     Press 1962)

12.2 S.A. Schelkunoff: IRE Trans. Antennas and Propagation AP-7 (1959) 133-139

12.3 H.M. Barlow, A.E. Karbowiak: Proc. IEE 100 Nr. 68 (1953) 321-328

12.4 H.M. Barlow, A.L. Cullen: Proc. IEE 100 (1953) 329-347

12.5 F.W. Schäfke: Einführung in die Theorie der speziellen Funktionen der mathe-
     matischen Physik (Springer-Verlag, Berlin, Heidelberg, New York 1963)

12.6 F.E. Borgnis, C.H. Papas: Electromagnetic waveguides. In: Handbuch der
     Physik, herausgeg. von S. Flügge, Bd. XVI, Elektrische Felder und Wellen,
     S. 377-395 (Springer-Verlag, Berlin, Heidelberg, New York 1958)

12.7 A. Heilmann: Antennen Bd. 534/534a (BI Hochschultaschenbücher, Mannheim 1970)

12.8 R.E. Collin, F.J. Zucker: Antenna theory Teil II. (McGraw-Hill Book Company, New York 1969)

12.9 A.A. Oliner: Leaky waves in electromagnetic phenomena. In: Electromagnetic Theory and Antennas, herausgegeben von E.C. Jordan. (Pergamon Press Oxford, London, New York, Paris 1963)

12.10 H.-G. Unger: Elektromagnetische Wellen I (Friedr. Vieweg, Braunschweig 1967)

12.11 N. Marcuvitz: Trans. IRE $\underline{AP-4}$ (1956), 192-194

12.12 T. Tamir, A.A. Oliner: Proc. IEE $\underline{110}$ (1963), 310-324

12.13 T. Tamir, A.A. Oliner: Proc. IEE $\underline{110}$ (1963), 325-334

13. Anhang

13.1 Die wichtigsten Formeln der Vektorrechnung

13.1.1 Vektoren und ihre Komponenten

Ein räumlicher Vektor hat drei Bestimmungsstücke. Diese Bestimmungsstücke
sind z.B. die drei Komponenten bezüglich eines rechtwinkligen Koordinatensystems
oder auch Betrag und zwei Richtungswinkel. Eine Größe, die mit nur einem Bestim-
mungsstück festgelegt ist, nennen wir Skalar.

Wir bezeichnen Vektoren durch mit einem Pfeil versehene Buchstaben: $\vec{A},\vec{B},\vec{c}$,
usw. Die Komponenten eines Vektors $\vec{A}$ bezüglich eines rechtwinkligen Koordinatensystems (x,y,z) bezeichnen wir mit A_x, A_y, A_z. Wir schreiben

$$\vec{A} = \{A_x, A_y, A_z\}$$

(Abb.13.1).

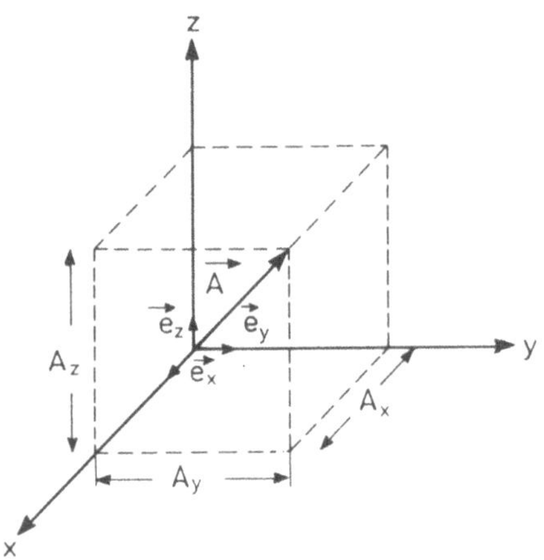

Abb.13.1 Der Vektor $\vec{A}$ und seine Komponenten A_x, A_y, A_z in einem kartesischen Koordinatensystem
(x,y,z)

Der Betrag eines Vektors $\vec{A}$ ist

$$|\vec{A}| = (A_x^2 + A_y^2 + A_z^2)^{1/2}.$$

Ein Vektor vom Betrag eins heißt E i n h e i t s v e k t o r . Einen Einheitsvektor in der Richtung eines Vektors $\vec{A}$ können wir als $\vec{A}/|\vec{A}|$ schreiben. Für einen Einheitsvektor $\vec{e}$, dessen Richtung mit den drei kartesischen Koordinaten die Winkel α_1, α_2, α_3 einschließt, gilt die Komponentendarstellung

$$\vec{e} = \{\cos \alpha_1, \cos \alpha_2, \cos \alpha_3\}.$$

Die Einheitsvektoren in Richtung der x-, y- und z-Achse nennen wir $\vec{e}_x$, $\vec{e}_y$, $\vec{e}_z$.

13.1.2 Rechenoperationen

Die S u m m e $(\vec{A} + \vec{B})$ zweier Vektoren $\vec{A} = \{A_x, A_y, A_z\}$, $\vec{B} = \{B_x, B_y, B_z\}$ ist erklärt durch

$$\vec{A} + \vec{B} = \{A_x + B_x, A_y + B_y, A_z + B_z\}.$$

Wir können einen Vektor $\vec{A}$ mit Hilfe der Einheitsvektoren $\vec{e}_x$, $\vec{e}_y$, $\vec{e}_z$ als Summe seiner Komponenten darstellen:

$$\vec{A} = A_x \vec{e}_x + A_y \vec{e}_y + A_z \vec{e}_z.$$

Für die Summe gilt das kommutative und das assoziative Gesetz

$$\vec{A} + \vec{B} = \vec{B} + \vec{A}, \quad \vec{A} + (\vec{B} + \vec{C}) = (\vec{A} + \vec{B}) + \vec{C}.$$

$-\vec{A}$ ist ein Vektor gleichen Betrags wie $\vec{A}$ aber umgekehrter Richtung. Die D i f f e - r e n z $(\vec{A} - \vec{B})$ ist erklärt als Summe von $\vec{A}$ und $-\vec{B}$:

$$\vec{A} - \vec{B} = \{A_x - B_x, A_y - B_y, A_z - B_z\}.$$

$$\vec{A} - \vec{A} = \vec{0} = \{o, o, o\}$$

wird N u l l v e k t o r genannt.

Ein Vektor $\vec{A}$ wird mit einem skalaren Faktor λ multipliziert, indem jede Komponente des Vektors mit dem Skalar multipliziert wird:

$$\lambda \vec{A} = \{\lambda A_x, \lambda A_y, \lambda A_z\}.$$

$-\vec{A}$ ist ein Beispiel dazu mit $\lambda = -1$. Für das Produkt eines Vektors mit einem Skalar gilt das kommutative Gesetz

$$\vec{A}\lambda = \lambda\vec{A},$$

das assoziative Gesetz

$$\lambda(\mu\vec{A}) = \mu(\lambda\vec{A})$$

und das distributive Gesetz

$$(\lambda + \mu)\vec{A} = \lambda\vec{A} + \mu\vec{A}, \quad \lambda(\vec{A} + \vec{B}) = \lambda\vec{A} + \lambda\vec{B}.$$

Als inneres oder skalares Produkt zweier Vektoren $\vec{A}$ und $\vec{B}$ wird das Produkt aus dem Betrag des einen Vektors und der Projektion des zweiten Vektors in die Richtung des ersten Vektors bezeichnet:

$$\vec{A} \cdot \vec{B} = |\vec{A}|\,|\vec{B}|\cos\alpha$$

(Abb.13.2).

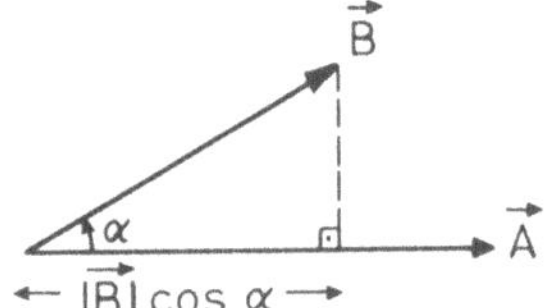

Abb.13.2 Zur Definition des inneren Produkts

$\vec{A} \cdot \vec{B}$ ist ein Skalar. Es gelten folgende Gesetze:

$$\vec{A} \cdot \vec{B} = \vec{B} \cdot \vec{A}; \quad (\vec{A} + \vec{B}) \cdot \vec{C} = \vec{A} \cdot \vec{C} + \vec{B} \cdot \vec{C}; \quad (\lambda\vec{A}) \cdot \vec{B} = \lambda(\vec{A} \cdot \vec{B}); \quad \lambda = \text{Skalar}.$$

Das Vektorprodukt $\vec{A} \times \vec{B} = \vec{C}$ zweier Vektoren $\vec{A}$ und $\vec{B}$ ist wieder ein Vektor $\vec{C}$, der senkrecht auf der von den Vektoren $\vec{A}$ und $\vec{B}$ aufgespannten Ebene steht. Der Betrag von $\vec{C}$ errechnet sich nach der Vorschrift

$$|\vec{C}| = |\vec{A} \times \vec{B}| = |\vec{A}|\,|\vec{B}|\sin\alpha$$

(Abb.13.3).

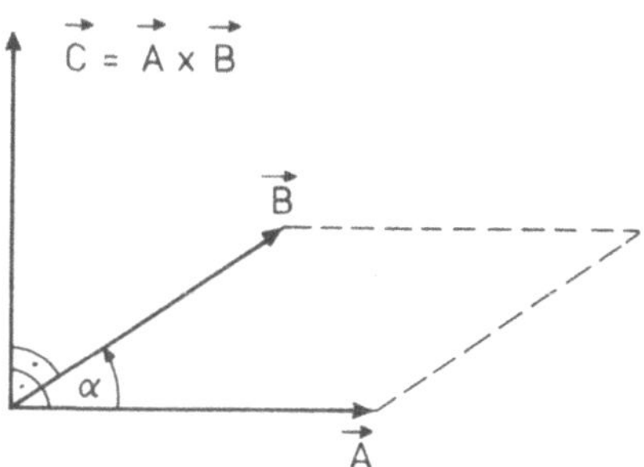

Abb.13.3 Zur Definition des Vektorprodukts

Der Richtungssinn von $\vec{C}$ ist dadurch festgelegt, daß $\vec{A}$, $\vec{B}$ und $\vec{C}$ wir die Achsen eines rechtshändigen Koordinatensystems orientiert sind. Der Betrag von $\vec{C}$ ist gleich dem Flächeninhalt des von $\vec{A}$ und $\vec{B}$ aufgespannten Parallelogramms. Da außerdem durch die Richtung von $\vec{C}$ auch die Lage der Ebene, die von $\vec{A}$ und $\vec{B}$ aufgespannt wird, eindeutig bestimmt ist, läßt sich erkennen, daß eine Fläche durch einen Vektor eindeutig charakterisiert werden kann. Ein solcher zur Kennzeichnung einer beliebigen Fläche dienender F l ä c h e n v e k t o r $\vec{A}$ steht senkrecht auf der Fläche, die er beschreibt. Sein Betrag ist gleich dem Flächeninhalt der Fläche. Sein Richtungssinn ist dem Umlaufsinn der Randkurve der Fläche im Rechtsschraubensinn zugeordnet (Abb.13.4).

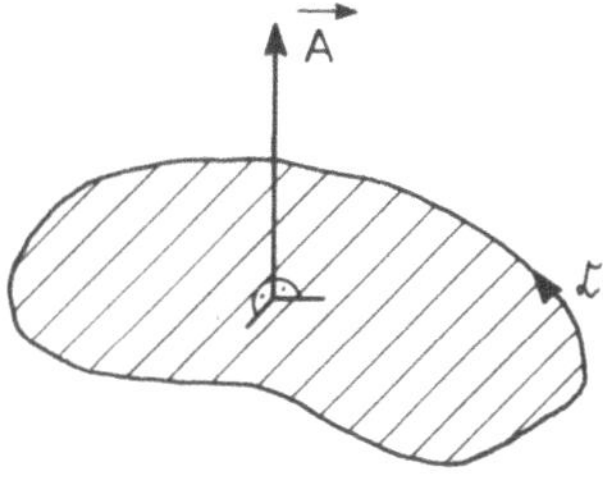

Abb.13.4 Zur Definition des Flächenvektors

Das V e k t o r p r o d u k t ist n i c h t k o m m u t a t i v , da eine Vertauschung der Faktoren den Richtungssinn umkehrt:

$$\vec{A} \times \vec{B} = - \vec{B} \times \vec{A}.$$

Jedoch gilt

$$(\vec{A} + \vec{B}) \times \vec{C} = \vec{A} \times \vec{C} + \vec{B} \times \vec{C} \quad \text{und}$$
$$(\lambda \vec{A}) \times \vec{C} = \lambda(\vec{A} \times \vec{C}).$$

In Komponenten erhalten wir

$$\vec{A} \times \vec{B} = \{A_y B_z - A_z B_y, \; A_z B_x - A_x B_z, \; A_x B_y - A_y B_z\} =$$

$$= \begin{vmatrix} \vec{e}_x & \vec{e}_y & \vec{e}_z \\ A_x & A_y & A_z \\ B_x & B_y & B_z \end{vmatrix},$$

wobei die Determinante eine Merkregel darstellt.

13.1.3 Anwendungen der Produktregeln

Als Anwendung der Produktregeln finden wir: Der Betrag $|\vec{A}|$ eines Vektors $\vec{A}$ ist

$$|\vec{A}| = (\vec{A} \cdot \vec{A})^{1/2}.$$

Aus $\vec{A} \cdot \vec{B} = 0$ folgt $\vec{A} = \vec{0}$ oder $\vec{B} = \vec{0}$ oder $\vec{A}$ senkrecht zu $\vec{B}$.
Aus $\vec{A} \times \vec{B} = \vec{0}$ folgt $\vec{A} = \vec{0}$ oder $\vec{B} = \vec{0}$ oder $\vec{A}$ parallel zu $\vec{B}$.
Daher gilt $\vec{A} \times \vec{A} = \vec{0}$.

Das Produkt aus dem Skalarprodukt zweier Vektoren $\vec{A}$ und $\vec{B}$ mit dem Vektor $\vec{C}$,

$$(\vec{A} \cdot \vec{B})\vec{C} = \vec{D},$$

stellt einen Vektor in Richtung $\vec{C}$ dar. Die vorgeschriebene Reihenfolge der Multiplikation (Klammer) darf nicht verändert werden.

Drei Vektoren, die nicht in einer Ebene liegen, spannen ein Volumen (Spat) auf. Da das Vektorprodukt $\vec{A} \times \vec{B}$ wiederum einen Vektor darstellt, kann dieser Vektor zunächst skalar mit einem dritten Vektor $\vec{C}$ multipliziert werden. Das so entstehende Produkt

$$V = (\vec{A} \times \vec{B}) \cdot \vec{C}$$

wird S p a t p r o d u k t genannt. Es ist ein Skalar, dessen Wert gleich dem des von den drei Vektoren aufgespannten Spatvolumens ist (Abb.13.5).

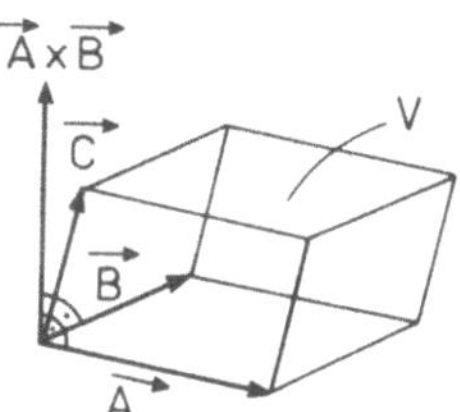

Abb. 13.5 Zur Definition des Spatprodukts

Das Produkt ist positiv, falls die Vektoren $\vec{A}$, $\vec{B}$, $\vec{C}$ ein Rechtssystem, negativ, falls sie ein Linkssystem bilden. Es gilt

$$(A \times B) \cdot C = A \cdot (B \times C) = - (B \times A) \cdot C = \begin{vmatrix} A_x & A_y & A_z \\ B_x & B_y & B_z \\ C_x & C_y & C_z \end{vmatrix}.$$

Ferner gilt: Sind in einem Spatprodukt zwei Vektoren gleicher Richtung enthalten, so ist das Produkt gleich Null; die Vektoren spannen kein Volumen auf.

Das Vektorprodukt zweier Vektoren $\vec{B}$ und $\vec{C}$ bildet einen Vektor. Dieser Vektor kann mit einem dritten Vektor $\vec{A}$ erneut multipliziert werden. Es ergibt sich das doppelte Vektorprodukt

$$\vec{A} \times (\vec{B} \times \vec{C}) = \vec{B}(\vec{A} \cdot \vec{C}) - \vec{C}(\vec{A} \cdot \vec{B}).$$

Dieses Produkt bildet einen Vektor, der in der von $\vec{B}$ und $\vec{C}$ aufgespannten Ebene liegt. Wird die Reihenfolge der Multiplikation verändert, so gilt

$$(\vec{A} \times \vec{B}) \times \vec{C} = \vec{B}(\vec{A} \cdot \vec{C}) - \vec{A}(\vec{B} \cdot \vec{C}).$$

Die Reihenfolge der Vektoren ist im doppelten Vektorprodukt nicht beliebig; die Klammer muß immer angegeben werden!

13.1.4 Differentiation eines Vektors nach einem skalaren Parameter

Ein Vektor $\vec{A} = \{A_x, A_y, A_z\}$ kann von einem skalaren Parameter, z.B. von der Zeit t, abhängen. Das bedeutet, daß seine Komponenten Funktionen der Zeit t sind:

$$A_x = A_x(t), \quad A_y = A_y(t), \quad A_z = A_z(t).$$

Wir denken uns den Vektor $\vec{A}(t)$ von einem festen Punkt, z.B. dem Koordinaten-
ursprung aus, abgetragen (Abb.13.6).

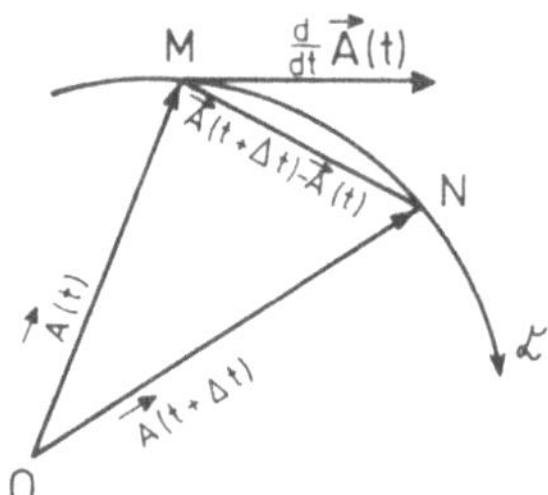

Abb.13.6 Parameterabhängiger Vektor und seine
Ableitung

Bei stetiger Änderung des Wertes von t beschreibt der Endpunkt des veränder-
lichen Vektors $\vec{A}(t)$ eine Kurve C. Es seien $\overrightarrow{OM}$ und $\overrightarrow{ON}$ die Lagen des Vektors für
die Parameterwerte t und $t + \Delta t$. Die Strecke $\overrightarrow{MN}$ entspricht der Differenz $\vec{A}(t + \Delta t)-$
$\vec{A}(t)$, und der Quotient

$$\frac{\vec{A}(t + \Delta t) - \vec{A}(t)}{\Delta t}$$

liefert einen Vektor parallel zu $\overrightarrow{MN}$. Die Grenzlage dieses Vektors für $\Delta t \to 0$ stellt,
falls sie existiert, per definitionem die Ableitung dar:

$$\frac{d}{dt} A(t) := \lim_{\Delta t \to o} \frac{\vec{A}(t + \Delta t) - \vec{A}(t)}{\Delta t}.$$

Diese Ableitung ist offenbar ein Vektor, der die Richtung der Tangente an die Kurve C
im Punkt M hat. Er hängt im allgemeinen ebenfalls von t ab. Seine Ableitung nach t
liefert die zweite Ableitung $\frac{d^2}{dt^2} \vec{A}(t)$ usw.

Die Definition der Ableitung liefert wegen

$$\vec{A}(t) = A_x(t)\vec{e}_x + A_y(t)\vec{e}_y + A_z(t)\vec{e}_z$$

folgende Darstellung der Ableitung:

$$\frac{d}{dt}\vec{A}(t) = \frac{d}{dt}A_x(t)\vec{e}_x + \frac{d}{dt}A_y(t)\vec{e}_y + \frac{d}{dt}A_z(t)\vec{e}_z.$$

Die Differentiation eines Vektors nach einem skalaren Parameter läuft also auf die
Differentiation der Komponenten dieses Vektors hinaus.

Es gelten folgende Regeln:

$$\frac{d}{dt}[\vec{A}(t) \pm \vec{B}(t)] = \frac{d}{dt}\vec{A}(t) \pm \frac{d}{dt}\vec{B}(t).$$

Ist $\varphi = \varphi(t)$ eine skalare Funktion und $\vec{A} = \vec{A}(t)$ ein Vektor, so ist

$$\frac{d}{dt}[\varphi(t)\vec{A}(t)] = \varphi(t)\frac{d}{dt}\vec{A}(t) + \vec{A}(t)\frac{d}{dt}\varphi(t).$$

Für die Differentiation von Vektorprodukten gelten die Regeln

$$\frac{d}{dt}[\vec{A}(t)\cdot\vec{B}(t)] = \vec{A}(t)\cdot\frac{d}{dt}\vec{B}(t) + \frac{d}{dt}\vec{A}(t)\cdot\vec{B}(t),$$

$$\frac{d}{dt}[\vec{A}(t)\times\vec{B}(t)] = \vec{A}(t)\times\frac{d}{dt}\vec{B}(t) + \frac{d}{dt}\vec{A}(t)\times\vec{B}(t).$$

13.1.5 Skalarfelder und Vektorfelder

Physikalische Vorgänge sind i.allgem. von mehr als einer Veränderlichen abhängig;
sie bilden also Funktionen von mehreren Variablen. Es sei zunächst angenommen,
daß die zu betrachtende physikalische Größe φ eine skalare Funktion des Ortes sei.
Dann definiert die Ortsfunktion $\varphi = \varphi(x,y,z)$ ein räumliches Skalarfeld. Sie ord-
net jedem Raumpunkt x,y,z eine skalare Größe $\varphi(x,y,z)$ zu. (Man denke z.B. an
ein Temperaturfeld.) Betrachten wir nun vektorielle Größen: Ist jedem Punkt des
Raumes ein Vektor $\vec{A}(x,y,z) = \{A_x(x,y,z), A_y(x,y,z), A_z(x,y,z)\}$ zugeordnet, so
sprechen wir von einem Vektorfeld. Die Komponenten sind nunmehr Ortsfunktionen. Sie können aber auch noch die Zeit enthalten. (Man denke z.B. an ein Ge-
schwindigkeitsfeld.)

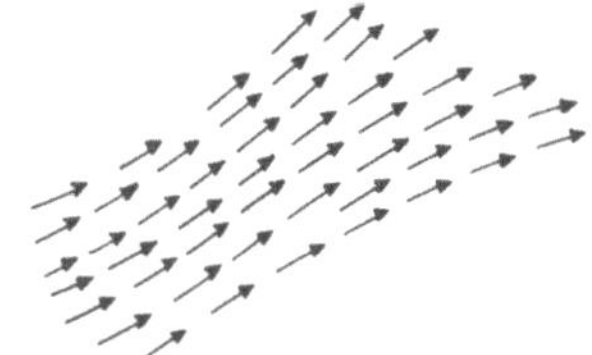

Abb.13.7 Beispiel eines Vektorfeldes

Für $\vec{A} = \vec{A}(x,y,z)$ schreiben wir auch $\vec{A} = \vec{A}(\vec{r})$, wobei $\vec{r} = \{x,y,z\}$ der allgemeine Ortsvektor ist. Durch Differentiation nach den Koordinaten x,y,z entstehen
aus $\varphi(x,y,z)$ bzw. $\vec{A}(x,y,z)$ neue Skalar- und Vektorfelder: Gradient, Divergenz und
Rotation.

13.1.6 <u>Der Gradient</u>

Alle Punkte, für welche eine skalare Funktion $V(\vec{r})$ einen festen Wert c annimmt,
erfüllen eine Fläche: $V(\vec{r})$ = c. (Beispiel: $\vec{r}^2$ = c: Gleichung einer Kugel.) Geben
wir c verschiedene Werte, so entsteht eine Flächenschar, die Schar der sogen. Niveauflächen (Äquipotentialfächen, falls V ein Potential ist) (Abb.13.8).

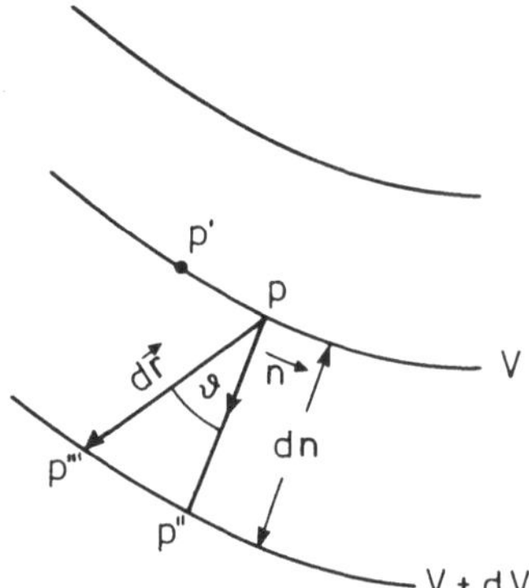

Abb.13.8 Zur Definition des Gradienten

Beim Fortschreiten von einem Aufpunkt P zu einem benachbarten Punkt P' der
gleichen Niveaufläche ist die Änderung der Feldfunktion $V(\vec{r})$ gleich Null. Um eine
Änderung dV zu erreichen, müssen wir zu einer benachbarten Niveaufläche überge-
hen. Dies gelingt am schnellsten, wenn wir senkrecht zu den Niveauflächen nach P''
fortschreiten. Wir wollen den zugehörigen Einheitsvektor in Richtung wachsender
V-Werte mit $\vec{n}$ bezeichnen und das Linienelement mit dn. Schreiten wir dann zu einem Punkt P''' in einer Richtung d$\vec{r}$ vor, die mit $\vec{n}$ den Winkel ϑ bildet, so benötigen wir dazu den Weg ds und es gilt

$$dn = ds \cos \vartheta \quad \text{oder} \quad ds = dn/\cos \vartheta \quad \text{mit} \quad |d\vec{r}| = ds.$$

Für die auf das Linienelement ds bezogene Änderung von V gilt somit

$$\frac{dV}{ds} = \cos \vartheta \, \frac{dV}{dn} \; .$$

Dies können wir, in Erinnerung an das Skalarprodukt zweier Vektoren, in eine vektorielle Form kleiden, wenn wir als Gradient von $V(\vec{r})$ den Vektor

$$\text{grad } V(\vec{r}) \; : = \vec{n} \, \frac{dV}{dn}$$

246

definieren. Dann folgt mit $|\vec{dr}| = ds$:

$$dV = \vec{dr} \cdot \text{grad } V(\vec{r}).$$

Durch den Vektor grad $V(\vec{r})$ wird die differentielle Änderung von $V(\vec{r})$ in einer Umgebung des Aufpunktes $\vec{r}$ beschrieben. Sein Betrag gibt die maximale Zunahme pro Linienelement und seine Orientierung zeigt die Richtung an, in welcher die maximale Zunahme erfolgt. In kartesischen Koordinaten gilt

$$\text{grad } V(x,y,z) = \left\{ \frac{\partial V}{\partial x}, \frac{\partial V}{\partial y}, \frac{\partial V}{\partial z} \right\}.$$

13.1.7 Die Divergenz

Die Divergenz ist eine Größe, die wir mit der Bezeichnung "Quellergiebigkeit" erfassen können. Sie macht Aussagen darüber, ob sich in einem Raumgebiet eines Vektorfeldes der Vektorfluß ändert. Verstärkt er sich, so deutet das auf das Vorhandensein von Quellen hin, verringert er sich, so sind Senken anzunehmen.

Die Divergenz berechnet sich aus der Differenz des Vektorflusses, der aus einem betrachteten Raumgebiet austritt, gegenüber demjenigen, der eintritt; sie bezieht diese Differenz durch Division durch das Volumen des betrachteten Raumgebietes auf die Volumeneinheit.

Um dem so nur plausibel gemachten Begriff eine mathematische Form zu geben, betrachten wir ein rechtwinkliges Volumenelement $dV = dx\,dy\,dz$ und berechnen dafür die Differenz zwischen einem eintretenden und austretenden Vektorfluß eines Vektorfeldes

$$\vec{B}(x,y,z) = \{B_x(x,y,z), B_y(x,y,z), B_z(x,y,z)\}$$

(Abb.13.9)

Dann wird der durch die Fläche $dy\,dz$ in der Richtung $\vec{e}_x$ eintretende Vektorfluß gegeben durch

$$B_x(x,y,z)dy\,dz,$$

während in der Entfernung dx durch die gleich große Fläche der Fluß

$$B_x(x + dx, y, z) dy\, dz$$

austritt. Durch Taylorentwicklung, die nach dem ersten Glied abgebrochen wird, erhalten wir für die gesuchte Differenz, die uns den Überschuß des in $\vec{e}_x$-Richtung austretenden Vektorflusses über den eintretenden angibt:

$$[B_x(x + dx, y, z) - B_x(x, y, z)]dy\, dz = \frac{\partial}{\partial x} B_x(x, y, z) dx\, dy\, dz.$$

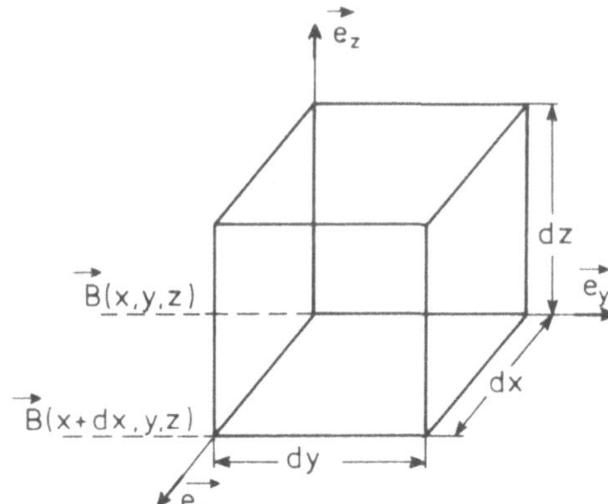

Abb.13.9 Berechnung der Divergenz in einem kartesischen Koordinatensystem

Entsprechend finden wir

$$[B_y(x, y + dy, z) - B_y(x, y, z)]dx\, dz = \frac{\partial}{\partial y} B_y(x, y, z) dx\, dy\, dz,$$

$$[B_z(x, y, z + dz) - B_z(x, y, z)]dx\, dy = \frac{\partial}{\partial z} B_z(x, y, z) dx\, dy\, dz.$$

Für die Divergenz des Volumens $dV = dx\, dy\, dz$ ergibt sich somit durch Addition der letzten drei Gleichungen

$$\operatorname{div} \vec{B}\, dV = \left[\frac{\partial}{\partial x} B_x + \frac{\partial}{\partial y} B_y + \frac{\partial}{\partial z} B_z \right] dx\, dy\, dz.$$

Auf die Volumeneinheit bezogen lautet also die Divergenz

$$\operatorname{div} B(x, y, z) = \frac{\partial}{\partial x} B_x(x, y, z) + \frac{\partial}{\partial y} B_y(x, y, z) + \frac{\partial}{\partial z} B_z(x, y, z)$$

Sie ist eine skalare Größe.

248

Wir betrachten nun eine geschlossene Fläche A mit dem Flächenelement $d\vec{A}$ und das von ihr eingeschlossene Volumen V; $d\vec{A}$ weise aus dem Integrationsvolumen V heraus. Dann gilt für ein Differenzierbares Vektorfeld $\vec{B}(x,y,z)$ der G a u ß s c h e
S a t z

$$\oiint_A \vec{B} \cdot d\vec{A} = \iiint_V \operatorname{div} \vec{B} \, dV$$

Hieraus kann man eine koordinatenunabhängige Definition von $\operatorname{div} \vec{B}$ erhalten:

$$\operatorname{div} \vec{B} := \lim_{V \to 0} \frac{1}{V} \oiint_A \vec{B} \cdot d\vec{A} \,.$$

13.1.8 Die Rotation

Mit Hilfe der Operationen Gradient und Divergenz haben wir diejenigen Eigenschaften eines Vektorfeldes erfaßt, die sich auf die Längenänderungen zurückführen lassen, welche im Feldlinienbild Linienzüge erfahren, die nicht geschlossen sind, d.h. Anfänge und Enden besitzen. Nun treten außer solchen Feldlinien auch geschlossenen Linienzüge, W i r b e l , auf. (Man denke z.B. an die kreisförmigen magnetischen Feldlinien, die einen stromdurchflossenen linearen elektrischen Leiter umgeben.) Wir betrachten nun in einem solchen W i r b e l f e l d $\vec{V}(r)$ das Integral über einen geschlossenen Weg

$$w = \oint_C \vec{V}(\vec{r}) \cdot d\vec{s} \,. \tag{13.1}$$

Es ist ein Maß für die "Wirbelstärke" oder "Zirkulation" des betrachteten Vektorfeldes. Fassen wir den geschlossenen Linienzug C als Rand einer Fläche auf, so können wir uns die Wirbelstärke w durch Summenwirkung infinitesimaler Teilzirkulationen dw um die einzelnen Oberflächenelemente $d\vec{A}$ entstanden denken, weil sich die Wirkungen an den Grenzen zweier Flächenelemente bis auf die des äußeren freien Randes, der den Verlauf der Feldlinie darstellt, aufheben (Abb.13.10).

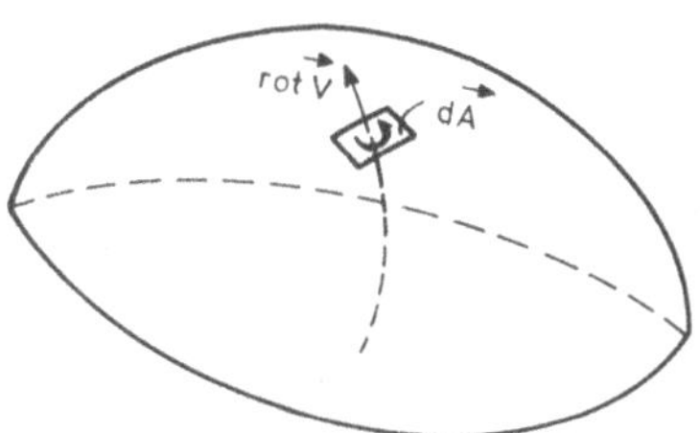

Abb.13.10 rot $\vec{V}$ als Maß für die Wirbelstärke
eines Flächenelements

Wir schreiben

$$d\vec{A} = \vec{n}\, dA\,,$$

wobei $\vec{n}$ ein Einheitsvektor in Richtung der Flächennormalen ist. Die Stärke des Um-laufs messen wir nun durch einen neuen Vektor, den wir als Rotation von $\vec{V}$ (rot $\vec{V}$) bezeichnen, und zwar so, daß die Teilzirkulation dw durch den Fluß von rot $\vec{V}$ durch das Oberflächenelement gegeben ist:

$$dw = \mathrm{rot}\,\vec{V} \cdot d\vec{A} = \mathrm{rot}\,\vec{V} \cdot \vec{n}\, dA\,. \tag{13.2}$$

Aus (13.1,2) können wir ablesen

$$\iint_C \mathrm{rot}\,\vec{V} \cdot d\vec{A} = \oint \vec{V} \cdot d\vec{s}\,.$$

Dies ist der **Stokessche Satz**, der die Umwandlung eines Oberflächen- in ein Linienintegral angibt. Wir können aus dem Stokesschen Satz folgende **koordinaten-unabhängige Definition** für rot $\vec{V}$ entnehmen: Wenden wir den Stokesschen Satz auf ein kleines ebenes Flächenstück der Fläche ΔA an, so erhalten wir die Komponente von rot $\vec{V}$ normal zu dieser Fläche in der Form

$$(\mathrm{rot}\,\vec{V})_{\mathrm{norm}} = \lim_{\Delta A \to 0} \frac{1}{\Delta A} \oint \vec{V} \cdot d\vec{s}\,, \tag{13.3}$$

wobei das Linienintegral über die Berandung C der Fläche zu führen ist und die posi-tive Normaleinrichtung und $d\vec{s}$ eine Rechtsschraube bilden müssen. Der Grenzüber-gang $\lim_{\Delta A \to 0}$ bedeutet, daß die Randkurve auf den Punkt (x,y,z) zusammenzuziehen ist, an dem $(\mathrm{rot}\,\vec{V})_{\mathrm{norm}}$ gebildet wird. Wir können demnach rot $\vec{V}$ als Zirkulation der Flächeneinheit (**Wirbeldichte**) auffassen. Zur besseren Anschauung stellen stellen wir uns dazu vor, daß ein Blatt auf einem Bach treibt, dessen Oberfläche in der (x,y)-Ebene liege (Abb.13.11).

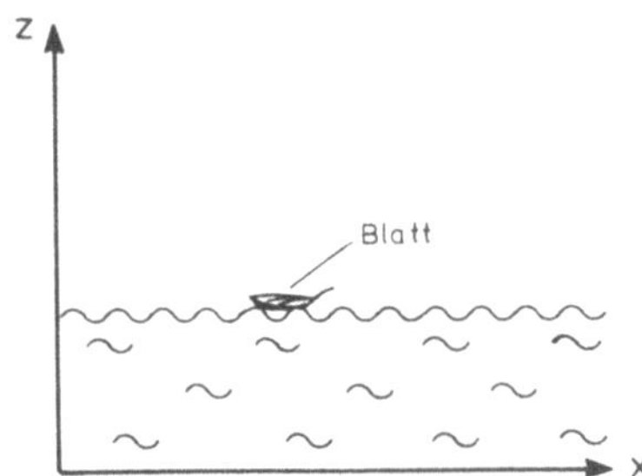

Abb.13.11 Treibendes Blatt auf einer Wasser-oberfläche

Liegt der Vektor $\vec{V}$ der Strömungsgeschwindigkeit des Wassers an dessen Oberfläche vollständig in der x-Richtung und hängt $\vec{V}$ nur von x ab, so wird das Blatt kei-
ner Drehbewegung unterworfen werden und sich nur translatorisch in x-Richtung bewegen. Sind aber Wirbel vorhanden, d.h. hat $\vec{V}$ auch eine Komponente in y-Richtung
und hängt von x,y ab, so wird zu der Translationsbewegung noch eine Rotationsbewe-
gung kommen. Aus (13.3) gewinnen wir die Koordinatendarstellung von rot $\vec{V}$. Dazu
bestimmen wir die Zirkulation für die einzelnen Komponenten, indem wir z.B. für die
z-Komponente den Umlauf um das infinitesimale Flächenelement dx dy bestimmen
(Abb.13.12).

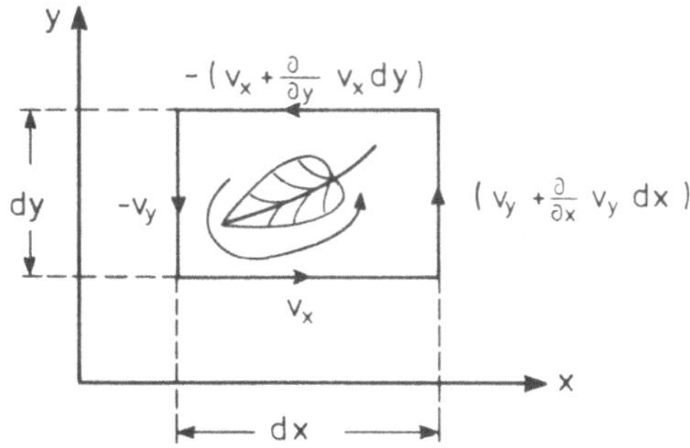

Abb.13.12 Rotation eines Blattes in der
(x,y)-Ebene

Es gilt dann

$$\mathrm{rot}_z\,\vec{V} = \vec{e}_z \left[\frac{\partial V_y(x,y,z)}{\partial x} - \frac{\partial V_x(x,y,z)}{\partial y} \right]$$

und entsprechend

$$\mathrm{rot}_x\,\vec{V} = \vec{e}_x \left[\frac{\partial V_z(x,y,z)}{\partial y} - \frac{\partial V_y(x,y,z)}{\partial z} \right] ,$$

$$\mathrm{rot}_y\,\vec{V} = e_y \left[\frac{\partial V_x(x,y,z)}{\partial z} - \frac{\partial V_z(x,y,z)}{\partial x} \right] ,$$

oder in Form einer Merkregel

$$\mathrm{rot}\,\vec{V} = \begin{vmatrix} \vec{e}_x & \vec{e}_y & \vec{e}_z \\ \dfrac{\partial}{\partial x} & \dfrac{\partial}{\partial y} & \dfrac{\partial}{\partial z} \\ V_x & V_y & V_z \end{vmatrix} .$$

13.1.9 Rechenregeln für Differentialoperatoren

Durch Ausrechnen, z.B. in kartesischen Koordinaten, lassen sich folgende Beziehungen für $f(x,y,z)$, $g(x,y,z)$ (skalare Funktionen) und $\vec{A}(x,y,z)$ aufstellen:

$$\operatorname{grad}(f\,g) = f \operatorname{grad} g + g \operatorname{grad} f, \qquad ,$$

$$\operatorname{rot} \operatorname{grad} f = \vec{0},$$

$$\operatorname{div} \operatorname{rot} \vec{A} = 0,$$

$$\operatorname{div} \operatorname{grad} f = \Delta f = \frac{\partial^2 f}{\partial x^2} + \frac{\partial^2 f}{\partial y^2} + \frac{\partial^2 f}{\partial z^2},$$

$$\operatorname{div}(f\,\vec{A}) = f \operatorname{div} \vec{A} + \vec{A} \cdot \operatorname{grad} f,$$

$$\operatorname{div}(\vec{A} \times \vec{B}) = \vec{B} \cdot \operatorname{rot} \vec{A} - \vec{A} \cdot \operatorname{rot} \vec{B},$$

$$\operatorname{rot} \operatorname{rot} \vec{A} = \operatorname{grad} \operatorname{div} \vec{A} - \Delta \vec{A}, \quad \text{wobei } \Delta \vec{A} \text{ eine Abkürzung für}$$

$$\Delta \vec{A} = \{\Delta A_x, \Delta A_y, \Delta A_z\} \text{ ist.}$$

Insbesondere gilt mit $\vec{r} = \{x,y,z\}$ und $|\vec{r}| = r$:

$$\operatorname{grad} \vec{r} = \frac{\vec{r}}{r},$$

$$\operatorname{div} \vec{r} = 3,$$

$$\operatorname{rot} \vec{r} = \vec{0},$$

$$\operatorname{grad} f(r) = \frac{df}{dr} \operatorname{grad} \vec{r} = \frac{df}{dr} \frac{\vec{r}}{r},$$

$$\operatorname{div}[f(r)\vec{r}] = f(\vec{r})\operatorname{div} \vec{r} + \vec{r} \cdot \operatorname{grad} f(r) = 3\,f(r) + r\,\frac{df}{dr}.$$

Ist $\vec{a}$ ein konstanter Vektor, so gilt

$$\operatorname{grad}(\vec{a} \cdot \vec{r}) = \vec{a},$$

$$\operatorname{rot}(\vec{a} \times \vec{r}) = 2\vec{a},$$

$$\operatorname{div}(\vec{a} \times \vec{r}) = 0.$$

13.2 Die Landauschen Symbole o und O

Der Ausdruck

$$\Phi(x) = o[G(x)] \quad \text{für} \quad x \to \infty$$

bedeutet

$$\frac{\Phi(x)}{G(x)} \to 0 \quad \text{für} \quad x \to \infty .$$

Dabei ist $G(x) \neq 0$ für $x > x_o$ vorausgesetzt.

Ist $G(x) \geqslant 0$, so bedeutet

$$F(x) = O[G(x)] \quad \text{für} \quad x \to \infty :$$

$|F(x)| \leqslant k\, G(x)$ für $x \geqslant x_o$, wobei k eine Konstante ist.

13.3 Maxwellsche Gleichungen und Helmholtzsche Schwingungsgleichung in verschiedenen Koordinaten

Wir haben in Abschnitt 4.2 die zeitunabhängigen Maxwellschen Gleichungen (4.3,4) in allgemeinen krummlinigen orthogonalen Koordinaten (x_1, x_2, x_3) angegeben (4.8-13). Die dort auftretende Ortsabhängigkeit der Materialkonstanten und auch deren Tensorcharakter unterdrücken wir hier. Der in der Helmholtzschen Schwingungsgleichung

$$[\Delta + k^2]u(x_1, x_2, x_3) = 0 \tag{13.4}$$

vorkommende Laplace-Operator Δ ist nach (4.29) in den Koordinaten (x_1, x_2, x_3) bekannt. Ausgehend von der allgemeinen Darstellung (4.8-13) der Maxwellschen Gleichungen und (13.4) mit (4.29) der Schwingungsgleichung wollen wir diese Beziehungen in einigen häufig verwendeten Koordinatensystemen angeben.

13.3.1 Kartesische Koordinaten

In kartesischen Koordinaten ist das allgemeine Linienelement

$$ds = \left(\sum_{i=1}^{3} g_i^2 \, dx_i^2 \right)^{1/2}$$

bei einer Zuordnung

$$(x_1, x_2, x_3) \Leftrightarrow (x, y, z)$$

gegeben durch

$$ds = (dx^2 + dy^2 + dz^2)^{1/2}.$$

Damit gilt

$$g_1 = g_2 = g_3 = g_x = g_y = g_z = 1.$$

Die Maxwellschen Gleichungen lauten nach $(4.8\text{-}13)$ mit $\alpha := \sigma - i\omega\varepsilon$

$$\alpha E_x = \frac{\partial}{\partial y} H_z - \frac{\partial}{\partial z} H_y,$$

$$\alpha E_y = \frac{\partial}{\partial z} H_x - \frac{\partial}{\partial x} H_z,$$

$$\alpha E_z = \frac{\partial}{\partial x} H_y - \frac{\partial}{\partial y} H_x,$$

$$i\omega\mu H_x = \frac{\partial}{\partial y} E_z - \frac{\partial}{\partial z} E_y,$$

$$i\omega\mu H_y = \frac{\partial}{\partial z} E_x - \frac{\partial}{\partial x} E_z,$$

$$i\omega\mu H_z = \frac{\partial}{\partial x} E_y - \frac{\partial}{\partial y} E_x,$$

und die Schwingungsgleichung (13.4) ist einfach

$$\left[\frac{\partial^2}{\partial x^2} + \frac{\partial^2}{\partial y^2} + \frac{\partial^2}{\partial z^2} + k^2 \right] u(x, y, z) = 0.$$

13.3.2 Zylinderkoordinaten

In Zylinderkoordinaten (ρ, φ, z) treffen wir die Zuordnung

$$(x_1, x_2, x_3) \Leftrightarrow (\rho, \varphi, z).$$

Dann gilt für das Linienelement

$$ds = (d\rho^2 + \rho^2 d\varphi^2 + dz^2)^{1/2},$$

also

$$g_1 = g_\rho = 1, \quad g_2 = g_\varphi = \rho, \quad g_3 = g_z = 1,$$

und damit für die Maxwellschen Gleichungen (4.8-13)

$$\alpha E_\rho = \frac{1}{\rho} \frac{\partial}{\partial\varphi} H_z - \frac{\partial}{\partial z} H_\varphi,$$

$$\alpha E_\varphi = \frac{\partial}{\partial z} H_\rho - \frac{\partial}{\partial\rho} H_z,$$

$$\alpha E_z = \frac{1}{\rho} \frac{\partial}{\partial\rho} (\rho H_\varphi) - \frac{1}{\rho} \frac{\partial}{\partial\varphi} H_\rho,$$

$$i\omega\mu H_\rho = \frac{1}{\rho} \frac{\partial}{\partial\varphi} E_z - \frac{\partial}{\partial z} E_\varphi,$$

$$i\omega\mu H_\varphi = \frac{\partial}{\partial z} E_\rho - \frac{\partial}{\partial\rho} E_z,$$

$$i\omega\mu H_z = \frac{1}{\rho} \frac{\partial}{\partial\rho} (\rho E_\varphi) - \frac{1}{\rho} \frac{\partial}{\partial\varphi} E_\rho,$$

und die Schwingungsgleichung (13.4)

$$\left[\frac{1}{\rho} \frac{\partial}{\partial\rho} \rho \frac{\partial}{\partial\rho} + \frac{1}{\rho^2} \frac{\partial^2}{\partial\varphi^2} + \frac{\partial^2}{\partial z^2} + k^2 \right] u(\rho,\varphi,z) = 0.$$

13.3.3 Kugelkoordinaten

Bei einer Zuordnung

$$(x_1, x_2, x_3) \Leftrightarrow (R, \theta, \varphi)$$

der Kugelkoordinaten (R,θ,φ) zu den allgemeinen orthogonalen Koordinaten (x_1, x_2, x_3) gilt

$$ds = (dR^2 + R^2 d\theta^2 + R^2 \sin^2\theta \, d\varphi^2)^{1/2},$$

$$g_1 = g_R = 1, \quad g_2 = g_\theta = R, \quad g_3 = g_\varphi = R \sin\theta,$$

und damit für die Maxwellschen Gleichungen (4.8-13)

$$\alpha E_R = \frac{1}{R \sin\theta} \frac{\partial}{\partial\theta} (\sin\theta\, H_\varphi) - \frac{1}{R \sin\theta} \frac{\partial}{\partial\varphi} H_\theta ,$$

$$\alpha E_\theta = \frac{1}{R \sin\theta} \frac{\partial}{\partial\varphi} H_R - \frac{1}{R} \frac{\partial}{\partial R} (R H_\varphi) ,$$

$$\alpha E_\varphi = \frac{1}{R} \frac{\partial}{\partial R} (R H_\theta) - \frac{1}{R} \frac{\partial}{\partial\theta} H_R ,$$

$$i\omega\mu\, H_R = \frac{1}{R \sin\theta} \frac{\partial}{\partial\theta} (\sin\theta\, E_\varphi) - \frac{1}{R \sin\theta} \frac{\partial}{\partial\varphi} E_\theta ,$$

$$i\omega\mu\, H_\theta = \frac{1}{R \sin\theta} \frac{\partial}{\partial\varphi} E_R - \frac{1}{R} \frac{\partial}{\partial R} (R E_\varphi) ,$$

$$i\omega\mu\, H_\varphi = \frac{1}{R} \frac{\partial}{\partial R} (R E_\theta) - \frac{1}{R} \frac{\partial}{\partial\theta} E_R ,$$

und für die Helmholtzsche Schwingungsgleichung (13.4)

$$\left[\frac{1}{R^2} \frac{\partial}{\partial R} \left(R^2 \frac{\partial}{\partial R} \right) + \frac{1}{R^2 \sin^2\theta} \frac{\partial}{\partial\theta} \left(\sin\theta \frac{\partial}{\partial\theta} \right) + \frac{1}{R^2 \sin^2\theta} \frac{\partial^2}{\partial\varphi^2} + k^2 \right] u(R,\theta,\varphi) = 0 .$$

<u>Literatur</u>

13.1 M. Lagally, W. Franz: Vorlesungen über Vektorrechnung (Akademische Verlagsgesellschaft Geest & Portig, Leipzig 1964)

13.2 H. Teichmann: Physikalische Anwendungen der Vektor- und Tensorrechnung Bd. 39/39a (BI Hochschultaschenbücher, Mannheim 1963)

13.3 A. Sommerfeld: Vorlesungen über theoretische Physik, Bd. II, Mechanik der deformierbaren Medien (Akademische Verlagsgesellschaft Geest & Portig, Leipzig 1957)

Symbolverzeichnis

$\vec{A}$	Fläche, Vektorpotential
$d\vec{A}$	Flächenelement
$a = 6370$ km	Erdradius
$a_{\ddot{a}}$	äquivalenter Erdradius
η	Flächenladungsdichte
$\vec{B}$	magnetische Induktion
C	Kapazität
c	Vakuumlichtgeschwindigkeit
χ_e	elektrische Suszeptibilität
χ_m	magnetische Suszeptibilität
δ	Abklingkonstante
$\vec{D}$	dielektrische Verschiebung
D_E, D_H	Fresnelsche Durchgangsfaktoren
$\vec{E}$	elektrische Feldstärke
$\varepsilon_0 = 8{,}854 \cdot 10^{-12} \frac{As}{Vm}$	Dielektrizitätskonstante des Vakuums
ε_{rel}	relative Dielektrizitätskonstante
$\underline{\varepsilon} = \varepsilon' + j\varepsilon''$	komplexe Dielektrizitätskonstante
$\vec{E}_{eff}$	effektive elektrische Feldstärke
$e = 1{,}602 \cdot 10^{-19}$ As	Ladung des Elektrons
$\vec{F}$	Kraft
F	Wirkfläche
G, g	Antennengewinn
$\vec{H}$	magnetische Feldstärke
h_{eff}	effektive Antennenhöhe
i, I	Strom
$\vec{J}$	Stromdichte
k_0	Wellenzahl des Vakuums
k	Wellenzahl
$\vec{k}$	Wellenzahlvektor
L	Induktion
λ	Wellenlänge

M	Brechungsmodul, Moleküldichte
$\vec{M}$	Fitzgeraldscher Vektor
$\vec{m}$	Dipolmoment
m	Elektronenmasse
$\mu_0 = 4\pi \cdot 10^{-7} \dfrac{Vs}{Am}$	Permeabilität des Vakuums
μ_{rel}	relative Permeabilität
N	Brechwert, Elektronendichte
n	Brechungsindex
ν	Frequenz, Stoßfrequenz
Ω	Raumwinkel, Oberfläche der Einheitskugel
ω	Kreisfrequenz
ω_P	Plasmafrequenz
$\vec{P}$	Polarisation
P	Aufpunkt
P	Leistung
$\vec{\pi}$	Hertzscher Vektor
Φ	Streifwinkel, optischer Weg
ψ	Eichfunktion
Q	Ladungsmenge, Quellpunkt
R_E, R_H	Fresnelsche Reflexionsfaktoren
R	Widerstand
$\vec{r}$	Ortsvektor
ρ	Raumladungsdichte, Krümmungsradius
$\vec{S}$	Poyntingvektor
σ	Leitfähigkeit, Rückstreuquerschnitt
$\vec{ds}$	Linienelement
T	absolute Temperatur, Funktionaltransformation
t	Zeit
τ	Relaxationszeit
θ_β	Brewsterwinkel
U	Potential, Spannung
V	Potential, Volumen
dV	Volumenelement
$\vec{v}$, v	Geschwindigkeit
Z_o	Wellenwiderstand des Vakuums
Z	Wellenwiderstand, Impedanz
$\underline{\omega} = \omega' + j\omega''$	komplexe Frequenz
$[a]$	Einheit von a

Mathematische Symbole

$\sum$	Summenzeichen
z^*	zu z konjugiert komplexe Zahl
$\text{Re}\{\ \}$	Realteil von
$\text{Im}\{\ \}$	Imaginärteil von
x_1, x_2, x_3	allgemeine orthogonale Koordinaten
x, y, z	kartesische Koordinaten
ρ, φ, z	Zylinderkoordinaten
R, θ, φ	Kugelkoordinaten
$\vec{n}$	Flächennormale (Einheitsvektor)
$\vec{t}$	Tangenteneinheitsvektor
δ	Variationssymbol
$\overline{\vec{S}}$	zeitlicher Mittelwert von $\vec{S}$
$\overline{P}$	zeitlicher Mittelwert von P
Δ	Laplace-Operator
$\Box$	d'Alembertscher Operator
$\vec{\vec{\alpha}}$	Tensor
$\vec{v}, \vec{A}$	Vektor
$\mathbf{D}$	Differentialoperator
i	imaginäre Einheit
$\vec{A} \cdot \vec{B}$	Skalarprodukt
$\vec{A} \times \vec{B}$	Vektorprodukt
$\vec{e}$	Einheitsvektor
$\vec{0} = \{o, o, o\}$	Nullvektor
$=$	gleich
$\neq$	ungleich
$\equiv$	identisch
$\approx$	näherungsweise gleich
$\simeq$	asymptotisch gleich
$\sim$	proportional zu
$:=$	definiert durch
$>$	größer als
$\gg$	sehr viel größer als
$<$	kleiner als
$\ll$	sehr viel kleiner als
$\in$	Element aus
$\exp[\ ]$	Exponentialfunktion
$a \Leftrightarrow b$	eineindeutige Zuordnung von a und b
$\mathcal{H}_m^{(n)}(\rho)$	Hankelfunktion n-der Art der Ordnung m
$\mathcal{J}_m(\rho)$	Besselfunktion der Ordnung m
$\mathcal{N}_m(\rho)$	Neumannsche Funktion der Ordnung m

Sachverzeichnis

TOPICS IN APPLIED PHYSICS

Springer-Verlag has introduced this new book series, devoted to research achievements of current interest. Each volume deals with a different topic under the editorship of a recognized authority in the field. It covers application-oriented aspects of the topic under consideration, the basic physical principles being summarized in a comprehensive introduction. The contributors to each volume are internationally known experts. The publication periods are comparable with those of scientific journals to keep pace with the rapidly accumulating results.

Springer-Verlag
Berlin
Heidelberg
New York

Volume 1
Dye Lasers
Editor: F.P. Schäfer
114 figures
XI, 285 pages. 1973
Cloth DM 65,−; US $ 26.60
ISBN 3-540-06438-9

Contents: F.P. Schäfer: Principles of Dye Laser Operation. B.B. Snavely: Continuous-Wave Dye Lasers. C.V. Shank, E.P. Ippen: Mode-Locking of Dye Lasers. K.H. Drexhage: Structure and Properties of Laser Dyes. T.W. Hänsch: Applications of Dye Lasers.

The significant properties of dye lasers (physical principles, cw and pulsed operations, material properties) are treated in an encyclopedia-like work. The literature is covered up to April 1973. A wide spectrum of potential applications is discussed. The authors of the various chapters have been in the forefront of dye laser research for several years.

Volume 2
Laser Spectroscopy
of Atoms and Molecules
Editor: H. Walther
In preparation

Contents: H. Walther: Spectroscopic Application of Lasers. T.W. Hänsch: High Resolution Spectroscopy. E.D. Hinkley, F.A. Blum, K.W. Nill: Infrared Spectroscopy. K. Shimoda: Double Resonance Spectroscopy. B. Decomps, M. Ducloy, M. Dumont: Coherence Phenomenon. J.L. Hall: Optical Heterodyne Spectroscopy. K.M. Evenson, R. Peterson: Light Frequency Measurements. S.P. Porto, J.M. Cherlow: Raman Spectroscopy of Gases.

Volume 3
Numerical and Asymptotic Techniques in Electromagnetics
Editor: R. Mittra
In preparation

Prices are subject to change without notice